U0335073

“中国森林生态系统连续观测与清查及绿色核算”系列丛书

王　兵■主编

上海市森林生态连清与生态系统服务研究

韩玉洁　李　琦　王　兵　孙　文
牛　香　高翔伟　戴咏梅　殷　杉　等■著

中国林业出版社

图书在版编目(CIP)数据

上海市森林生态连清与生态系统服务研究 / 韩玉洁等著.
-- 北京：中国林业出版社, 2018.3
(中国森林生态系统连续观测与清查及绿色核算系列丛书)
ISBN 978-7-5038-9437-4

Ⅰ. ①上… Ⅱ. ①韩… Ⅲ. ①森林生态系统－服务功能－研究－上海 Ⅳ.
①S718.56

中国版本图书馆CIP数据核字(2018)第030700号

审图号：沪S(2018)023号

中国林业出版社·科技出版分社
策划、责任编辑： 于界芬 于晓文

出版发行 中国林业出版社
(100009 北京西城区德内大街刘海胡同7号)
网　址 www.lycb.forestry.gov.cn
电　话 (010) 83143542
印　刷 固安县京平诚乾印刷有限公司
版　次 2018年3月第1版
印　次 2018年3月第1次
开　本 889mm × 1194mm 1/16
印　张 15
字　数 357千字
定　价 98.00元

《上海市森林生态连清与生态系统服务研究》

著 者 名 单

项目完成单位：

上海市绿化和市容管理局

上海市林业总站

中国森林生态系统定位观测研究网络（CFERN）

中国林业科学研究院

上海交通大学

华东师范大学

项目首席科学家：

王　兵　中国林业科学研究院研究员、博士生导师

主任委员：

陆月星　上海市绿化和市容管理局局长

副主任委员：

顾晓君　上海市绿化和市容管理局副局长

唐家富　上海市绿化和市容管理局总工程师

钱　杰　上海市绿化和市容管理局科技信息处处长

朱建华　上海市绿化和市容管理局林业处处长

项目首席专家：

韩玉洁　上海市林业总站高级工程师

项目组成员：

韩玉洁　李　琦　孙　文　牛　香　高翔伟　戴咏梅　殷　杉　薛春燕

蒋丽秀　张文文　彭　志　黄　丹　刘春江　孙宁骁　郑　吉　潘士华

谈建国　李　军　周　宇　达良俊　宋　坤　郭雪艳　吴昌田　陶　丹

王　棚　王文进　谈文琦　宋庆丰　王　慧　黄龙生　刘胜涛　陈　波

刘　斌　魏文俊　冯　莉　吴　瑾　吴云昌　梅国春　金　海　黄卫峰

龚小峰　姜丽萍　朱国庆　丁俊花　张　莉　梁秀萍　朱润甬　沈　霞

薛耀英　顾国林　唐晓东　沈国平　蔡　锋　沈　洁　邵文慧　宋咏梅

张瑜俊　康宏樟　申广荣　朱鹏华　王军馥　徐珊珊　田　敏　孙永佳

特别提示

1．本研究依据森林生态系统连续观测与清查体系（简称：森林生态连清体系），对上海市森林生态系统服务功能进行评估，评估区域包括：中心城区、青浦区、松江区、金山区、嘉定区、宝山区、闵行区、奉贤区、浦东新区和崇明区。其中，中心城区包括黄浦区、徐汇区、长宁区、静安区、普陀区、虹口区和杨浦区7个区。

2．评估所采用的数据源包括：①森林生态连清数据集：森林生态站大量固定样地积累的长期定位连续观测研究数据；②森林资源连清数据集：上海市第九次全国森林资源连续清查数据，结合上海市森林资源年度监测结果，经过一体化融合获得。③社会公共数据集：国家权威部门以及上海市公布的社会公共数据。

3．本书第三、四章，基于2015、2016年上海市森林资源监测成果数据，分别评估了2015、2016年上海市森林生态系统服务功能的物质量和价值量。

4．依据中华人民共和国林业行业标准《森林生态系统服务功能评估规范》（LY/T1721—2008），针对各区和主要优势树种（组）分别开展上海市森林生态系统服务功能评估，评估指标包括：涵养水源、保育土壤、固碳释氧、林木积累营养物质、净化大气环境、生物多样性保护、森林防护和森林游憩8类22项指标，并首次将上海市森林植被滞纳TSP、PM_{10}、$PM_{2.5}$指标进行单独评估。

5．单用现有的野外观测值不能代表同一生态单元同一目标林分类型的结构或功能时，为更准确获得这些地区生态参数，引入了森林生态功能修正参数，以反映同一林分在同一区域的真实差异。

6．在价值量评估过程中，由物质量转价值量时，部分价格参数并非评估年价格参数，因此引入贴现率将非评估年价格参数换算为评估年份价格参数以计算各项功能价值量的现价。

7．2015年11月4日，上海市静安、闸北两区“撤二建一”成立新静安区；2016年7月22日，上海市崇明撤县设区；本评估基于2015和2016年上海森林资源监测成果数据，为方便阅读，文本图表和正文内容中，崇明均以“崇明区”来标注与撰写。

凡是不符合上述条件的其他研究成果均不宜与本研究结果简单类比。

序

长期以来，人类社会免费享受着自然生态系统提供的产品和服务，却缺乏对自然资源和环境的科学管理，损害了生态系统功能，降低了其提供产品、服务的数量和质量。自20世纪50年代以来，西方发达国家有识之士开始惊醒，在理论方面，重新认识自然生态系统结构、功能和影响因子；在实践方面，提出了可持续发展的措施，以保证自然生态系统恢复和功能的发挥。进入21世纪以来，我国加大了保护自然生态系统和环境的力度，提出了许多重大举措，也取得重要进展。特别是，习近平总书记提出了“绿水青山就是金山银山”的著名论断，为今后国家环境保护政策的制定，提供了一个新的框架导向。党的十九大报告把生态文明建设提到了一个新的高度，报告中非常明确地提出“提供更多优质生态产品以满足人民日益增长的优美生态环境需要”，在这样的形势下，研究生态系统服务和生态产品特点，完善价值评估理论和方法，基于不同行政或地理尺度的“绿水青山”的经济价值评估，具有重要的理论和实践意义。

在我国森林生态系统服务价值评估和森林生态连清方面，中国林业科学研究院王兵研究员提出了一套较完整的理论和可行方法，并在国家和地方层面得到了实施。这些理论和方法对我国其他生态系统服务价值理论和方法研究、经济价值评估也具有重要参考意义。

由于地理和历史原因，上海森林面积小，森林覆盖率较低，破碎化程度较高，提供的生态系统服务数量和质量在全国处于较低水平。但是，作为国际大都市，上海社会经济发达，城市化水平高（近90%），人口密度高（3809人／平方千米），对生态系统服务和生态产品的需求强烈，城市森林生态系统服务转化率高，这是其他地区无法比拟的。因而，增加森林资源总量、提升森林质量、提高森林生态服务功能总价值量是上海林业今后发展的方向，开展森林生态连清体系建设和价值评估是今后林业工作的重要内容。

根据国家森林生态系统服务功能评估规范和分布式测算方法，结合上海市森林资源（2015～2016年）的实际情况，上海市林业总站和上海交通大学对上海市的森林生态系统服务功能进行效益评价，同时，也对上海的“绿水青山”进行了新一轮经济核算。评估结果充分反映了上海市林业生态建设成就，这不仅有助于上海市开展公益林生态补偿工作，促进上海市生态文明建设责任制和保护发展森林目标责任制的落实；而且有利于推动生态效益科学量化补偿和生态GDP核算体系的构建。

该书是学术性著作，具有理论体系的严谨性和计算方法复杂性。同时，该书图表丰富，语言通俗易懂，既适合研究工作者参考，也适于政府官员、林业技术人员和公众阅读。该书出版发行将对上海及我国其他大中型城市的森林生态连清和生态系统服务研究起到借鉴作用。

中国工程院院士 [signature]

2018年1月

前 言

2013年5月，习近平总书记在中央政治局第六次集体学习时指出，生态环境保护是功在当代、利在千秋的事业。生态兴则文明兴，生态衰则文明衰。要正确处理好经济发展同生态环境保护的关系，牢固树立保护生态环境就是保护生产力、改善生态环境就是发展生产力的理念。2016年1月5日，习近平总书记在推动长江经济带发展座谈会上强调，长江是中华民族的母亲河，也是中华民族发展的重要支撑。推动长江经济带发展必须从中华民族长远利益考虑，走生态优先、绿色发展之路，使绿水青山产生巨大生态效益、经济效益、社会效益，使母亲河永葆生机活力。2016年1月26日，习近平总书记在中央财经小组第十二次会议上强调，森林关系国家生态安全。要着力推进国土绿化，坚持全民义务植树活动，加强重点林业工程建设，实施新一轮退耕还林。要着力提高森林质量，坚持保护优先、自然修复为主，坚持数量和质量并重、质量优先，坚持封山育林、人工造林并举。要着力开展森林城市建设，搞好城市内绿化；搞好城市周边绿化，充分利用不适宜耕作的土地开展绿化造林；搞好城市群绿化，扩大城市之间的生态空间。

十八大以来，习近平总书记100多次谈及生态文明和林业改革发展。“良好生态环境是最公平的公共产品，是最普惠的民生福祉。”“我们既要绿水青山、也要金山银山。宁要绿水青山，不要金山银山，而且绿水青山就是金山银山。”“小康全面不全面，生态环境质量是关键。”“生态环境保护是一个长期任务，要久久为功。”“要像保护眼睛一样保护生态环境，像对待生命一样对待生态环境。”习总书记这一系列的经典论述，足以说明生态保护的重要性。

2017年10月18日，习近平总书记在十九大报告中指出，加快生态文明体制改革，建设美丽中国。人与自然是生命共同体，人类必须尊重自然、顺应自然、保护自然。我们要建设的现代化是人与自然和谐共生的现代化，既要创造更多物质财富和精神财富以满足人民日益增长的美好生活需要，也要提供更多优质生态产品以满足人民日益增长的优美生态环境需要。必须坚持节约优先、保护优先、自然恢复为主的方针，形成节约资源和保护环境的空间格局、产业结构、生产方式、生活方式，还自然以宁静、和谐、美丽。要推进绿色发展，着力解决突出环境问题，加大生态系统保护力度，改革生态环境监管体制。生态文明建设功在当代、利在千秋。我们要牢固树立社会主义生态文明观，推动形成人与自然和谐发展现代化建设新格局，为保护生态环境作出我们这代人的努力。

2017年2月28日，上海市委书记韩正在上海崇明岛考察调研时强调，要认真贯彻落实习近平总书记在推动长江经济带发展座谈会上的重要讲话精神，用实际行动落实中央关于长江沿线共抓大保护、不搞大开发的决策部署，以更高的站位、更宽的视野、更坚定的目标导向，举全市之力推进崇明世界级生态岛建设。除了守牢人口、土地、环境、安全“四条底线”之外，崇明要加上一条更粗的生态红线，包括森林覆盖率、自然湿地保有率等生态指标，牢牢抓紧，不能有丝毫松懈。对崇明的发展，只有生态质量要求，没有速度要求，更加注重三岛联动推进发展。

2017年3月29日，上海市长应勇在上海市绿化和市容管理局调研时讲到，绿色生态环境就是城市的吸引力和竞争力，是城市的软环境。要认真贯彻落实习近平总书记在参加全国两会上海代表团审议时对上海提出的“四个新作为”和“三个力”的要求，要加强上海绿色生态环境建设，强化绿化生态空间建设。用好土地利用政策，宜林则林、宜农则农，坚持时间赶早、步伐加快、品质提升，加快推进生态廊道建设。要把绿地、森林作为城市重要的绿色基础设施来对待，采取相应的土地规划、财政支持政策，努力实现“到2040年，把上海建成卓越的全球城市，令人向往的创新之城、人文之城、生态之城”的目标愿景。

森林生态服务功能评估成为近些年国内外研究的热点之一。从“八五”开始，国家林业局在已有工作基础上，积极部署长期定位观测工作，不仅建立了覆盖主要生态类型区的中国森林生态系统定位研究网络（简称CFERN），对森林的生态功能进行长期定位观测和研究，获得了大量的数据，并在功能评估等关键技术上取得了重要进展。借助CFERN平台，2006年，《中国森林生态服务功能评估》项目组启动“中国森林生态质量状态评估与报告技术”（编号：2006BAD03A0702）“十一五”科技支撑计划；2007年，启动“中国森林生态系统服务功能定位观测与评估技术”（编号：200704005）国家林业公益性行业科研专项计划，组织开展森林生态服务功能研究与评估测算工作；2008年，参考国际上有关森林生态系统服务功能指标体系，结合我国国情、林情，制定了《森林生态系统服务功能评估规范》（LY/T1721—2008），并对“九五”“十五”期间全国森林生态系统涵养水源、固碳释氧等主要生态服务功能的物质量进行了较为系统、全面的测算，为进一步科学评估森林生态系统的价值量奠定了数据基础。

2009年11月17日，在国务院新闻办举行的第七次全国森林资源清查新闻发布会上，国家林业局贾治邦局长首次公布了我国森林生态系统服务功能的评估结果：全国森林每年涵养水源量近5000亿立方米，相当于12个三峡水库的库容量；每年固土量70亿吨，相当于全国每平方千米平均减少了730吨的土壤流失；6项森林生态系统服务功能价值量合计每年达到10.01万亿元，相当于全国GDP总量的1/3。评估结果更加全面地反映了森林的多种功能和效益。

2015年，由国家林业局和国家统计局联合启动并下达的“生态文明制度构建中的中国森林资源核算研究”项目的研究成果显示，与第七次全国森林资源清查期末相比，第八次全国森林资源清查期间年涵养水源量、年保育土壤量分别增加了17.37%、16.43%；全国森林生态服务功能年价值量达到12.68万亿元，增长了27.00%，相当于2013年全国GDP总值（56.88万亿元）的23.00%。该项研究核算方法科学合理、核算过程严密有序，内容也更为全面。

2015年，上海市GDP在全国各省份中排在第12位，在全国城市GDP中排在第1位。但是，上海市现有的森林资源十分匮乏，截至2016年年底，全市森林面积仅98687公顷，森林覆盖率为15.56%，低于全国平均水平。如何加强上海市现有森林资源的开发利用，提升城市森林生态系统服务转化率，提高现有森林的生态服务功能总价值，让城市居民更大程度地享受森林生态福祉？核算出上海市现有的森林资源值多少“金山银山”显得尤为重要。

为了客观、动态、科学地评估上海市森林生态系统服务功能，准确评价森林生态效益的物质量和价值量，上海市林业局组织启动了此次评估工作，以上海市林业总站和上海交通大学为承担单位，以国家林业局森林生态系统定位观测研究网络（CFERN）为技术依托，项目组结合上海市森林资源的实际情况，运用森林生态系统连续观测与清查体系，以2015、2016年上海市森林资源监测成果数据为基础，以CFERN多年连续观测数据、国家权威部门发布的公共数据和林业行业标准《森林生态系统服务功能评估规范》（LY/T1721—2008）为依据，采用分布式测算方法，从物质量和价值量两个方面，对2015、2016年上海市的森林生态系统服务功能进行效益评价。评估结果显示：2015年上海市森林生态系统服务功能总价值为117.43亿元。8项森林生态系统服务功能价值的贡献之中，森林游憩价值量最大，为30.81亿元，占26.24%。森林生态系统四大服务功能中，上海森林生态系统"水库"总量为19622.25万立方米/年，"碳库"总量为56.13万吨/年，"氧吧库"总量为6600.39吨/年，"基因库"总量为104605.66万元/年。2016年上海市森林生态系统服务功能总价值为125.80亿元。8项森林生态系统服务功能价值的贡献之中，森林游憩价值量仍最大，为32.74亿元，占26.03%。森林生态系统四大服务功能中，上海森林生态系统"水库"总量为20257.55万立方米/年，"碳库"总量为59.42万吨/年，"氧吧库"总量为6945.38吨/年，"基因库"总量为114457.37万元/年。

评估报告充分反映了上海市林业生态建设成果，将对确定森林在生态环境建设中的主体地位和作用具有非常重要的现实意义，不仅有助于上海市开展公益林生态补偿考核工作，促进上海市生态文明建设责任制和保护发展森林目标责任制的落实；而且有利于推动生态效益科学量化补偿和生态GDP核算体系的构建，为实现习近平总书记提出的林业工作"三增长"目标提供技术支撑，并对构建生态文明制度、全面建成小康社会、实现中华民族伟大复兴的中国梦不断创造更好的生态条件，帮助人们算清楚"绿水金山价值多少金山银山"这笔账。

编　者

2017年10月

目 录

第六章　上海市森林生态系统服务综合影响分析

附　件

附　表

第一章

上海市森林生态系统连续观测与清查体系

上海市森林生态系统服务评估基于上海市森林生态系统连续观测与清查体系（图 1-1），上海市森林生态连清体系是上海市森林生态系统连续观测与清查的简称，指以生态地理区划为单位，依托上海城市森林生态系统国家定位观测研究站（简称上海城市森林生态国家站）和上海市内的专项观测样地，如：林分生长及碳储量动态监测样地、生态公益林抚育成效监测样地、大气污染物监测样地和城市森林绿地土壤温室气体排放观测样地，采用野外长期定位观测技术和分布式测算方法，定期对上海市森林生态系统服务进行全指标体系观测与清查，并与上海市森林资源二类调查资源数据相耦合，评估一定时期和范围内的上海市森林生态系统服务，进一步了解全市森林生态系统服务的动态变化。

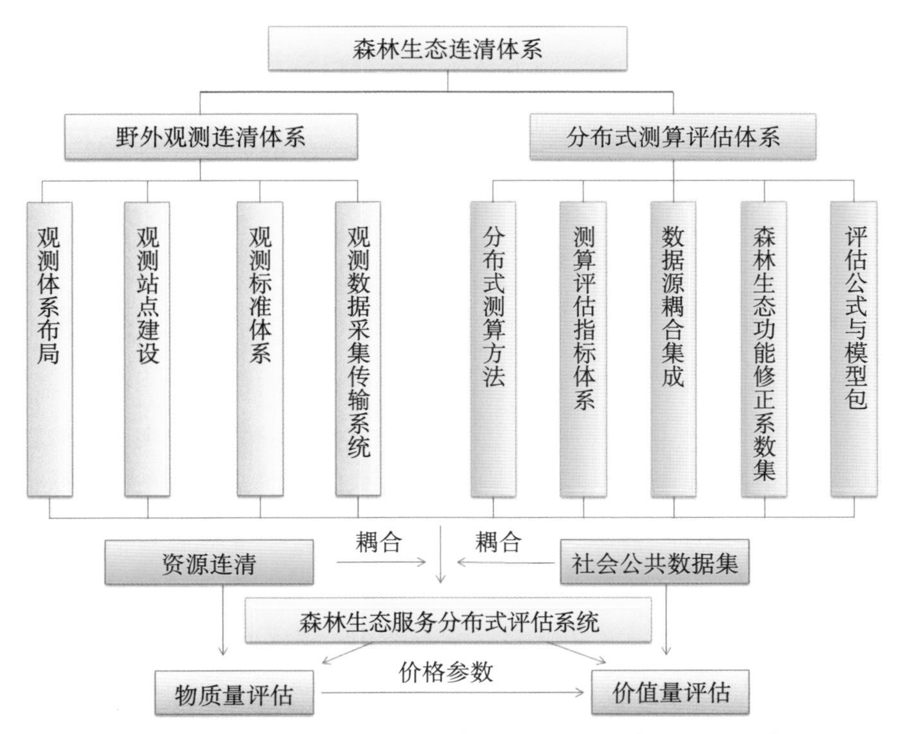

图 1-1　上海市森林生态系统连续观测与清查体系框架

第一节 野外观测技术体系

一、上海市森林生态系统服务观测网络布局与建设

野外观测技术体系是构建上海市森林生态连清体系的重要基础，为了做好这一基础工作，需要考虑如何构架观测体系布局。上海城市森林生态国家站与上海市内各类专项观测样地作为上海市森林生态系统服务监测的两大平台，在建设时坚持“统一规划、统一布局、统一建设、统一规范、统一标准，资源整合，数据共享”原则。

国家森林生态站网络布局是以“典型抽样”为指导思想，以全国水热分布和森林立地情况为布局基础，选择具有典型性、代表性和层次性明显的区域完成森林生态网络布局。首先，依据《中国森林立地区划图》和《中国地理区域系统》两大区划体系完成中国森林生态区，并将其作为森林生态站网络布局区划的基础。同时，结合重点生态功能区、生物多样性优先保护区，量化并确定我国重点森林生态站的布局区域。最后，将中国森林生态区和重点森林生态站布局区域相结合，作为森林生态站的布局依据，确保每个森林生态区内至少有 1 个森林生态站，区内如有重点生态功能区，则优先布设森林生态站。

上海市各区的自然条件、社会经济发展状况各不相同，因此在监测方法和监测指标上应各有侧重。目前，根据上海地貌类型，结合农业生产特点和植树造林要求以及上海市城市总体规划，可将上海划分为 4 个生态区，即河口三角洲区（崇明区）、西部湖沼平原区（包括青浦区、松江区大部、金山区北部及嘉定区西南部等）、东部滨海平原区（包括闵行区、嘉定区、宝山区、浦东新区、奉贤区和金山区南部等）和中心城区（外环线以内区域），对上海市森林生态系统服务监测体系建设进行详细科学的规划布局。为了保证监测精度和获取足够的监测数据，需要对其中每个区域进行长期定位监测。上海市森林生态系统服务监测站的建设首先要考虑其在区域上的代表性，选择能代表该区域主要优势树种（组），且能表征土壤、水文及生境等特征，交通、水电等条件相对便利的典型植被区域。为此，项目组和上海市相关部门进行了大量的前期工作，包括科学规划、站点设置、合理性评估等。

森林生态站作为上海市森林生态系统服务观测网络的组成部分，在上海市森林生态系统服务功能评估中发挥着极其重要的作用。这些森林生态站包括中山公园森林生态站、共青森林生态站、金海森林生态站、叶榭森林生态站、佘山森林生态站、拦路港森林生态站、金山石化森林生态站、海湾森林生态站、浦江森林生态站、老港森林生态站、安亭森林生态站和东平森林生态站。上海市内的专项观测样地还包括：① 95 个上海城市森林林分生长及碳储量动态监测样地；② 24 个生态公益林抚育成效监测样地；③ 28 个有害生物监测样地；④ 20 个大气污染物监测样地；⑤ 4 个城市森林绿地土壤温室气体排放观测样地（表 1-1）。

目前的森林生态站在布局上能够充分体现区位优势和地域特色，兼顾了森林生态站布

局在国家和地方等层面的典型性和重要性，目前已形成层次清晰、代表性强的森林生态站网，可以负责相关站点所属区域的森林生态连清工作（图 1-2）。

表 1-1　上海市森林生态系统服务观测网络分布

类型	名称	备注
森林生态站	中山公园森林生态站	长宁区
	共青森林生态站	杨浦区
	金海森林生态站	浦东新区
	叶榭森林生态站	松江区
	佘山森林生态站	松江区
	拦路港森林生态站	青浦区
	金山石化森林生态站	金山区
	海湾森林生态站	奉贤区
	浦江森林生态站	闵行区
	老港森林生态站	浦东新区
	安亭森林生态站	嘉定区
	东平森林生态站	崇明区
专项观测样地	林分生长及碳储量动态监测样地	95个
	生态公益林抚育成效监测样地	24个
	有害生物监测样地	28个
	大气污染物监测样地	20个
	城市森林绿地土壤温室气体排放观测样地	4个

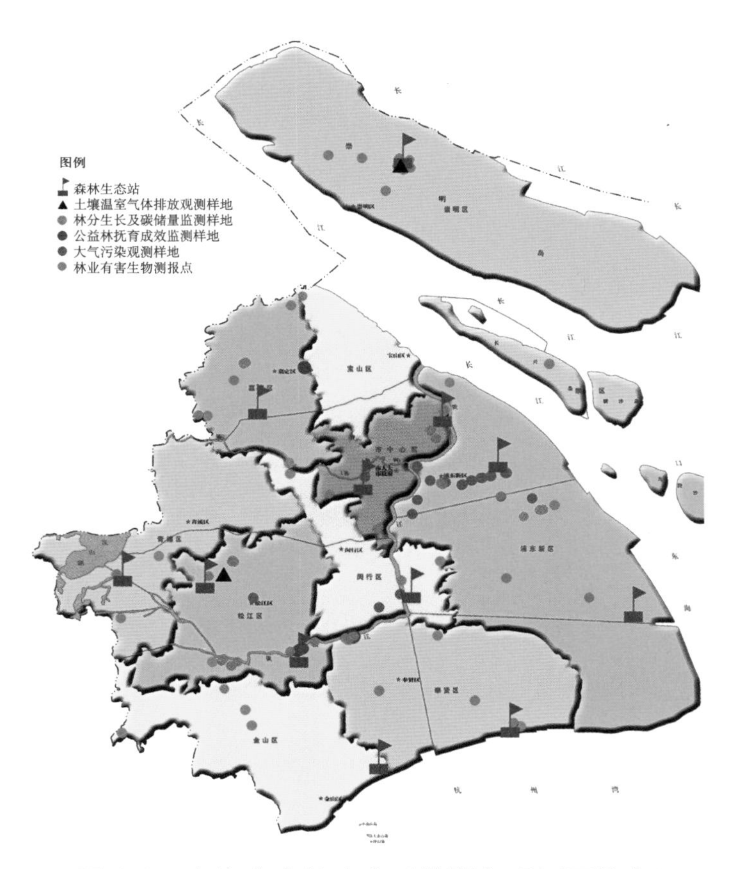

图 1-2　上海市森林生态系统服务观测网络布局

借助上述森林生态站以及专项观测样地，可以满足上海市森林生态系统服务监测和科学研究需求。随着政府对生态环境建设形势认识的不断发展，必将建立起上海市森林生态系统服务监测的完备体系，为科学全面地评估上海市林业建设成效奠定坚实的基础。同时，通过各森林生态系统服务监测站点作用长期、稳定的发挥，必将为健全和完善国家生态监测网络，特别是构建完备的林业及其生态建设监测评估体系做出重大贡献。

二、上海市森林生态连清监测评估标准体系

上海市森林生态连清监测评估所依据的标准体系包括从森林生态系统服务监测站点建设到观测指标、观测方法、数据管理乃至数据应用各个阶段的标准（图 1-3）。上海市森林生态系统服务监测站点建设、观测指标、观测方法、数据管理及数据应用的标准化保证了不同站点所提供上海市森林生态连清数据的准确性和可比性，为上海市森林生态系统服务评估的顺利进行提供了保障。

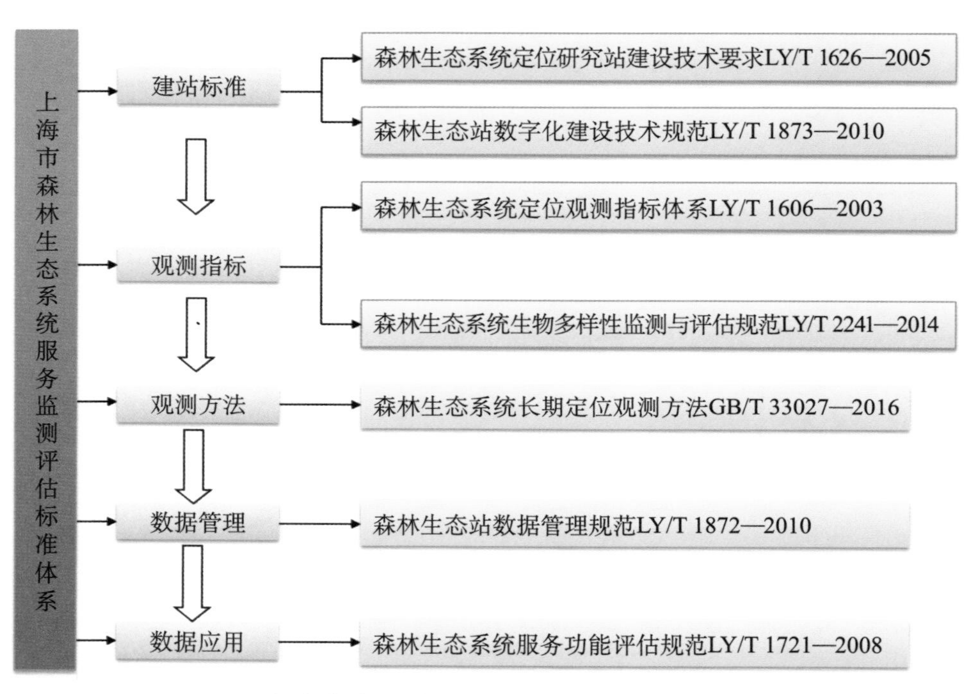

图 1-3　上海市森林生态系统服务监测评估标准体系

第二节　分布式测算评估体系

一、分布式测算方法

分布式测算源于计算机科学，是研究如何把一项整体复杂的问题分割成相对独立运算的单元，然后把这些单元分配给多个计算机进行处理，最后把这些计算结果综合起来，统

一合并得出结论的一种计算科学（HagitAttiya，2008）。

最近，分布式测算项目已经被用于使用世界各地成千上万位志愿者的计算机的闲置计算能力，来解决复杂的数学问题如GIMPS搜索梅森素数的分布式网络计算和研究寻找最为安全的密码系统如RC4等，这些项目都很庞大，需要惊人的计算量，而分布式测算研究如何把一个需要非常巨大计算能力才能解决的问题分成许多小的部分，然后把这些部分分配给许多计算机进行处理，最后把这些计算结果综合起来得到最终的结果。随着科学的发展，分布式测算已成为一种廉价的、高效的、维护方便的计算方法。

森林生态系统服务功能的测算是一项非常庞大、复杂的系统工程，很适合划分成多个均质化的生态测算单元开展评估（Niu et al.，2013）。因此，分布式测算方法是目前评估森林生态系统服务所采用的较为科学有效的方法，通过诸多森林生态系统服务功能评估案例也证实了分布式测算方法能够保证结果的准确性及可靠性（牛香等，2012）。

基于分布式测算方法评估上海市森林生态系统服务功能的具体思路为：首先将上海市按行政区划分为中心城区（包括黄浦区、徐汇区、长宁区、静安区、普陀区、虹口区、杨浦区）、闵行区、宝山区、嘉定区、浦东新区、金山区、松江区、青浦区、奉贤区、崇明区等10个一级测算单元；每个一级测算单元又按不同优势树种（组）划分成樟木林、水杉林、硬阔类、阔叶混交林、灌木林、果树类、软阔类、针阔混交林、杉类、竹林、松类、针叶混交林等12个二级测算单元；每个二级测算单元按照不同起源划分为天然林和人工林2个三级测算单元；每个三级测算单元再按龄组划分为幼龄林、中龄林、近熟林、成熟林、过熟林5个四级测算单元，再结合不同立地条件的对比观测，最终确定了1200个相对均质化的生态服务功能评估单元（图1-4）。

基于生态系统尺度的生态服务功能定位实测数据，运用遥感反演、过程机理模型等先进技术手段，进行由点到面的数据尺度转换，将点上实测数据转换至面上测算数据，即可得到各生态服务功能评估单元的测算数据。①利用改造的过程机理模型IBIS（集成生物圈模型），输入森林生态站各样点的植物功能型类型、主要优势树种（组）、植被类型、土壤质地、土壤养分含量、凋落物储量以及降雨、地表径流等参数，依据中国植被图或遥感信息，推算各生态服务功能评估单元的涵养水源生态功能数据、保育土壤生态功能数据和固碳释氧生态功能数据。②结合森林生态站长期定位观测的监测数据和上海市年森林资源档案数据[蓄积量、树种（组）成、龄组等]，通过筛选获得基于遥感数据反演的统计模型，推算各生态服务功能评估单元的林木积累营养物质生态功能数据和净化大气环境生态功能数据。将各生态服务功能评估单元的测算数据逐级累加，即可得到上海市森林生态系统服务功能的最终评估结果。

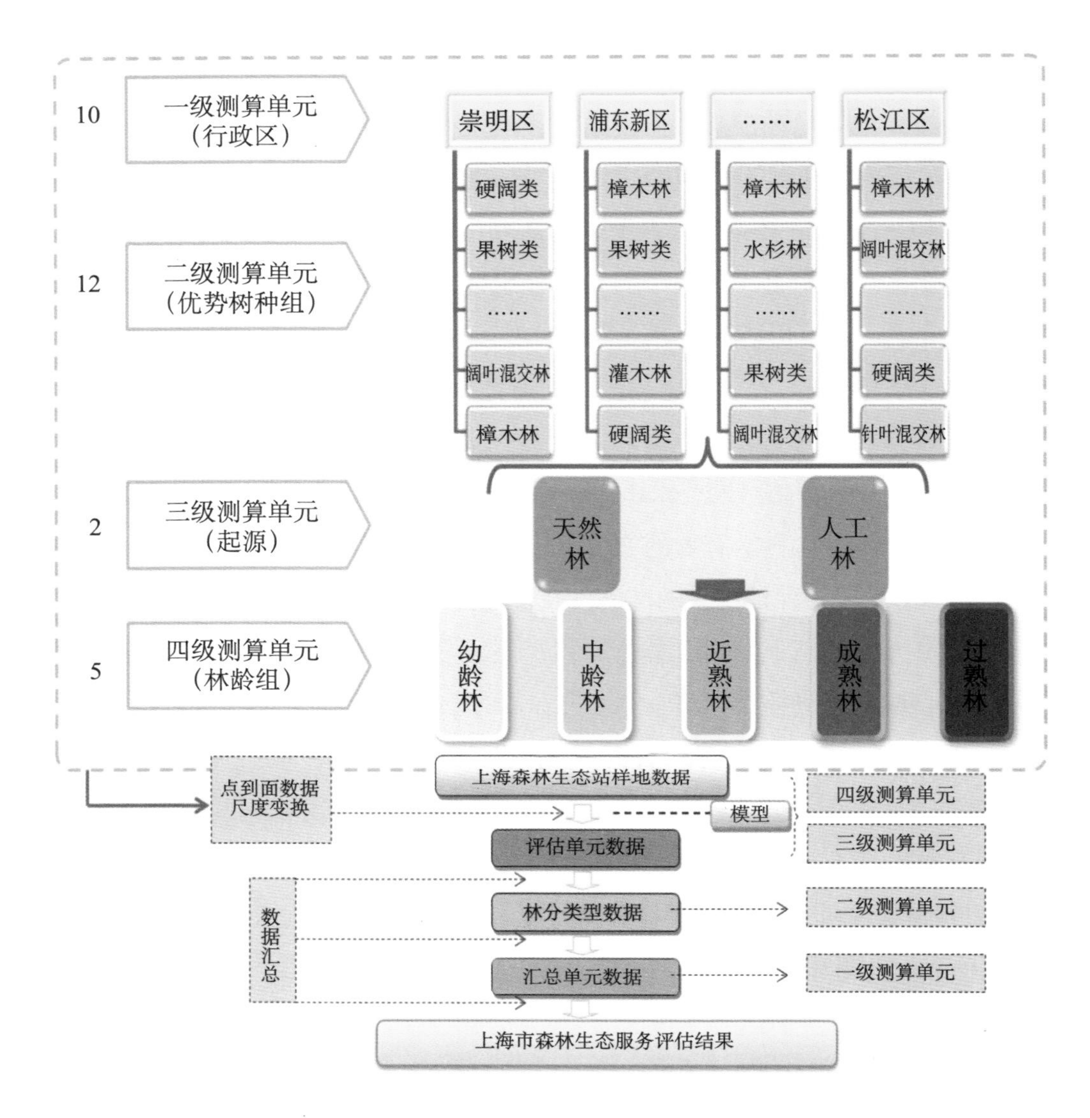

图 1-4　上海市森林生态服务功能评估分布式测算方法

二、监测评估指标体系

森林生态系统是地球生态系统的主体，其生态服务功能体现于生态系统和生态过程所形成的有利于人类生存与发展的生态环境条件与效用。如何真实地反映森林生态系统服务的效果，观测评估指标体系的建立非常重要。

在满足代表性、全面性、简明性、可操作性以及适应性等原则的基础上，通过总结近年的工作及研究经验，本次评估选取的测算评估指标体系包括涵养水源、保育土壤、固碳释氧、林木积累营养物质、净化大气环境、森林防护、生物多样性保护、森林游憩等 8 项功能 22 个指标（图 1-5）。其中，降低噪音等指标的测算方法尚未成熟，因此本报告未涉及他们的功能评估。基于相同原因，在吸收污染物指标中不涉及吸收重金属的功能评估。

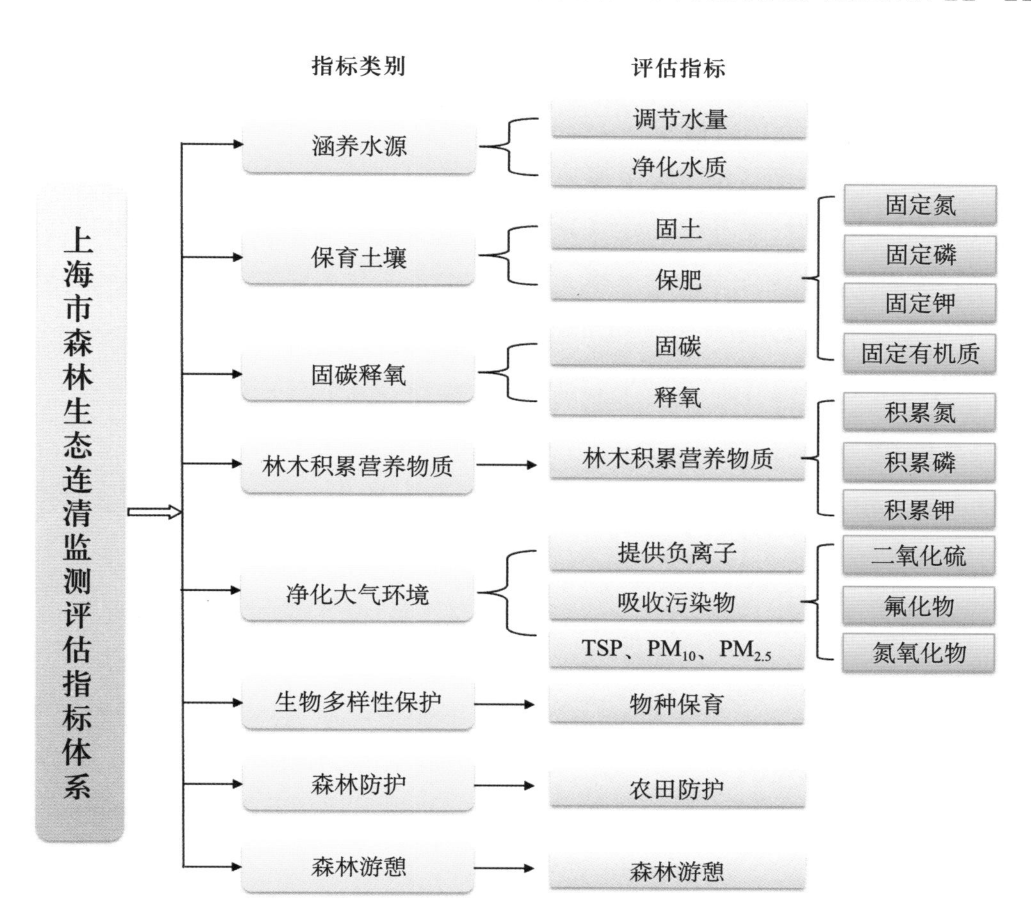

图 1-5　上海市森林生态连清监测评估指标体系

三、数据来源与集成

上海市森林生态连清评估分为物质量和价值量两大部分。物质量评估所需数据来源于上海市森林生态连清数据集和上海市森林资源年度监测成果数据集；价值量评估所需数据除以上两个来源外还包括社会公共数据集（图 1-6）。

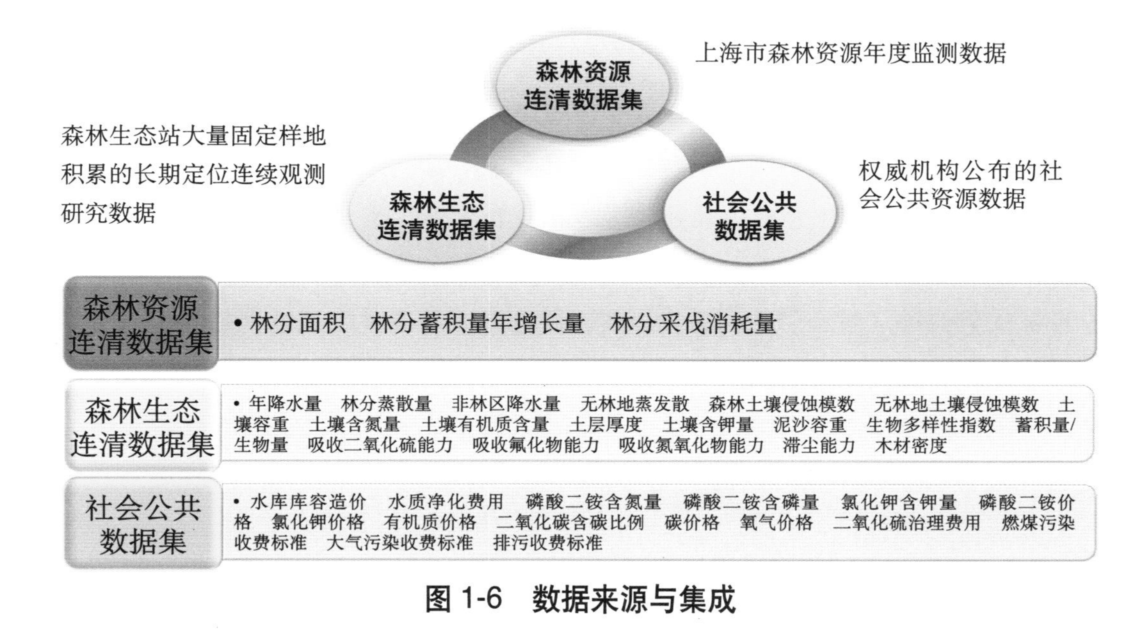

图 1-6　数据来源与集成

主要的数据来源包括以下三部分：

1. 上海市森林生态连清数据集

上海市森林生态连清数据主要来源于上海市及周边省份的森林生态站和辅助观测点的监测结果。其中，森林生态站以国家林业局森林生态站为主体，还包括市区级森林生态站和长期固定专项观测样地，并依据中华人民共和国林业行业标准《森林生态系统服务功能评估规范》（LY/T 1721—2008）和中华人民共和国林业行业标准《森林生态系统长期定位观测方法》（GB/T 33027—2016）等开展观测得到上海市森林生态连清数据。

2. 上海市森林资源连清数据集

上海市森林资源连清数据的来源，是利用上海市第九次全国森林资源连续清查数据，结合上海市森林资源年度监测结果，经过一体化融合获得。

3. 社会公共数据集

社会公共数据来源于我国权威机构所公布的社会公共数据，包括《中国水利年鉴》《中华人民共和国水利部水利建筑工程预算定额》、中国农业信息网（http://www.agri.cn/）、中华人民共和国国家卫生和计划生育委员会网站（http://www.nhfpc.gov.cn）、中华人民共和国国家发展和改革委员会第四部委 2003 年第 31 号令《排污费征收标准及计算方法》、上海市发展和改革委员会官网（http://www.shdrc.gov.cn/）等。

四、森林生态功能修正系数

在野外数据观测中，研究人员仅能够得到观测站点附近的实测生态数据，对于无法实地观测到的数据，则需要一种方法对已经获得的参数进行修正，因此引入了森林生态功能修正系数（Forest Ecological Function Correction Coefficient，简称 FEF-CC）。FEF-CC 指评估林分生物量和实测林分生物量的比值，它反映了森林生态系统服务评估区域森林的生态质量状况，还可以通过森林生态功能的变化修正森林生态系统服务的变化。

森林生态系统服务价值的合理测算对绿色国民经济核算具有重要意义，社会进步程度、经济发展水平、森林资源质量等对森林生态系统服务均会产生一定影响，而森林自身结构和功能状况则是体现森林生态系统服务可持续发展的基本前提。“修正”作为一种状态，表明系统各要素之间具有相对“融洽”的关系。当用现有的野外实测值不能代表同一生态单元同一目标优势树种（组）的结构或功能时，就需要采用森林生态功能修正系数客观地从生态学精度的角度反映同一优势树种（组）在同一区域的真实差异。其理论公式为：

$$FEF\text{-}CC=\frac{B_{\mathrm{e}}}{B_{\mathrm{o}}}=\frac{BEF\cdot V}{B_{\mathrm{o}}} \tag{1-1}$$

式中：$FEF\text{-}CC$——森林生态功能修正系数；

B_e——评估林分的生物量（千克／立方米）；

B_o——实测林分的生物量（千克／立方米）；

BEF——蓄积量与生物量的转换因子；

V——评估林分的蓄积量（立方米）。

实测林分的生物量可以通过森林生态连清的实测手段来获取，而评估林分的生物量在上海市森林资源二类调查结果中还没有完全统计。因此，通过评估林分蓄积量和生物量转换因子，测算评估林分的生物量（方精云等，1996，1998，2001）。

五、贴现率

上海市森林生态系统服务价值量评估中，由物质量转价值量时，部分价格参数并非评估年价格参数，因此需要使用贴现率（Discount Rate）将非评估年价格参数换算为评估年份价格参数以计算各项功能价值量的现价。

上海市森林生态系统服务功能价值量评估中所使用的贴现率指将未来现金收益折合成现在收益的比率。贴现率是一种存贷款均衡利率，利率的大小，主要根据金融市场利率来决定，其计算公式为：

$$t=(D_r+L_r)/2 \tag{1-2}$$

式中：t——存贷款均衡利率（%）；

D_r——银行的平均存款利率（%）；

L_r——银行的平均贷款利率（%）。

贴现率利用存贷款均衡利率，将非评估年份价格参数，逐年贴现至评估年2015年的价格参数。贴现率的计算公式为：

$$d=(1+t_{n+1})(1+t_{n+2})\cdots(1+t_m) \tag{1-3}$$

式中：d——贴现率；

t——存贷款均衡利率（%）；

n——价格参数可获得年份（年）；

m——评估年份（年）。

六、核算公式与模型包

（一）涵养水源功能

森林涵养水源功能主要是指森林对降水的截留、吸收和贮存，将地表水转为地表径流或地下水的作用（图1-7）。主要功能表现在增加可利用水资源、净化水质和调节径流三个方面。

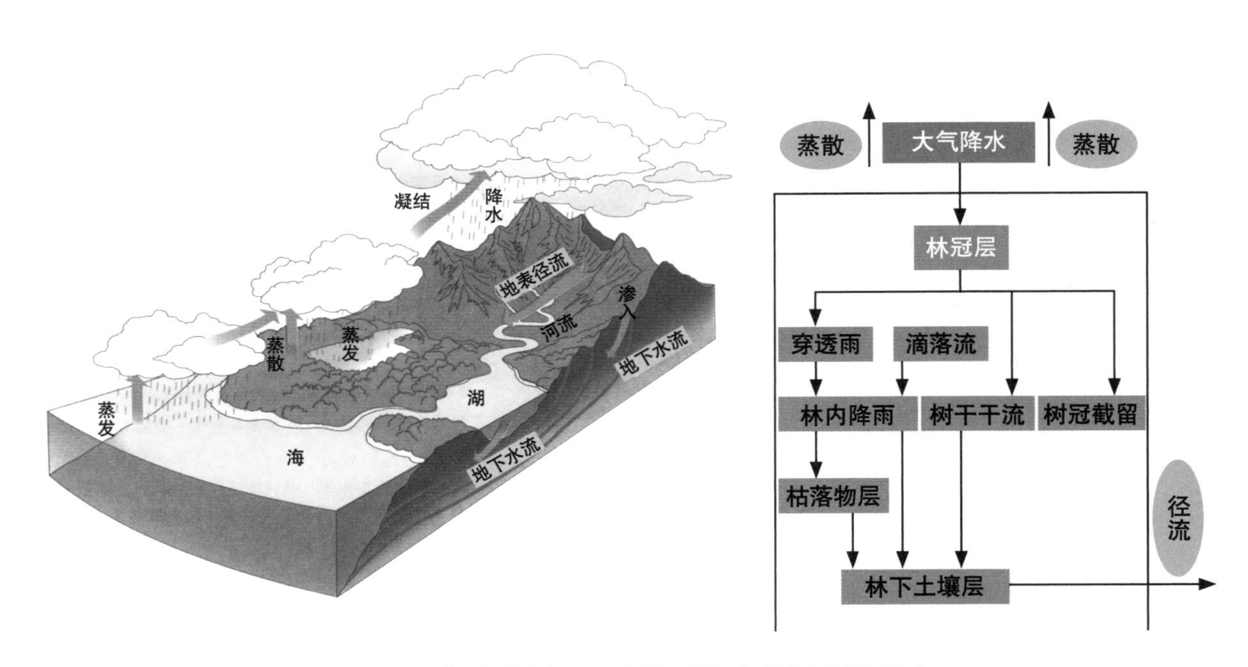

图 1-7　全球水循环及森林对降水的再分配示意

本研究选定 2 个指标，即调节水量指标和净化水质指标，以反映森林的涵养水源功能。

1. 调节水量指标

（1）年调节水量。森林生态系统年调节水量公式为：

$$G_{调} = 10A \cdot (P-E-C) \cdot F \tag{1-4}$$

式中：$G_{调}$——实测林分年调节水量（立方米 / 年）；

P——实测林外降水量（毫米 / 年）；

E——实测林分蒸散量（毫米 / 年）；

C——实测地表快速径流量（毫米 / 年）；

A——林分面积（公顷）；

F——森林生态功能修正系数。

（2）年调节水量价值。森林生态系统年调节水量价值根据水库工程的蓄水成本（替代工程法）来确定，采用如下公式计算：

$$U_{调} = 10C_{库} \cdot A \cdot (P-E-C) \cdot F \cdot d \tag{1-5}$$

式中：$U_{调}$——实测森林年调节水量价值（元 / 年）；

$C_{库}$——水库库容造价（元 / 立方米，见附表 2）；

P——实测林外降水量（毫米 / 年）；

E——实测林分蒸散量（毫米 / 年）；

C——实测地表快速径流量（毫米 / 年）；

A——林分面积（公顷）；

F——森林生态功能修正系数；

d——贴现率。

2. 年净化水质指标

（1）年净化水量。森林生态系统年净化水量采用年调节水量的公式：

$$G_{净}=10A\cdot(P-E-C)\cdot F \tag{1-6}$$

式中：$G_{净}$——实测林分年净化水量（立方米 / 年）；

P——实测林外降水量（毫米 / 年）；

E——实测林分蒸散量（毫米 / 年）；

C——实测地表快速径流量（毫米 / 年）；

A——林分面积（公顷）；

F——森林生态功能修正系数。

（2）净化水质价值。森林生态系统年净化水质价值根据净化水质工程的成本（替代工程法）计算，公式为：

$$U_{水质}=10K_{水}\cdot A\cdot(P-E-C)\cdot F\cdot d \tag{1-7}$$

式中：$U_{水质}$——实测林分净化水质价值（元 / 年）；

$K_{水}$——水的净化费用（元 / 立方米，见附表 1）；

P——实测林外降水量（毫米 / 年）；

E——实测林分蒸散量（毫米 / 年）；

C——实测地表快速径流量（毫米 / 年）；

A——林分面积（公顷）；

F——森林生态功能修正系数；

d——贴现率。

（二）保育土壤功能

森林凭借庞大的树冠、深厚的枯枝落叶层及强壮且成网络的根系截留大气降水，减少或免遭雨滴对土壤表层的直接冲击，有效地固持土体，降低了地表径流对土壤的冲蚀，使土壤流失量大大降低。而且森林的生长发育及其代谢产物不断对土壤产生物理及化学影响，参与土体内部的能量转换与物质循环，使土壤肥力提高，森林是土壤养分的主要来源之一（图 1-8）。为此，本研究选用 2 个指标，即固土指标和保肥指标，以反映森林保育土壤功能。

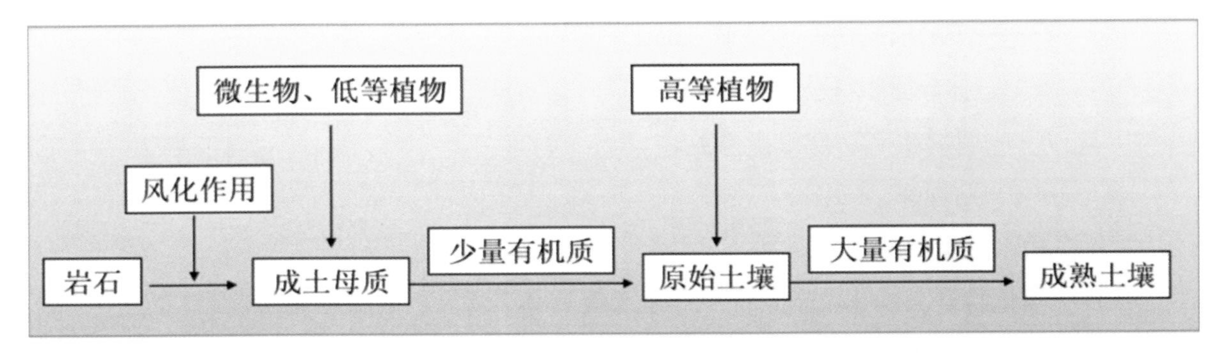

图 1-8　植被对土壤形成的作用

1. 固土指标

（1）年固土量。林分年固土量公式为：

$$G_{固土}=A\cdot(X_2-X_1)\cdot F \tag{1-8}$$

式中：$G_{固土}$——实测林分年固土量（吨 / 年）；

X_1——有林地土壤侵蚀模数 [吨 /(公顷 · 年)]；

X_2——无林地土壤侵蚀模数 [吨 /(公顷 · 年)]；

A——林分面积（公顷）；

F——森林生态功能修正系数。

（2）年固土价值。由于土壤侵蚀流失的泥沙淤积于水库中，减少了水库蓄积水的体积，因此本研究根据蓄水成本（替代工程法）计算林分年固土价值，公式为：

$$U_{固土}=A\cdot C_{土}\cdot(X_2-X_1)\cdot F\cdot d/\rho \tag{1-9}$$

式中：$U_{固土}$——实测林分年固土价值（元 / 年）；

X_1——有林地土壤侵蚀模数 [吨 /(公顷 · 年)]；

X_2——无林地土壤侵蚀模数 [吨 /(公顷 · 年)]；

$C_{土}$——挖取和运输单位体积土方所需费用（元 / 立方米，见附表 1）；

ρ——土壤容重（克 / 立方厘米）；

A——林分面积（公顷）；

F——森林生态功能修正系数；

d——贴现率。

2. 保肥指标

（1）年保肥量。林分年保肥量公式为：

$$G_N = A \cdot N \cdot (X_2 - X_1) \cdot F \tag{1-10}$$

$$G_P = A \cdot P \cdot (X_2 - X_1) \cdot F \tag{1-11}$$

$$G_K = A \cdot K \cdot (X_2 - X_1) \cdot F \tag{1-12}$$

$$G_{有机质} = A \cdot M \cdot (X_2 - X_1) \cdot F \tag{1-13}$$

式中：G_N——森林固持土壤而减少的氮流失量（吨/年）；

G_P——森林固持土壤而减少的磷流失量（吨/年）；

G_K——森林固持土壤而减少的钾流失量（吨/年）；

$G_{有机质}$——森林固持土壤而减少的有机质流失量（吨/年）；

X_1——有林地土壤侵蚀模数[吨/(公顷·年)]；

X_2——无林地土壤侵蚀模数[吨/(公顷·年)]；

N——森林土壤含氮量（%）；

P——森林土壤含磷量（%）；

K——森林土壤含钾量（%）；

M——森林土壤平均有机质含量（%）；

A——林分面积（公顷）；

F——森林生态功能修正系数。

（2）年保肥价值。年固土量中氮、磷、钾的数量换算成化肥即为林分年保肥价值。本研究的林分年保肥价值以固土量中的氮、磷、钾数量折合成磷酸二铵化肥和氯化钾化肥的价值来体现。公式为：

$$U_{肥} = A \cdot (X_1 - X_2) \cdot \left(\frac{N \cdot C_1}{R_1} + \frac{P \cdot C_1}{R_2} + \frac{K \cdot C_2}{R_3} + M \cdot C_3\right) \cdot F \cdot d \tag{1-14}$$

式中：$U_{肥}$——实测林分年保肥价值（元/年）；

X_1——有林地土壤侵蚀模数[吨/(公顷·年)]；

X_2——无林地土壤侵蚀模数[吨/(公顷·年)]；

N——森林土壤平均含氮量（%）；

P——森林土壤平均含磷量（%）；

K——森林土壤平均含钾量（%）；

M——森林土壤有机质含量（%）；

R_1——磷酸二铵化肥含氮量（%，见附表1）；

R_2——磷酸二铵化肥含磷量（%，见附表1）；

R_3——氯化钾化肥含钾量（%，见附表1）；

C_1——磷酸二铵化肥价格（元／吨，见附表 1）；
C_2——氯化钾化肥价格（元／吨，见附表 1）；
C_3——有机质价格（元／吨，见附表 1）；
A——林分面积（公顷）；
F——森林生态功能修正系数；
d——贴现率。

（三）固碳释氧功能

森林与大气的物质交换主要是二氧化碳与氧气的交换，即森林固定并减少大气中的二氧化碳和提高并增加大气中的氧气（图 1-9），这对维持大气中的二氧化碳和氧气动态平衡、减少温室效应以及为人类提供生存的基础均有巨大和不可替代的作用（Wang et al，2013）。为此本报告选用固碳、释氧 2 个指标反映森林生态系统固碳释氧功能。根据光合作用化学反应式，森林植被每积累 1.0 克干物质，可以吸收 1.63 克二氧化碳，释放 1.19 克氧气。

图 1-9　森林生态系统固碳释氧作用

1. 固碳指标

(1) 植被和土壤年固碳量。植被和土壤年固碳量公式：

$$G_{碳}=A\cdot(1.63R_{碳}\cdot B_{年}+F_{土壤碳})\cdot F \quad (1\text{-}15)$$

式中：$G_{碳}$——实测年固碳量（吨／年）；
$B_{年}$——实测林分净生产力 [吨 /(公顷 · 年)]；
$F_{土壤碳}$——单位面积林分土壤年固碳量 [吨 /(公顷 · 年)]；
$R_{碳}$——二氧化碳中碳的含量，为 27.27%；
A——林分面积（公顷）；

F——森林生态功能修正系数。

公式得出森林的潜在年固碳量，再从其中减去由于森林采伐造成的生物量移出从而损失的碳量，即为森林的实际年固碳量。

（2）年固碳价值。森林植被和土壤年固碳价值的计算公式为：

$$U_{碳}=A\cdot C_{碳}\cdot(1.63R_{碳}\cdot B_{年}+F_{土壤碳})\cdot F\cdot d \tag{1-16}$$

式中：$U_{碳}$——实测林分年固碳价值（元／年）；

$B_{年}$——实测林分净生产力 [吨 /(公顷· 年)]；

$F_{土壤碳}$——单位面积森林土壤年固碳量 [吨 /(公顷· 年)]；

$C_{碳}$——固碳价格（元／吨，见附表 2）；

$R_{碳}$——二氧化碳中碳的含量，为 27.27%；

A——林分面积（公顷）；

F——森林生态功能修正系数；

d——贴现率。

公式得出森林的潜在年固碳价值，再从其中减去由于森林年采伐消耗量造成的碳损失，即为森林的实际年固碳价值。

2. 释氧指标

（1）年释氧量。公式为：

$$G_{氧气}=1.19A\cdot B_{年}\cdot F \tag{1-17}$$

式中：$G_{氧气}$——实测林分年释氧量（吨／年）；

$B_{年}$——实测林分净生产力 [吨 /(公顷· 年)]；

A——林分面积（公顷）；

F——森林生态功能修正系数。

（2）年释氧价值。年释氧价值采用以下公式计算：

$$U_{氧}=1.19C_{氧}\cdot A\cdot B_{年}\cdot F\cdot d \tag{1-18}$$

式中：$U_{氧}$——实测林分年释氧价值（元／年）；

$B_{年}$——实测林分年净生产力 [吨 /(公顷· 年)]；

$C_{氧}$——制造氧气的价格（元／吨，见附表 2）；

A——林分面积（公顷）；

F——森林生态功能修正系数；

d——贴现率。

（四）林木积累营养物质功能

森林在生长过程中不断从周围环境吸收营养物质，固定在植物体中，成为全球生物化学循环不可缺少的环节，为此选用林木营养积累指标反映森林积累营养物质功能。

1. 林木营养物质年积累量

林木积累氮、磷、钾的年积累量公式：

$$G_{氮}=A\cdot N_{营养}\cdot B_{年}\cdot F \tag{1-19}$$

$$G_{磷}=A\cdot P_{营养}\cdot B_{年}\cdot F \tag{1-20}$$

$$G_{钾}=A\cdot K_{营养}\cdot B_{年}\cdot F \tag{1-21}$$

式中：$G_{氮}$——植被固氮量（吨／年）；

$G_{磷}$——植被固磷量（吨／年）；

$G_{钾}$——植被固钾量（吨／年）；

$N_{营养}$——林木氮元素含量（%）；

$P_{营养}$——林木磷元素含量（%）；

$K_{营养}$——林木钾元素含量（%）；

$B_{年}$——实测林分净生产力 [吨/(公顷· 年)]；

A——林分面积（公顷）；

F——森林生态功能修正系数。

2. 林木营养年积累价值

采取把营养物质折合成磷酸二铵化肥和氯化钾化肥方法计算林木营养积累价值，公式为：

$$U_{营养}=A\cdot B\cdot\left(\frac{N_{营养}\cdot C_1}{R_1}+\frac{P_{营养}\cdot C_1}{R_2}+\frac{K_{营养}\cdot C_2}{R_3}\right)\cdot F\cdot d \tag{1-22}$$

式中：$U_{营养}$——实测林分氮、磷、钾年增加价值（元／年）；

$N_{营养}$——实测林木含氮量（%）；

$P_{营养}$——实测林木含磷量（%）；

$K_{营养}$——实测林木含钾量（%）；

R_1——磷酸二铵含氮量（%，见附表 1）；

R_2——磷酸二铵含磷量（%，见附表 1）；

R_3——氯化钾含钾量（%，见附表 1）；

C_1——磷酸二铵化肥价格（元／吨，见附表 1）；

C_2——氯化钾平化肥价格 (元／吨，见附表 1)；

B——实测林分净生产力 [吨/(公顷· 年)]；

A——林分面积（公顷）；

F——森林生态功能修正系数；

d——贴现率。

（五）净化大气环境功能

近年灰霾天气的频繁、大范围出现，使空气质量状况成为民众和政府部门关注的焦点，大气颗粒物（如 PM_{10}、$PM_{2.5}$）被认为是造成灰霾天气的罪魁出现在人们的视野中。特别是 $PM_{2.5}$ 更是由于其对人体健康的严重威胁，成为人们关注的热点。如何控制大气污染、改善空气质量成为众多科学家研究的热点。

森林能有效吸收有害气体、吸滞粉尘、降低噪音、提供负离子等，从而起到净化大气环境的作用（图 1-10）。为此，本研究选取提供负离子、吸收污染物（二氧化硫、氟化物和氮氧化物）、滞尘、滞纳 PM_{10} 和 $PM_{2.5}$ 等 7 个指标反映森林生态系统净化大气环境能力，由于降低噪音指标计算方法尚不成熟，所以本研究中不涉及降低噪音指标。

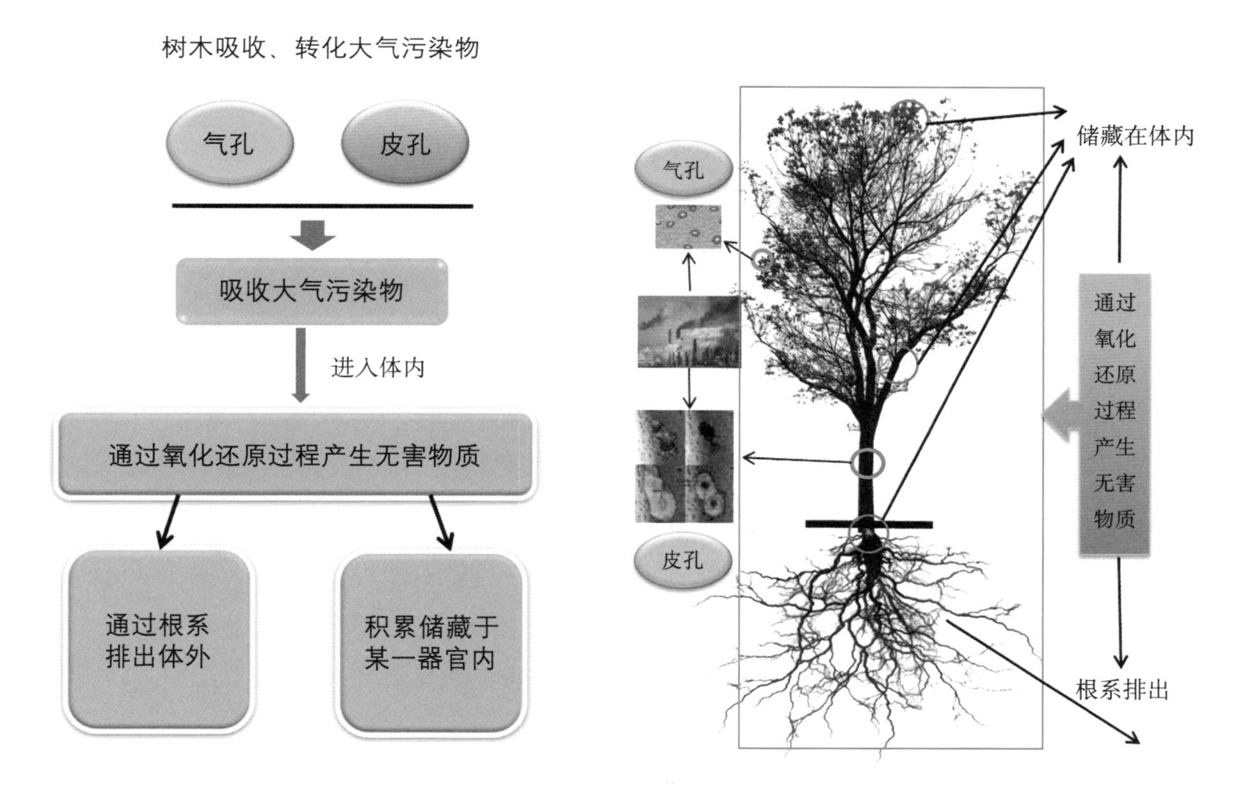

图 1-10　树木吸收空气污染物示意

1. 提供负离子指标

（1）年提供负离子量。林分年提供负离子量公式：

$$G_{负离子} = 5.256 \times 10^{15} \cdot Q_{负离子} \cdot A \cdot H \cdot F / L \tag{1-23}$$

式中：$G_{负离子}$——实测林分年提供负离子个数（个 / 年）；

$Q_{负离子}$——实测林分负离子浓度（个 / 立方厘米）；

H——林分高度（米）；

L——负离子寿命（分钟，见附表 1）；

A——林分面积（公顷）；

F——森林生态功能修正系数。

（2）年提供负离子价值。国内外研究证明，当空气中负离子达到 600 个 / 立方厘米以上时，才能有益人体健康，所以林分年提供负离子价值采用如下公式计算：

$$U_{负离子} = 5.256 \times 10^{15} \cdot A \cdot H \cdot K_{负离子} \cdot (Q_{负离子} - 600) \cdot F \cdot d / L \tag{1-24}$$

式中：$U_{负离子}$——实测林分年提供负离子价值（元 / 年）；

$K_{负离子}$——负离子生产费用（元 / 个，见附表 1）；

$Q_{负离子}$——实测林分负离子浓度（个 / 立方厘米）；

L——负离子寿命（分钟，见附表 1）；

H——林分高度（米）；

A——林分面积（公顷）；

F——森林生态功能修正系数；

d——贴现率。

2. 吸收污染物指标

二氧化硫、氟化物和氮氧化物是大气污染物的主要物质（图 1-11），因此本研究选取森林吸收二氧化硫、氟化物和氮氧化物 3 个指标评估森林生态系统吸收污染物的能力。森林对二氧化硫、氟化物和氮氧化物的吸收，可使用面积－吸收能力法、阈值法、叶干质量估算法等。本研究采用面积－吸收能力法评估森林吸收污染物的总量和价值。

（1）吸收二氧化硫。主要计算林分年吸收二氧化碳的物质量和价值量。

①二氧化硫年吸收量：

$$G_{二氧化硫} = Q_{二氧化硫} \cdot A \cdot F / 1000 \tag{1-25}$$

式中：$G_{二氧化硫}$——实测林分年吸收二氧化硫量（吨 / 年）；

$Q_{二氧化硫}$——单位面积实测林分年吸收二氧化硫量 [千克 /(公顷 · 年)]；

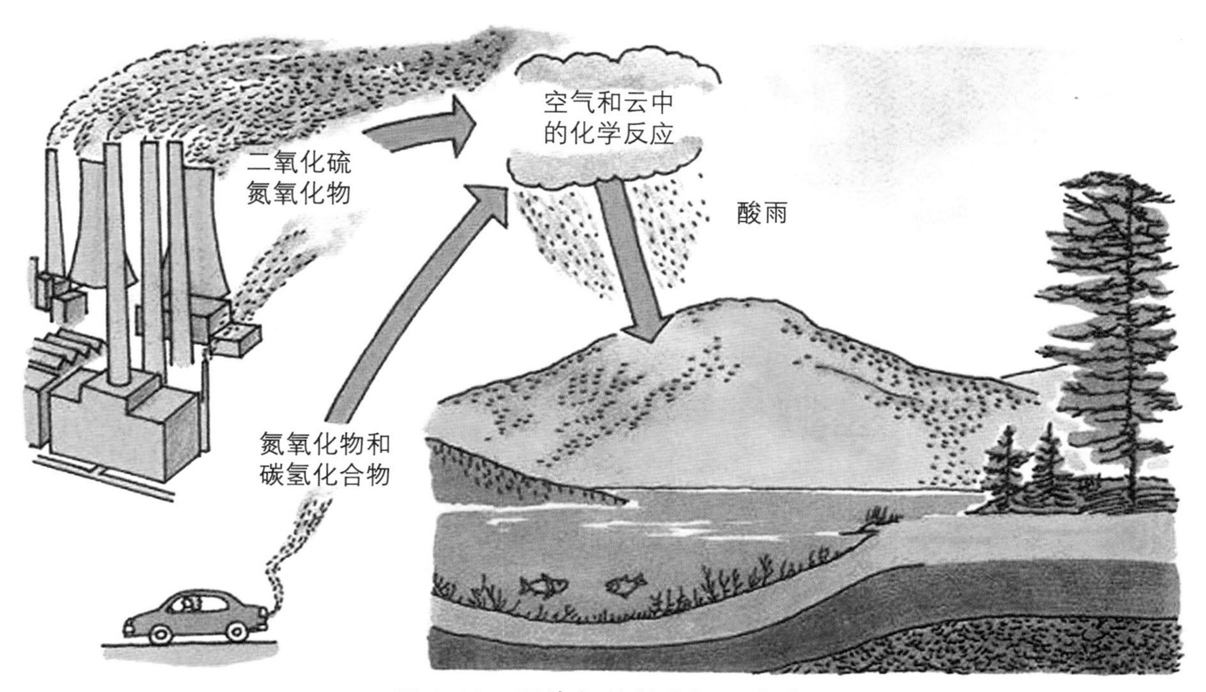

图 1-11　污染气体的来源及危害

A——林分面积（公顷）；

F——森林生态功能修正系数。

②年吸收二氧化硫价值：

$$U_{二氧化硫}=K_{二氧化硫}\cdot Q_{二氧化硫}\cdot A\cdot F\cdot d \tag{1-26}$$

式中：$U_{二氧化硫}$——实测林分年吸收二氧化硫价值（元 / 年）；

$K_{二氧化硫}$——二氧化硫的治理费用（元 / 千克）；

$Q_{二氧化硫}$——单位面积实测林分年吸收二氧化硫量 [千克 /(公顷· 年)]；

A——林分面积（公顷）；

F——森林生态功能修正系数；

d——贴现率。

（2）吸收氟化物。主要计算林分年吸收氟化物的物质量和价值量。

①氟化物年吸收量：

$$G_{氟化物}=Q_{氟化物}\cdot A\cdot F/1000 \tag{1-27}$$

式中：$G_{氟化物}$——实测林分年吸收氟化物量（吨 / 年）；

$Q_{氟化物}$——单位面积实测林分年吸收氟化物量 [千克 /(公顷· 年)]；

A——林分面积（公顷）；

F——森林生态功能修正系数。

②年吸收氟化物价值：

$$U_{氟化物}=K_{氟化物}\cdot Q_{氟化物}\cdot A\cdot F\cdot d \tag{1-28}$$

式中：$U_{氟化物}$——实测林分年吸收氟化物价值（元/年）；

$Q_{氟化物}$——单位面积实测林分年吸收氟化物量[千克/(公顷·年)]；

$K_{氟化物}$——氟化物治理费用（元/千克，见附表2）；

A——林分面积（公顷）；

F——森林生态功能修正系数；

d——贴现率。

（3）吸收氮氧化物。

①氮氧化物年吸收量：主要计算林分年吸收氮氧化物的物质量和价值量。

$$G_{氮氧化物}=Q_{氮氧化物}\cdot A\cdot F/1000 \tag{1-29}$$

式中：$G_{氮氧化物}$——实测林分年吸收氮氧化物量（吨/年）；

$Q_{氮氧化物}$——单位面积实测林分年吸收氮氧化物量[千克/(公顷·年)]；

A——林分面积（公顷）；

F——森林生态功能修正系数。

②年吸收氮氧化物价值：

$$U_{氮氧化物}=K_{氮氧化物}\cdot Q_{氮氧化物}\cdot A\cdot F\cdot d \tag{1-30}$$

式中：$U_{氮氧化物}$——实测林分年吸收氮氧化物价值（元/年）；

$K_{氮氧化物}$——氮氧化物治理费用（元/千克）；

$Q_{氮氧化物}$——单位面积实测林分年吸收氮氧化物量[千克/(公顷·年)]；

A——林分面积（公顷）；

F——森林生态功能修正系数；

d——贴现率。

3. 滞尘指标

鉴于近年来人们对PM_{10}和$PM_{2.5}$的关注，本研究在评估总滞尘量及其价值的基础上，将PM_{10}和$PM_{2.5}$从总滞尘量中分离出来进行了单独的物质量和价值量评估（图1-12）。

（1）年总滞尘量。林分年滞尘量公式：

$$G_{滞尘}=Q_{滞尘}\cdot A\cdot F/1000 \tag{1-31}$$

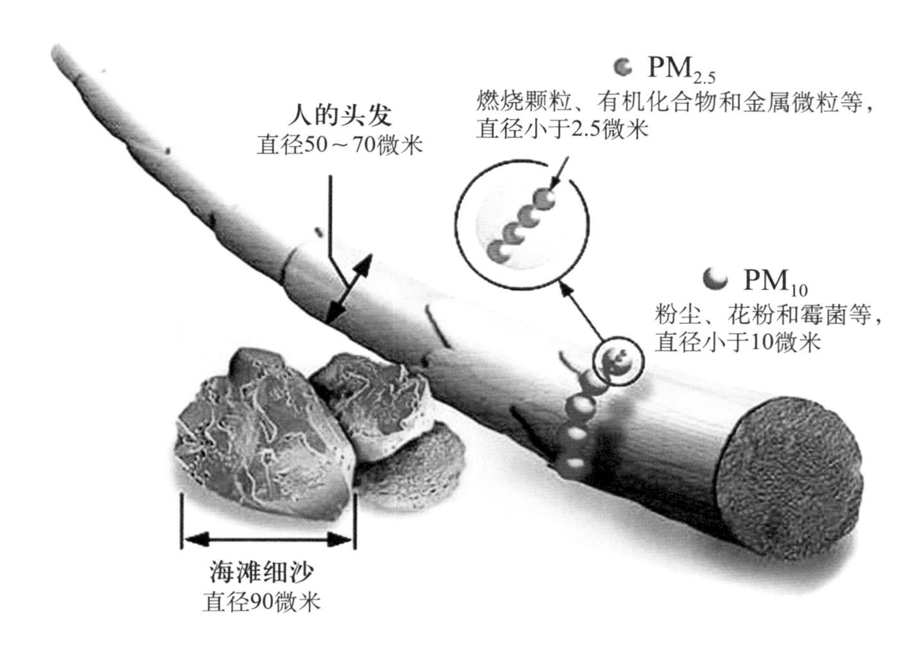

图 1-12　$PM_{2.5}$ 颗粒直径示意

式中：$G_{滞尘}$——实测林分年滞尘量（吨/年）；

$Q_{滞尘}$——单位面积实测林分年滞尘量[千克/(公顷·年)]；

A——林分面积（公顷）；

F——森林生态功能修正系数。

（2）年滞尘总价值。本研究中，用健康危害损失法计算林分滞纳 PM_{10} 和 $PM_{2.5}$ 的价值。其中，PM_{10} 采用的是治疗因空气颗粒物污染而引发的上呼吸道疾病的费用，$PM_{2.5}$ 采用的是治疗因为空气颗粒物污染而引发的下呼吸道疾病的费用。林分滞纳其余颗粒物的价值仍选用降尘清理费用计算。公式如下：

$$U_{滞尘}=(Q_{滞尘}-Q_{PM_{10}}-Q_{PM_{2.5}})\cdot A\cdot K_{滞尘}\cdot F\cdot d+U_{PM_{10}}+U_{PM_{2.5}} \tag{1-32}$$

式中：$U_{滞尘}$——实测林分年滞尘价值（元/年）；

$Q_{PM_{10}}$——单位面积实测林分年滞纳 PM_{10} 量[千克/(公顷·年)]；

$Q_{PM_{2.5}}$——单位面积实测林分年滞纳 $PM_{2.5}$ 量[千克/(公顷·年)]；

$Q_{滞尘}$——单位面积实测林分年滞尘量[千克/(公顷·年)]；

$K_{滞尘}$——降尘清理费用（元/千克，见附表2）；

A——林分面积（公顷）；

F——森林生态功能修正系数；

$U_{PM_{10}}$——实测林分年滞纳 PM_{10} 的价值（元/年）；

$U_{PM_{2.5}}$——实测林分年滞纳 $PM_{2.5}$ 的价值（元/年）；

d——贴现率。

4. 滞纳 PM_{10}

（1）年滞纳 PM_{10} 量。公式如下：

$$G_{PM_{10}} = 10 \cdot Q_{PM_{10}} \cdot A \cdot n \cdot F \cdot LAI \tag{1-33}$$

式中：$G_{PM_{10}}$——实测林分年滞纳 PM_{10} 的量（千克/年）；

$Q_{PM_{10}}$——实测林分单位叶面积滞纳 PM_{10} 量（克/平方米）；

A——林分面积（公顷）；

n——洗脱次数；

F——森林生态功能修正系数；

LAI——叶面积指数。

（2）年滞纳 PM_{10} 价值。公式如下：

$$U_{PM_{10}} = 10 \cdot C_{PM_{10}} \cdot Q_{PM_{10}} \cdot A \cdot n \cdot F \cdot LAI \cdot d \tag{1-34}$$

式中：$U_{PM_{10}}$——实测林分年滞纳 PM_{10} 价值（元/年）；

$C_{PM_{10}}$——由 PM_{10} 所造成的健康危害经济损失（治疗上呼吸道疾病的费用）（元/千克）；

$Q_{PM_{10}}$——实测林分单位叶面积滞纳 PM_{10} 量（克/平方米）；

A——林分面积（公顷）；

n——洗脱次数；

F——森林生态功能修正系数；

LAI——叶面积指数；

d——贴现率。

5. 滞纳 $PM_{2.5}$

（1）年滞纳 $PM_{2.5}$ 量。公式如下：

$$G_{PM_{2.5}} = 10 \cdot Q_{PM_{2.5}} \cdot A \cdot n \cdot F \cdot LAI \tag{1-35}$$

式中：$G_{PM_{2.5}}$——实测林分年滞纳 $PM_{2.5}$ 的量（千克/年）；

$Q_{PM_{2.5}}$——实测林分单位叶面积滞纳 $PM_{2.5}$ 量（克/平方米）；

A——林分面积（公顷）；

n——年洗脱次数；

F——森林生态功能修正系数；

LAI——叶面积指数。

（2）年滞纳 $PM_{2.5}$ 价值。公式如下：

$$U_{PM_{2.5}} = 10 \cdot C_{PM_{2.5}} \cdot Q_{PM_{2.5}} \cdot A \cdot n \cdot F \cdot LAI \cdot d \tag{1-36}$$

式中：$U_{PM_{2.5}}$——实测林分年滞纳 $PM_{2.5}$ 价值（元 / 年）；

$C_{PM_{2.5}}$——由 $PM_{2.5}$ 所造成的健康危害经济损失（治疗下呼吸道疾病的费用）（元 / 千克，见附表 1）；

$Q_{PM_{2.5}}$——实测林分单位叶面积滞纳 $PM_{2.5}$ 量（克 / 平方米）；

A——林分面积（公顷）；

n——洗脱次数；

F——森林生态功能修正系数；

LAI——叶面积指数；

d——贴现率。

（六）森林防护功能

植被根系能够固定土壤，改善土壤结构，降低土壤的裸露程度；地上部分能够增加地表粗糙程度，降低风速，阻截风沙。地上地下的共同作用能够减弱风的强度和携沙能力，减少土壤流失和风沙的危害。根据现有计算公式，本研究仅计算上海市农田防护林所产生的农田防护效益。

农田防护功能所产生的价值计算公式如下：

$$U_{农田防护} = V \cdot M \cdot K \tag{1-38}$$

式中：$U_{农田防护}$——实测林分农田防护功能的价值量（元／年）；

V——稻谷价格（元／千克，见附表 2）；

M——农作物、牧草平均增产量（千克／年）；

K——平均 1 公顷农田防护林能够实现的农田防护面积为 19 公顷。

（七）生物多样性保护

生物多样性维护了自然界的生态平衡，并为人类的生存提供了良好的环境条件。生物多样性是生态系统不可缺少的组成部分，对生态系统服务功能的发挥具有十分重要的作用（王兵等，2012）。Shannon-Wiener 指数是反映森林中物种的丰富度和分布均匀程度的经典指标。

生物多样性保护功能评估公式如下：

$$U_{生物} = S_{生} \cdot A \cdot d \tag{1-39}$$

$$H=\sum_{i=1}^{x} P_i \log_2 P_i \tag{1-40}$$

式中：$U_{生物}$——实测林分年生物多样性保护价值（元／年）；

H——林分 Shannon-Wiener 指数；

P_i——i 区某优势树种（组）所占比例；

x——i 区优势树种数量；

$S_生$——单位面积物种多样性保护价值量 [元 /(公顷 · 年)]；

A——林分面积（公顷）；

d——贴现率。

本研究根据 Shannon-Wiener 指数（H）计算生物多样性价值，共划分 7 个等级：

当指数 <1 时，$S_生$为 3000[元 /(公顷 · 年)]；

当 $1 \leqslant$指数< 2 时，$S_生$为 5000[元 /(公顷 · 年)]；

当 $2 \leqslant$指数< 3 时，$S_生$为 10000[元 /(公顷 · 年)]；

当 $3 \leqslant$指数< 4 时，$S_生$为 20000[元 /(公顷 · 年)]；

当 $4 \leqslant$指数< 5 时，$S_生$为 30000[元 /(公顷 · 年)]；

当 $5 \leqslant$指数< 6 时，$S_生$为 40000[元 /(公顷 · 年)]；

当指数$\geqslant 6$ 时，$S_生$为 50000[元 /(公顷 · 年)]。

（八）森林游憩

森林游憩是指森林生态系统为人类提供休闲和娱乐场所产生的价值，包括直接价值和间接价值，采用林业旅游与休闲产值替代法进行核算。上海市的森林游憩功能主要是指公园游憩，主要服务对象为本市居民，外地游客参与度较低，因此在本研究中以直接价值为主。本研究森林游憩价值（数据来源于上海市林业局）包括上海市各区收费公园森林旅游与休闲产值（主要包括森林公园、保护区、湿地公园等）和上海市各区非收费公园森林旅游与休闲产值。因此，森林游憩功能的计算公式：

$$U_r=\sum (Y_i+Y_{i'}) \tag{1-41}$$

式中：U_r——森林游憩功能的价值量（元 / 年）；

Y_i——i 区收费公园的门票收入（元）；

$Y_{i'}$ ——i 区非收费公园的门票收入（元）；

i——上海市 i 区。

（九）上海市森林生态系统服务总价值评估

上海市森林生态系统服务总价值为上述分项价值量之和，公式为：

$$U_I=\sum_{i=1}^{12}U_i \tag{1-42}$$

式中：U_I——上海市森林生态系统服务总价值（元 / 年）；

U_i——上海市森林生态系统服务各分项价值量（元 / 年）。

第二章

上海市自然、社会环境及森林资源概况

第一节　自然概况

一、地理位置

上海市地处东经 120º51′ 至 122º12′ ，北纬 30º40′ 至 31º53′ 之间，位于太平洋西岸，亚洲大陆东沿，中国南北海岸中心点，长江和钱塘江入海汇合处（图 2-1）。上海北界长江，

图 2-1　上海市地图（引自：上海市政府官网）

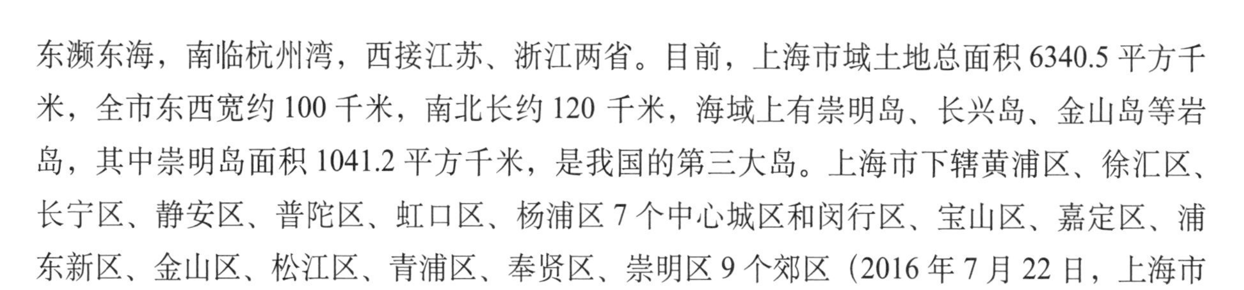

东濒东海，南临杭州湾，西接江苏、浙江两省。目前，上海市域土地总面积6340.5平方千米，全市东西宽约100千米，南北长约120千米，海域上有崇明岛、长兴岛、金山岛等岩岛，其中崇明岛面积1041.2平方千米，是我国的第三大岛。上海市下辖黄浦区、徐汇区、长宁区、静安区、普陀区、虹口区、杨浦区7个中心城区和闵行区、宝山区、嘉定区、浦东新区、金山区、松江区、青浦区、奉贤区、崇明区9个郊区（2016年7月22日，上海市崇明撤县设区）。

二、地形地貌

上海属于长江三角洲以太湖为中心的碟形洼地的东缘，整体上最重要的特点是地势低平，陆域范围内仅在松江地区分布着佘山、天马山、小昆山等10余座百米以下的山丘。上海市的北、东、南三面地势较高，平均高程4.0~5.0米，南缘略高于北缘，最高高程在奉贤一带。而西面则属于碟形洼地的底部，系太湖流域地势最低处，一般高程2.2~3.5米，其中最低处泖湖、石湖荡一带低于2.0米。整个大陆部分的地势总趋势是由东向西微倾。

三、气候条件

上海属于中亚热带向北亚热带过渡区域，为北亚热带海洋性季风气候，四季分明，日照充足，雨量充沛。年均温15.8℃，全年无霜期228天，温度年差约为25℃；年内最热月为7月，最冷月为1月。年降雨量1100毫米，年降雨量70%集中在5~9月的汛期。年日照时间为2000~2100小时，热量资源较为丰富，日照时数及太阳辐射强度的年际间变化较小，地区间差异不大，属于光能资源较为丰富的地区。日平均气温≥10℃的活动积温约为5110℃，持续期为230~234天（上海气候变化监测公报，2016）。上海的主要气候特征是：春季温暖湿润，夏季炎热多雨，秋季天高气爽，冬季较寒冷少雨雪；全年雨量适中，季节分配比较均匀。冬季受西伯利亚冷高压控制，盛行西北风，寒冷干燥；夏季在西太平洋副热带高压控制下，多东南风，暖热湿润；春秋是季风的转变期，多低温阴雨天气。

根据上海市气候中心统计数据（2005~2014），在市域尺度上，上海各区的温度、降水量、风速及日照时数存在着一定的区域性差异。从年均温来看，中心城区年均温最高，具有明显的热岛效应；而位于远郊的崇明区和奉贤区则最低（图2-2）。从年均降水量来看，中心城区最高，为1290毫米；而崇明区和青浦区最低，分别为1080毫米和1089毫米(图2-3)。从年平均风速来看，中心城区最低，而崇明区、宝山区、奉贤区、金山区等沿江沿海区域最高（图2-4）。从年均日照时数来看，受高楼遮挡等因素影响，中心城区最低，仅1495小时；而上海最南部的金山区最高，为2042小时；奉贤区、崇明区、闵行区等也较高，在1947~1988小时之间，能够满足主要作物对日照时数的生长需求（图2-5）。

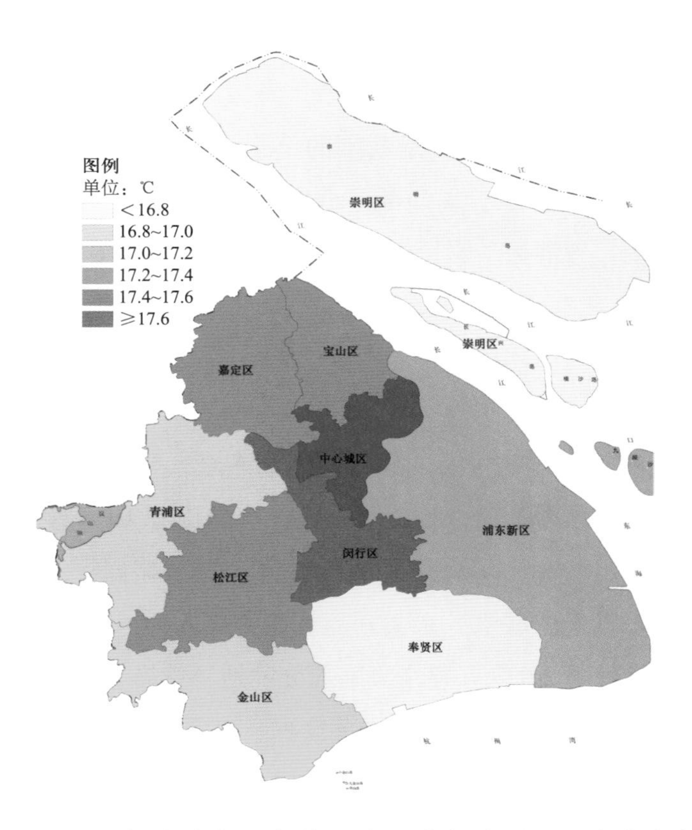

图 2-2　2005~2014 年上海各区年均温度（数据来源：上海市气候中心，2016）

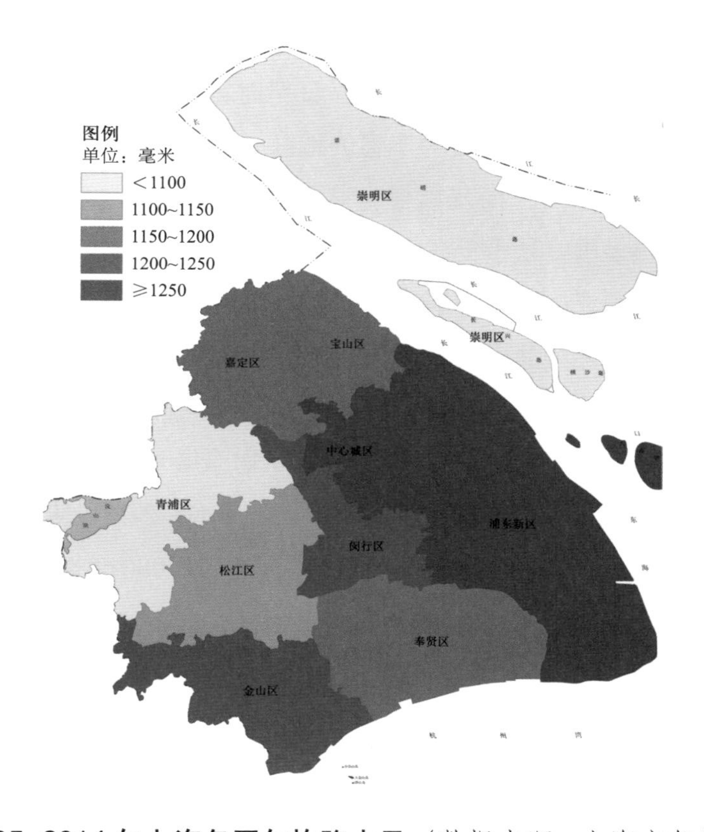

图 2-3　2005~2014 年上海各区年均降水量（数据来源：上海市气候中心，2016）

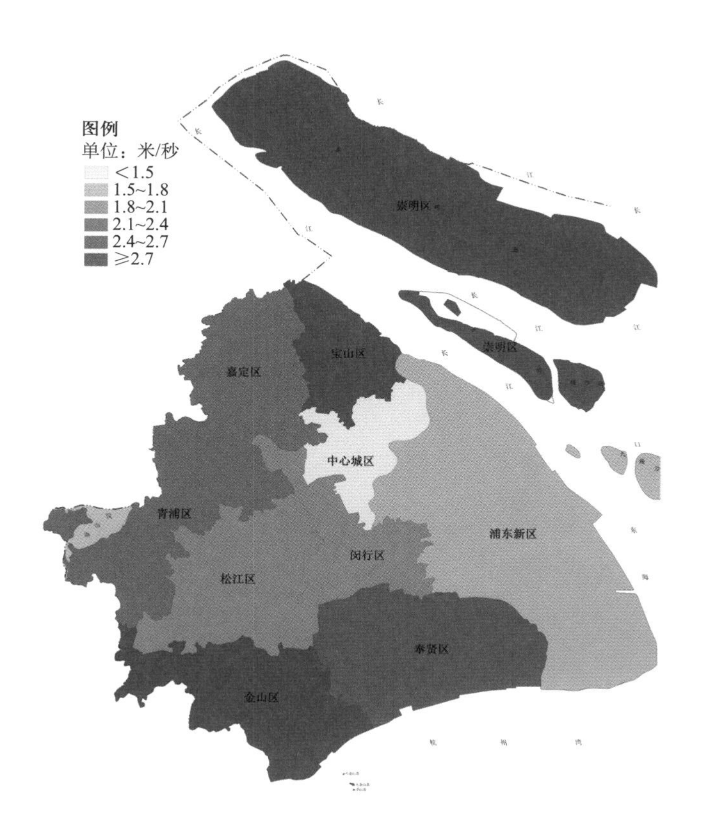

图 2-4　2005~2014 年上海各区年均风速（数据来源：上海市气候中心，2016）

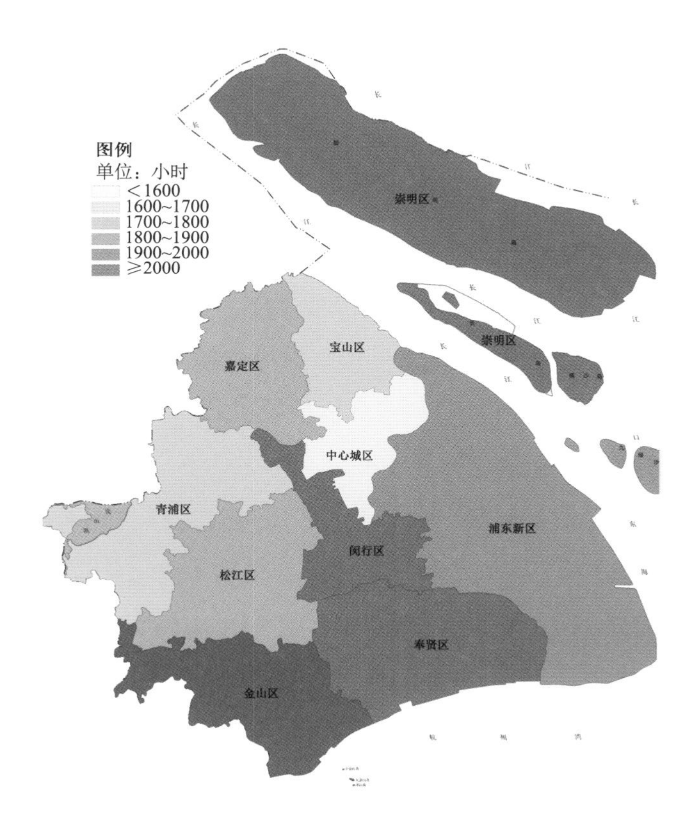

图 2-5　2005~2014 年上海各区年均日照时数（数据来源：上海市气候中心，2016）

四、水文资源

上海地区水网密布、河湖众多，根据上海市第一次水利普查暨第二次水资源普查结果（上海市统计局，2013）显示：全市共有河流26603条，总长度25348.48千米，总面积527.84平方千米（以上河流不包括流经上海的长江，其境内总长度181.80千米）；全市湖泊（含人工水体）692个，总面积91.36平方千米；河流和湖泊的总面积约619.2平方千米，河湖水面率约9.77%，河网密度平均每平方千米约4千米。丰富的水资源是上海经济社会可持续发展的最优势资源，然而目前上海市河湖保护管理存在诸多不容忽视的问题，相当部分的中小河道水质恶化，环境脏乱差，群众反映强烈。上海市委、市政府高度重视河湖保护管理工作。2016年11月，上海市委书记韩正主持召开市委全面深化改革领导小组第十五次会议，要求深入贯彻落实中央全面深化改革领导小组第二十八次会议关于全面推行河长制的要求部署，在本市江河湖泊全面实行河长制，构建责任明确、协调有序、监管严格、保护有力的河湖管理保护机制。会议审议通过《关于本市全面推行河长制的实施方案》，标志着上海市“河长制”工作正式启动。力争到2017年年底，实现全市河湖河长制全覆盖，全市河道基本消除黑臭，水域面积只增不减，水质有效提升；到2020年，基本消除丧失使用功能的水体，重要水功能区水质达标率提升到78%，河湖水面率达到10.1%，真正实现河“长治”的目标。

五、野生动植物资源

从植被分区来看，上海的地带性植被为常绿、落叶阔叶混交林。由于快速的城市化发展，上海的自然植被在高强度人为活动影响的压力下遭到很大的破坏，除残存于佘山等小山丘和大金山岛的残存自然植被（杨永川等，2003；田志慧等，2008）和属于自然植被的特殊类型——杂草外，区域内绝大部分植被为人工植被类型（达良俊等，2008）。

上海土地利用率高，大面积的土地被开发利用，适于生物栖息的生境面积减少且破碎化程度高，加之高强度的频繁人为活动干扰，导致上海原生植物种类不断减少、外来种类不断增多。上海共有自然更新的维管植物1194种，包括蕨类25科37属61个种，种子植物129科550属1133种，其中野生植物为126科440属818种，占全部种类的69%；国内外扩散至上海的外来植物共有86科234属367种，占全部种类的31%（汪远等，2012）。属于国家重点保护和濒危野生植物23科27属28种，包含草本植物19种（占67.9%），其中仅2种植物上海多见，分别是野大豆（*Glycine soja*）、细果野菱（*Trapa incisa*）；6种少见，15种极少见，5种近年来未采集到标本。根据1999年公布的《国家重点保护野生植物名录（第1批）》规定，上海共有国家二级保护植物9种，无国家一级保护植物种类（李惠茹，2015）。

上海市地处东洋界北缘，在动物区系上属于南北过渡地带，古北界物种在此也有一定渗透。根据上海市野生动物保护管理站动物资源调查数据（2015），上海区域范围内已知陆

图 2-6 上海野生鸟类（王军馥 摄影）

生脊椎动物共 33 目 106 科 540 种。其中，兽类 8 目 19 科 44 种，鸟类 19 目 68 科 445 种(图 2-6)，爬行类 4 目 13 科 36 种，两栖类 2 目 6 科 15 种。国家一级保护动物 11 种，包括扬子鳄（*Alligator sinensis*）、中华秋沙鸭（*Mergus squamatus*）、白鹤（*Grus leucogeranus*）、白头鹤(*Grus monacha*)、遗鸥(*Larus relictus*)、东方白鹳(*Ciconia boyciana*)、白尾海雕(*Haliaeetus albicilla*)、玉带海雕（*Haliaeetus leucoryphus*）、白鳍豚（*Lipotes vexillifer*）等；国家二级保护动物 81 种，包括虎纹蛙(*Hoplobatrachus rugulosus*)、蠵龟(*Caretta caretta*)、小天鹅(*Cygnus columbianus*)、白额雁（*Anser albifrons*）、鸳鸯（*Aix galericulata*）、灰鹤（*Grus grus*）、小杓鹬(*Numenius minutus*)、角鸊鷉(*Podiceps auritus*)、黑脸琵鹭(*Platalea minor*)、短耳鸮(*Asio flammeus*)、黑冠鹃隼（*Aviceda leuphotes*）、凤头蜂鹰（*Pernis ptilorhyncus*）、斑海豹（*Phoca largha*）和小灵猫（*Viverricula indica*）等。

六、旅游资源

上海作为长江三角洲的中心枢纽城市，是我国最重要的经济大区域之一，也是一个有着丰富旅游资源的城市，素有“江海之通津，东南之都会”的美称，上海的旅游资源类型上大致可分为自然景观旅游资源和人文景观旅游资源两大类，总的来说是呈中心人文，四周自然依次层层递转过渡的格局。

上海人文景观主要有革命遗址、名人故居、文化古镇、古塔古寺及各种现代建筑等。中心城区内有中国共产党第一次全国代表大会会址、中国共产党第二次全国代表大会会址、中共淞浦特委机关旧址等革命遗址；名人故居有孙中山故居、毛泽东故居、蒋介石故居、鲁迅故居等。上海郊区还有不少著名古镇老街，它们是上海发祥之源，人文之根，如青浦朱家角古镇、金泽古镇、练塘古镇，金山枫泾古镇、江南古镇、浦东新场古镇等；此外，位于上海西南郊，紧靠龙华古镇的龙华寺，是上海历史最长、规模最大的古刹，矗立于龙华寺前的龙华塔则是上海市区唯一的古塔，该塔被誉为申城“宝塔之冠”；在市区，只要登上上海中心大厦、金茂大厦和东方明珠电视塔便可鸟瞰上海都市风貌（图 2-7）。上海中心大厦是一座超高层地标式摩天大楼，总高为 632 米，共 118 层；金茂大厦第 88 层观光厅，高度为 340 米，是目前国内最大的观光厅，荣膺“上海大世界基尼斯之最”；东方明珠广播电视塔高 468 米，是位居亚洲第一、世界第三的高塔，其与左右两侧的南浦大桥、杨浦大桥形成了双龙戏珠之势，成为上海改革开放的象征。

在自然景观方面，上海重点发展以公园、城市景观绿地、街头开放绿地为主体的公共绿化体系。大型开放绿地和市区两级公园如延中绿地、陆家嘴中心公园、浦东世纪公园、黄兴公园、大宁公园、徐家汇公园等大批建成，几乎每个街道都建有一座 500 平方米以上的街道公园，星罗棋布地分布在城市的各个角落（图 2-8）。在城乡结合部，经过近 20 年坚持不懈地努力建设，上海市沿外环线两侧环绕中心城区建设了一条全长 98 千米、500 米宽的外环林带，恰似一道“绿色屏障”，护卫着城市的环境，保障着上海生态的安全。以外环林带为基础，还相继建设了顾村公园、华夏公园、闵行体育公园等十几个以文化旅游、运

图 2-7　上海外滩夜景风光（韩玉洁　摄影）

图 2-8　上海城区公园分布（2016 年上海市绿化和市容统计年鉴数据资料）

动休闲等为主题的大型公园，既美化了城市，也为市民度假休闲营造了自然生态乐园。全市范围内还分布有共青国家森林公园、东平国家森林公园、佘山国家森林公园、海湾国家森林公园等 4 个国家级森林公园以及上海滨江森林公园、东方绿舟、上海辰山植物园、吴淞炮台湾国家湿地公园、东滩湿地公园等大型郊野公园和绿地。

按照分布均衡、功能多样的城市森林的布局要求，上海在郊区建设完成了总面积近 4000 公顷的 15 片大型生态片林，并以此为基础将规划建设 21 个郊野公园，总面积约 400 平方千米，极大限度地满足市民开展户外运动、休闲游憩、科普教育等需要（图 2-9）。其中，金山区廊下郊野公园、崇明区长兴岛郊野公园、青浦区青西郊野公园、闵行区浦江郊野公园和嘉定区嘉北郊野公园 5 个已建成开放，松江区松南郊野公园也将建成并对外开放（图 2-10 至图 2-13）。

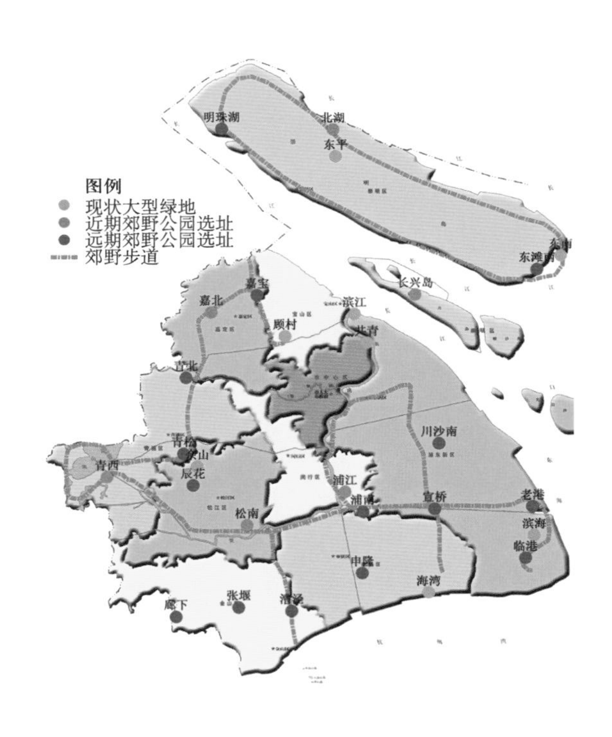

图 2-9　上海市郊野公园分布

图 2-10　上海外环林带秋景（张文文 摄影）

图 2-11　青浦区青西郊野公园(张文文　摄影)

图 2-12　崇明区长兴岛郊野公园（张文文　摄影）

图 2-13　闵行区浦江郊野公园（张文文　摄影）

七、自然保护区及建设

上海是一个集经济、科技、金融、贸易、信息、文化中心于一体的特大城市。一般来说，缺乏建立自然保护区的条件，因而起步较晚。但因地处长江出海口和东海海岸，也构成了建立自然保护区的独特环境。于1991年10月上海建立了第一个自然保护区——金山三岛自然保护区，实现了零的突破，该保护区位于金山区东海边的大小金山岛，由于没有遭到人为破坏和污染，岛上有各种植物236种，其中52种植物是上海陆地上已经灭绝的珍稀物种。天竺桂是国家重点保护植物，扁萼疣鳞苔是我国首次报道的新品种，因而成为上海地区环境的空白对照点和物种的天然基因库，具有重要的科学价值（王志勇，1993）。随后，在市有关部门组织了大专院校和科研单位对地处长江入海口的崇明岛东滩地区进行考察和研究的基础上，于1998年经上海市人民政府批准建立了崇明东滩鸟类国家级自然保护区。该保护区有各种鸟类116种，其中有国家一级保护动物的白鹳、中华秋沙鸭、白头鹤。还有小天鹅等国家二级保护动物9种。小天鹅越冬群种数量达3500只，是全国最大的小天鹅越冬群，具有作为鸟类保护区得天独厚的自然条件。

现今，上海已有九段沙湿地自然保护区金山三岛自然保护区、上海市崇明东滩鸟类自然保护区、长江口中华鲟自然保护区等4个自然保护区，其中，上海市崇明东滩鸟类自然保护区和九段沙湿地自然保护区属于国家级自然保护区，总面积为66475公顷，占全市国土面积的10.48%。金山三岛自然保护区和长江口中华鲟自然保护区属于地方级自然保护区，总面积57645公顷，自然保护区占全市国土面积的9.09%。

上海的禁猎区主要为南汇东滩野生动物禁猎区和奉贤区野生动物禁猎区，总面积为80989公顷，占全市国土面积的12.77%。上海的重要湿地主要包括金山三岛国家重要湿地、崇明东滩国际重要湿地、长江口中华鲟国际重要湿地等6个湿地保护区，总面积达136389公顷，占全市国土面积的21.51%。野生动植物重要栖息地主要有青浦区大莲湖蛙类野生动物重要栖息地、松江区泖港鸟类野生动物重要栖息地、闵行区浦江蛙类野生动物重要栖息地等12个，总面积为1044公顷，占全市国土面积的0.16%（表2-1）。

表2-1　上海市自然保护区、禁猎区、重要湿地及野生动植物栖息地一览

序号	填报单位	保护区/禁猎区/重要栖息地名称	行政区域	面积（公顷）	栖息地保护成效	主要保护对象	建立/规划时间（年份）
一、自然保护区							
1	浦东新区	九段沙湿地自然保护区	浦东新区	42320	优	水鸟，保护河口滨海湿地	2000
2	金山区	金山三岛自然保护区	金山区	45	优	亚热带原始森林生态系统	1992

（续）

序号	填报单位	保护区/禁猎区/重要栖息地名称	行政区域	面积（公顷）	栖息地保护成效	主要保护对象	建立/规划时间（年份）
3	崇明区	上海市崇明东滩鸟类自然保护区	崇明区	24155	优	迁徙鸟类及其栖息地	1998
4	崇明区	长江口中华鲟自然保护区	崇明区	57600	优	中华鲟等珍稀鱼类	2002
二、禁猎区							
1	浦东新区	南汇东滩野生动物禁猎区	浦东新区	12250	优	水鸟	2007
2	奉贤区	奉贤区野生动物禁猎区	奉贤区	68739	优	各类受保护野生动物	2013
三、重要湿地							
1	金山区	金山三岛国家重要湿地	金山区	115	优	水鸟及海岸带湿地生态系统	2000
2	崇明区	崇明东滩国际重要湿地	崇明区	32600	优	水鸟及海岸带湿地生态系统	2001
3	崇明区	长江口中华鲟国际重要湿地	崇明区	3760	优	中华鲟及其赖以栖息生存的自然环境	2008
4	崇明区	崇明岛国家级重要湿地	崇明区	33211	优	水鸟及海岸带湿地生态系统	2000
5	崇明区	长兴和横沙岛国家级重要湿地	崇明区	66636	优	水鸟及海岸带湿地生态系统	2000
6	松江区	松江区泖港上海市重要湿地	松江区	66.7	良	鸟类、两栖爬行类	2014
四、野生动植物重要栖息地							
1	青浦区	青浦区大莲湖蛙类野生动物重要栖息地	青浦区	12.07	好	虎纹蛙等两栖类及其栖息地	2015
2	松江区	松江区泖港鸟类野生动物重要栖息地	松江区	37.35	好	鸟类及其栖息地	2014
3	闵行区	闵行区浦江蛙类野生动物重要栖息地	闵行区	19	好	蛙类及其栖息地	2014
4	崇明区	西沙湿地公园野生动物重要栖息地	崇明区	363	好	鸟类和湿地	2014
5	宝山区	宝山区陈行—宝钢水库周边野生动物重要栖息地	宝山区	300	好	鸟类及其栖息地	2013

（续）

序号	填报单位	保护区/禁猎区/重要栖息地名称	行政区域	面积(公顷)	栖息地保护成效	主要保护对象	建立/规划时间（年份）
6	浦东新区	浦东新区金海湿地公园野生动物重要栖息地	浦东新区	29	好	鸟类和湿地	2014
7	嘉定区	嘉定浏岛野生动物重要栖息地	嘉定区	36.7	好	鸟类及其栖息地	2014
8	松江区	新浜生态片林獐种群恢复栖息地	松江区	17.34	好	獐及其栖息地	2014
9	崇明区	东滩湿地公园扬子鳄种群恢复栖息地	崇明区	181	好	扬子鳄及其栖息地	2014
10	奉贤区	申亚生态林狗獾种群恢复栖息地	奉贤区	5.2	好	狗獾及其栖息地	2014
11	崇明区	明珠湖公园獐种群物种恢复栖息地	崇明区	30.95	好	獐及其栖息地	2014
12	青浦区	青浦区朱家角虎纹蛙等野生动物重要栖息地	青浦区	12.77	好	虎纹蛙等两栖类及其栖息地	2015

八、土壤类型

上海市土壤大多由冲积母质发育而成。由于水系密布，境内多河道、湖泊，地下水位高，许多土地处于渍水状态。土壤以渍潜型和淋溶—淀积型的水成和半水成系列土壤为主。地带性土壤为西南部零散山丘上残积弱富铝化母质发育的黄棕壤；而湖沼平原、滨海平原由不同母质发育成隐域性土壤水稻土、灰潮土；三角洲平原、滩涂发育有滨海盐土。2010 年上海市土壤普查数据表明，上海境内土壤类型归属于 4 个土类、7 个亚类、24 个土属和 95 个土种。水稻土占 73.6%，灰潮土占总面积的 10.4%，滨海盐土占 15.9%，黄棕壤占 0.1%。土壤酸碱性质多为中性偏碱，从东向西土壤 pH 值呈由碱性到酸性的变化规律。

上海地区土壤的 pH 值相对偏高，属于滨海盐碱性土壤，自西向东有 pH 值逐渐增大和土壤有机质递减的趋势。上海森林土壤多由滩涂、农田转化而来，因而，林地土壤也多受到这些因素的影响。另外，由于工农业生产、交通排放、生活等因素，上海地区土壤受到不同程度的污染，因而，也影响到了土壤微生物和土壤动物群落。特别是城市公园、森林绿地林分土壤受到较多人为干扰，严重影响土壤物理、化学和生物学性质。

第二节　社会环境概况

一、社会经济条件

上海地处长三角都市圈的中心地区，市域面积6340.50平方千米，常住人口2415.27万（上海统计年鉴，2016）；现辖16个区，共计109个乡镇、104个街道（中国统计年鉴，2016）。上海是我国典型的国际化大都市和经济商业中心，也是我国大陆地区城市化水平最高（89%）和人口密度最大（3809人/平方千米）的城市，具有良好的科技、教育、商业、文化等资源，社会经济呈现出快速发展势头；但同时污染严重，环境压力大，居民游憩空间缺乏，对城市森林生态系统服务有很高的需求。

在上海区域内，社会经济也呈现出发展的不平衡性。在市区中心地区，有较高的人口密度和GDP（图2-14、图2-15），同时这些地区森林覆盖率较低，提供生态系统服务和产品

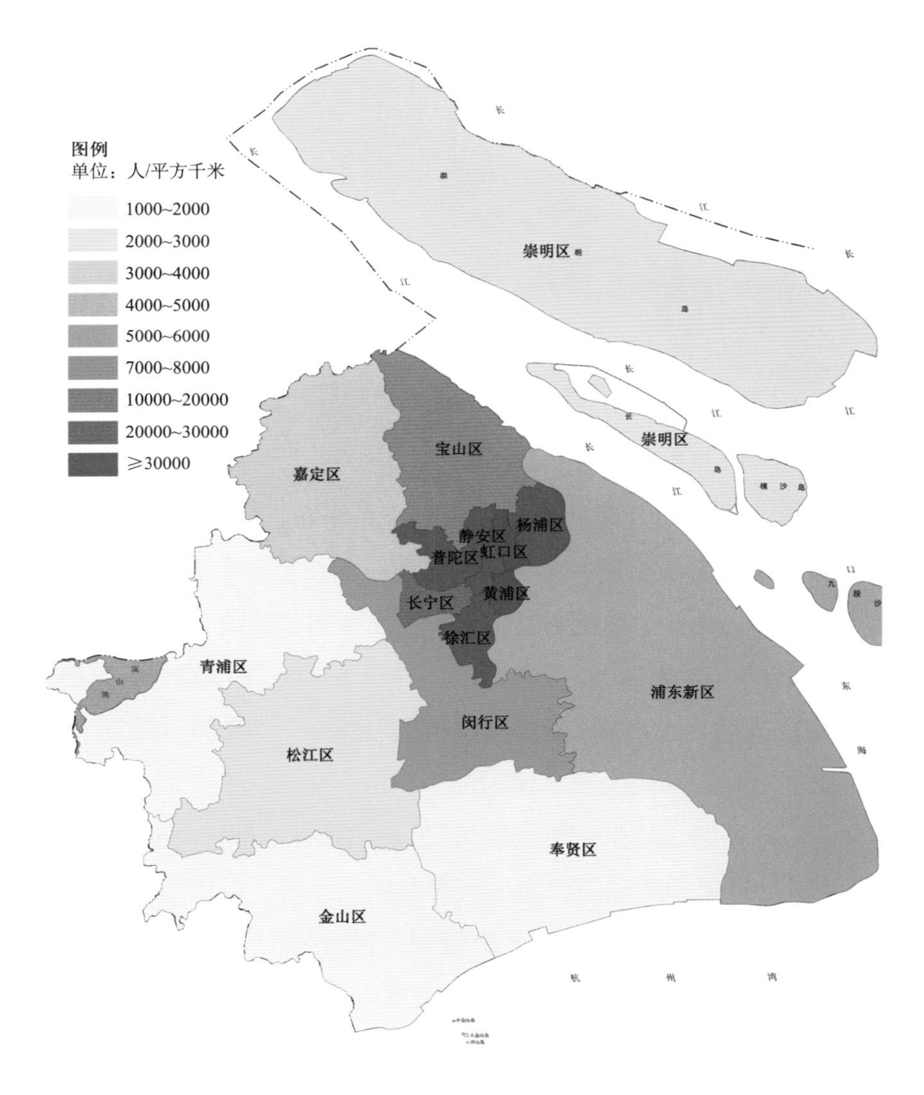

图2-14　2015年上海市各区人口密度

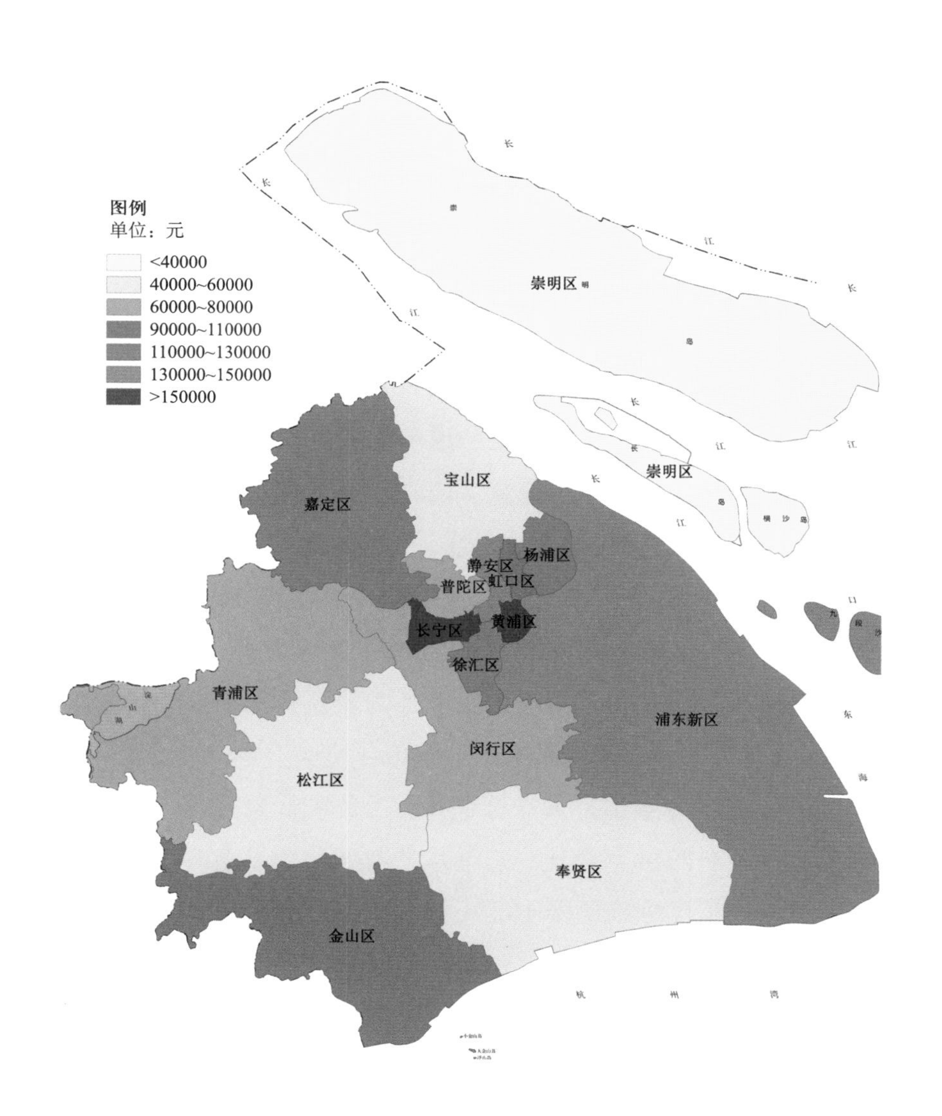

图 2-15　2015 年上海市各区人均 GDP

功能较差。在这个意义上，从市中心向郊区构成了一个单位面积 GDP 逐渐降低而单位面积森林生态系统服务价值（forest ecosystem services, FES）升高的梯度。

全市道路总长 17797 千米，其中公路总长 12945 千米，占 73%。道路总面积为 279.2 平方千米，其中公路面积为 173.7 平方千米，占 62%，全市道路路面率约 4.40%，道路密度平均每平方千米约 2.8 千米。

二、大气污染

近 30 年来，随着社会经济的快速发展，上海受到的大气污染日趋严重。例如，2015 年，上海市环境空气质量指数（AQI）优良天数为 258 天，AQI 优良率高于 70%。其中，2015 年空气质量优 55 天，良 203 天，轻度污染 73 天，中度污染 26 天，重度污染 8 天，未出现严重污染日。全年污染日中，首要污染物为细颗粒物（$PM_{2.5}$）有 67 天，占比均超过 60%。

可见，$PM_{2.5}$已经成为上海城市大气污染的最重要污染物（上海市环境保护局，2015）。

2015年，上海市$PM_{2.5}$年均浓度为53微克/立方米，超出国家环境空气质量二级标准约50%；PM_{10}年均浓度为69微克/立方米，在国家环境空气质量二级标准上下浮动；SO_2年均浓度普遍较低，仅为17毫克/立方米，达到国家环境空气质量一级标准，但呈现郊区点源污染的特征；NO_2年均浓度为46毫克/立方米，超过国家环境空气质量二级标准约14%（上海市环境保护局，2015）。由于人口密度、交通污染、生活排放等因素，上海市区中心大气污染较严重。从市中心向郊区形成了人口密度、大气污染、热岛效应的梯度。另据有关报道，一些与环境污染有关的疾病也呈现中心城区向郊区递减的梯度。这意味着中心城区对生态系统服务和产品有更强烈需求。同时，由于中心城区人口密度高，对生态系统服务和产品需求强烈，在一定程度上，也形成了生态系统功能和服务转化率梯度现状。

三、水体污染

2015年，上海全市主要河流断面水质达到III类的为14.7%，IV类和V类平均占28.9%，其余为劣V类（图2-16），其主要污染指标为氨氮和总磷。长江流域河流水质明显优于太湖流域，淀山湖处于轻度富营养状态（上海市环境保护局，2015）。

从主要河流来看，2015年黄浦江6个断面中，3个水质为III类，其余为IV类，主要污染指标为氨氮和总磷；与2014年相比，总体水质有所改善（上海市环境保护局，2015）。主要指标中，总磷和氨氮浓度分别下降16.7%和14.9%。2015年，苏州河7个断面水质均为劣V类，主要污染指标为氨氮和总磷；与2014年相比，总体水质有所改善。主要指标中，氨氮浓度下降27.7%，总磷浓度基本持平。2015年，长江口7个断面水质均达到III类，与2014年相比，总体水质基本持平。主要指标中，氨氮浓度下降21.6%，总磷浓度基本持平。2011~2015年上海水体中各污染物浓度如图2-17至图2-18。

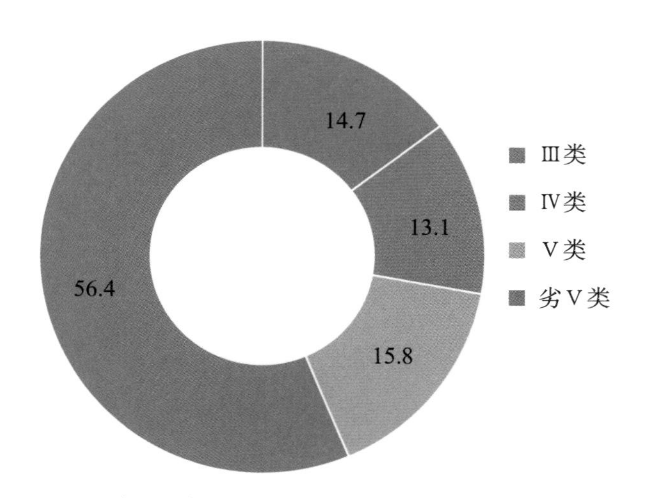

图2-16　2015年上海市主要河流断面水质类别比例（%）

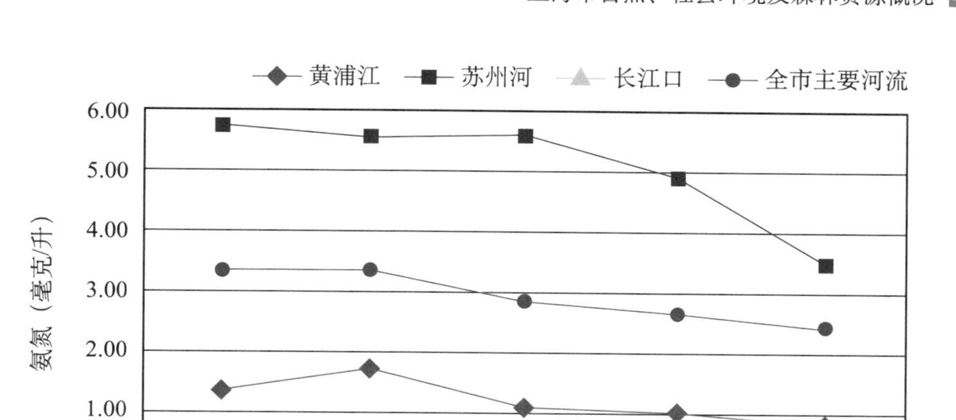

图 2-17 2011~2015 年上海主要河流氨氮浓度变化（上海市环境保护局，2015）

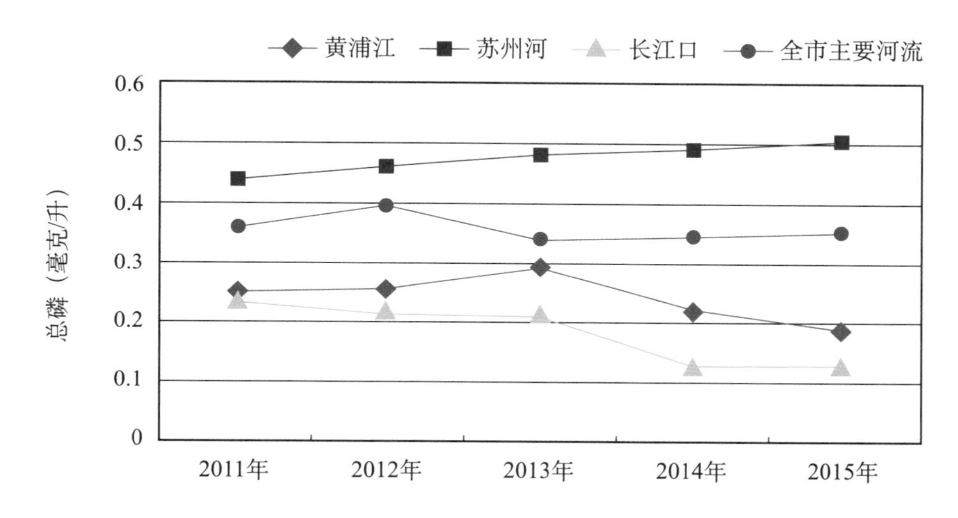

图 2-18 2011~2015 年上海主要河流总磷浓度变化（上海市环境保护局，2015）

四、土壤重金属污染

随着上海城市化水平加快，郊区乡镇工业兴起，加重了工业“三废”、城市生活垃圾以及汽车尾气等的排放，这些已经逐渐取代农药和污水灌溉，成为现在上海土壤重金属污染的主要来源。上海土壤重金属污染区域主要有近郊蔬菜区、蚂蚁浜地区、川沙污水灌区、松江锌厂附近、某些黄埔江疏浚底泥吹泥地区、某些乡镇企业排出重金属地段以及交通道路两侧等，主要的污染元素有汞、镉、铬等（施婉君等，2009）。

上海土壤重金属分布具有一定的地域差异，主要与地域的功能性有关，一般工业区和交通区污染较严重。土壤重金属在不同土地利用方式下的含量差别较大。工业区土壤污染最为严重，且多为多种重金属的复合污染；交通区土壤主要以铅、锌、铜污染为主；远郊农用土壤重金属的积累较轻微，但是也有用工业矿渣铺设田间道路而导致受严重污染的现象。土壤重金属污染程度总体上体现“城—郊—乡”的梯度差异，反映工业区分布、城市交通、废弃物排放等对城市土壤重金属的分布影响。

第三节 森林资源概况

上海自19世纪中叶起，逐步成为世界知名、商贾云集、经济相对发达的繁华城市。但在城市发展的过程中，城市森林的建设却长期得不到重视，1949年时，全市仅在租界和富人居住区分布有少量公园和绿地。新中国成立后，上海从城市建设的需要和市民群众的需求出发，相继建设了人民公园、西郊公园、长风公园、杨浦公园、外滩滨江绿带、肇嘉浜林荫道等一系列公共绿地，使上海市的人均公共绿地面积从新中国成立初的0.13平方米增加至1978年的0.47平方米（胡运骅，2005），大大改善了上海市市民的生活环境。

改革开放以后，为与国际化大都市的地位相匹配，上海的城市森林建设得到迅猛发展。在上海市委、市政府的高度重视下，《上海市绿化系统规划》《上海市城市森林规划》《上海市林地保护利用规划》《上海市基本生态网络规划》等一系列专业规划相继出台。上海坚持“人与自然和谐相处，将森林引进城市”和“生态与经济并重，森林与城市化同步发展”的城市建设理念，按照“廊、环、楔、园、林”的生态网络规划布局，大力推进城市森林建设，森林覆盖率逐年提高。

根据2013年11月全国森林资源管理工作会议精神，上海市积极推进森林资源监测体系优化改革，经国家林业局批准，2014年结合第九次全国森林资源连续清查工作，先行先试开展了森林资源一体化监测试点工作，基本实现了国家和地方森林资源监测工作“一盘棋”，森林资源“一套数”，森林分布“一张图”的目标，并以此为契机，结合国家林业局林地变更调查相关要求，于2015、2016年继续推进森林资源一体化监测，通过高清遥感影像和“3S”技术，建立变化小班如新增（造林、绿化等）、减少（采伐、征占等）台账数据库，同时利用林分因子生长模型，对上年度小班档案数据进行更新，从而形成2015、2016年森林资源监测成果数据库。

根据2015、2016年上海市森林资源监测成果数据（图2-19和图2-20），截至2015年年底，上海市林业用地面积108091公顷，森林面积95284公顷，活立木蓄积量为716万立方米，全市森林覆盖率达15.03%。截至2016年年底，上海市林地面积111275公顷，森林面积98687公顷，全市森林覆盖率达15.56%，实现了《上海市林业发展“十二五”规划》的发展目标（图2-21）。

目前，上海正在编制《上海市城市总体规划（2016~2040）》，在生态空间规划方面提出了一些初步构想，即2040年上海生态用地比例（含绿化广场用地）要达到陆域面积的60%以上，森林覆盖率达到25%以上，人均公共绿地面积力争达到15平方米，构建形成“城在林中，林在城内”的生态宜居城市。

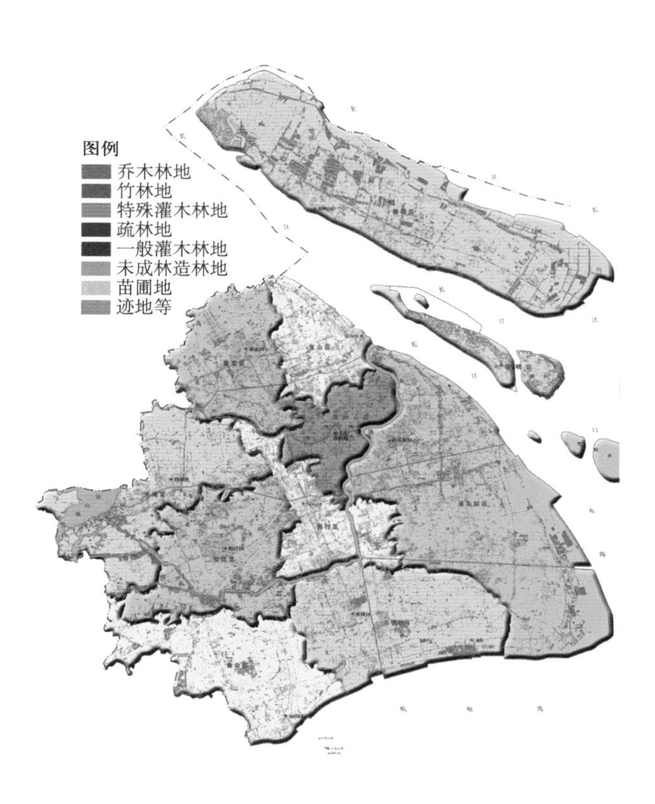

图 2-19　2015 年上海市森林资源分布

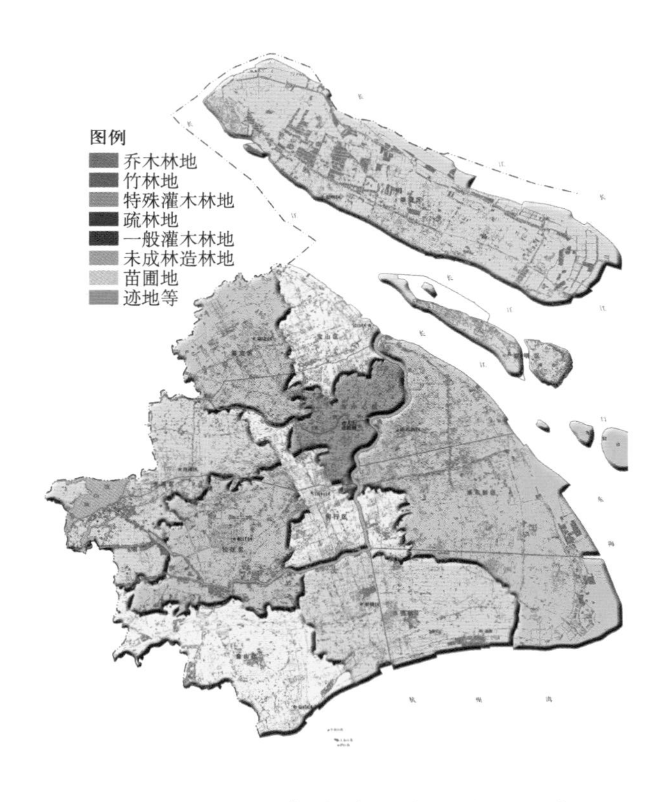

图 2-20　2016 年上海市森林资源分布

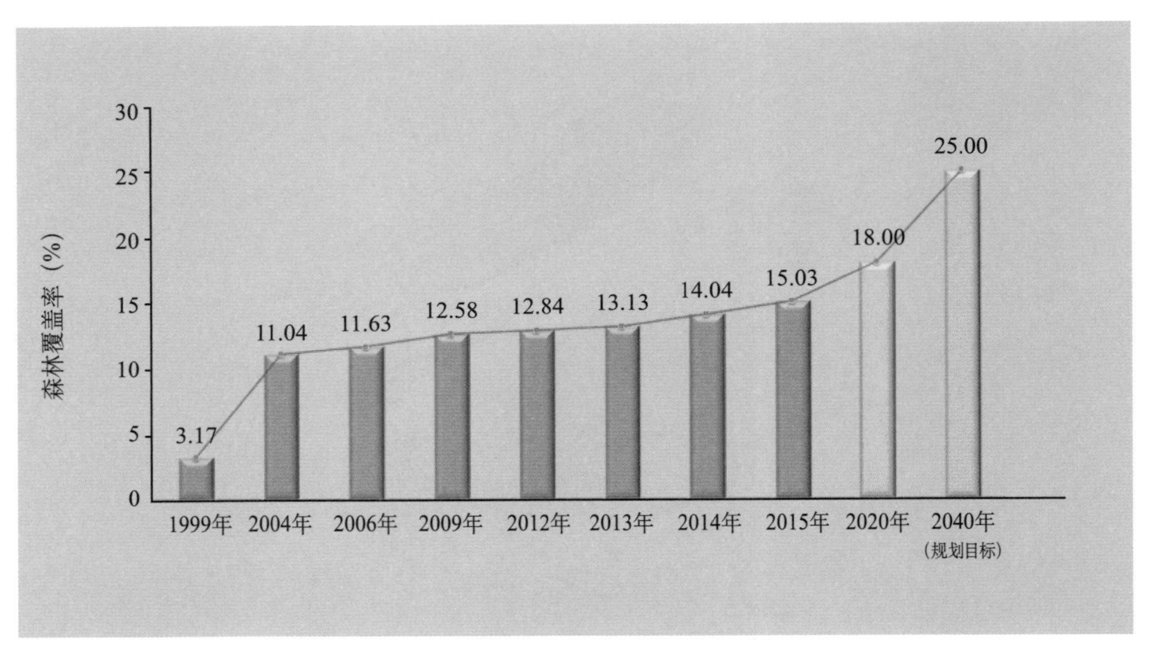

图 2-21　上海市森林覆盖率变化

一、林业用地面积

截至 2016 年年底，全市林地总面积为 111275 公顷。全市林地总面积中：乔木林地面积 84494 公顷，占 75.93%；灌木林地面积 19293 公顷，占 17.34%；未成林造林地面积 3935 公顷，占 3.53%；竹林地面积 2919 公顷，占 2.62%；疏林地面积 553 公顷，占 0.50%；苗圃地面积 46 公顷，占 0.04%；迹地 19 公顷，占 0.02%；宜林地 17 公顷，占 0.02%。灌木林地面积中，特殊灌木林地 11274 公顷，占 58.43%；一般灌木林地 8019 公顷，占 41.57%（图 2-22）。

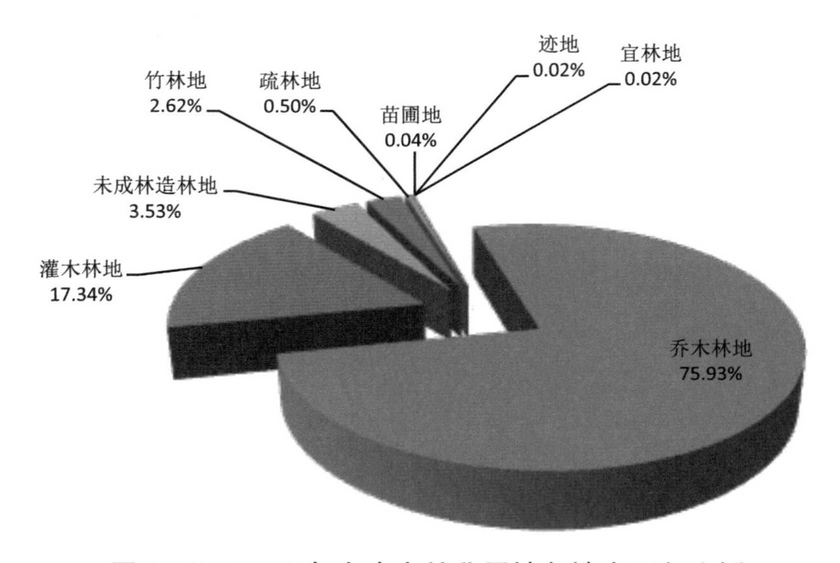

图 2-22　2016 年上海市林业用地各地类面积比例

二、森林资源结构

（一）林种结构

按林种分，全市共有附属林（指配套绿化）38967 公顷，占 43.47%；通道林 27134 公顷，占 30.27%；水源涵养林 13579 公顷，占 15.15%；沿海防护林 4903 公顷，占 5.47%；风景林 3621 公顷，占 4.03%；污染隔离林 711 公顷，占 0.80%；其他防护林 527 公顷，占 0.59%；国防林 194 公顷，占 0.22%（图 2-23）。

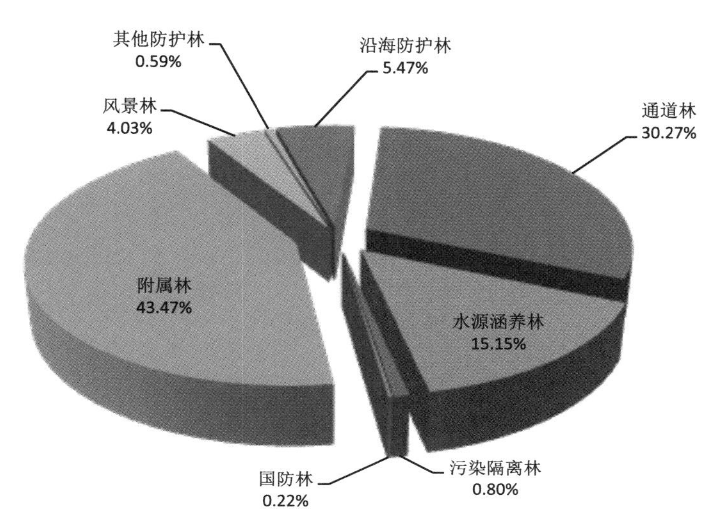

图 2-23　2016 年上海市各小林种面积比例

（二）优势树种（组）结构

目前，上海城市森林群落中一般常见乔木约 68 种，小乔木及灌木约 105 种，主要常绿阔叶树种有樟木（*Cinnamomum camphora*）、女贞（*Ligustrum lucidum*）、广玉兰（*Magnolia grandiflora*）等；主要落叶阔叶树种有意杨（*Populus* × *canadensis*）、银杏（*Ginkgo biloba*）、竹（*Phyllostachys* spp.）等；而主要落叶针叶树种有水杉（*Metasequoia glyptostroboides*）、池杉（*Taxodium distichum* var. *imbricatum*）等。各优势树种（组）的主要树种组成情况见表 2-2。

按照优势树种（组）面积由大到小依次是樟木林、硬阔类、阔叶混交林、灌木林、果树类、软阔类、水杉、针阔混交林、杉类、竹林、松类、针叶混交林。其中，2015 年樟木面积所占比例为 24.94%，蓄积量占比达 40.29%；水杉所占面积比例为 5.13%，蓄积量所占比例 13.41%；2016 年樟木林面积所占比例为 24.44%，蓄积量占比达 40.01%；水杉所占面积比例为 5.06%，蓄积量所占比例 12.53%，这两个树种所占比重均较大(图 2-24 和图 2-25)。与 2015 年相比，2016 年上海各优势树种（组）中，阔叶混交林和软阔类的面积增加最多，分别增加了 1786.31 公顷、1574.18 公顷；而果树类的面积减少的最多，减少了 1381.98 公顷。樟木林和阔叶混交林的蓄积增加量最多，分别增加了 356071 立方米、158415 立方米，阔叶混交林蓄积量增幅最大，为 27.51%。

表 2-2 上海市各优势树种（组）的主要树种组成

优势树种（组）	主要树种
樟木林	樟木
硬阔类	女贞、木兰类、杜英、榆树、枫香、含笑、国槐、刺槐、栎类、其他硬阔类
阔叶混交林	樟木、女贞、木兰类、杜英、枫香、杨树、柳树、其他阔叶混交林
灌木林	根据地类，包括一般灌木林、其他未成林地、疏林地、未成林造林地
果树类	桃、柑橘类、梨、枣、枇杷、柿、樱桃、李、杏、其他果树类
软阔类	杨树、柳树、法国梧桐、楝树、泡桐、其他软阔类
水杉	水杉
针阔混交林	樟木、女贞、木兰类、杨树、楝树、水杉、池杉、柏类、雪松、其他针阔混交林
杉类	池杉、柏类、中山杉、柳杉、东方杉、其他杉类
竹林	毛竹、散生杂竹类、混生杂竹类、丛生杂竹类
松类	雪松、黑松、赤松、其他松类
针叶混交林	水杉、池杉、柏类、柳杉、东方杉、雪松、其他针叶混交林

注：硬阔类不包括樟木，杉类不包括水杉，下同。

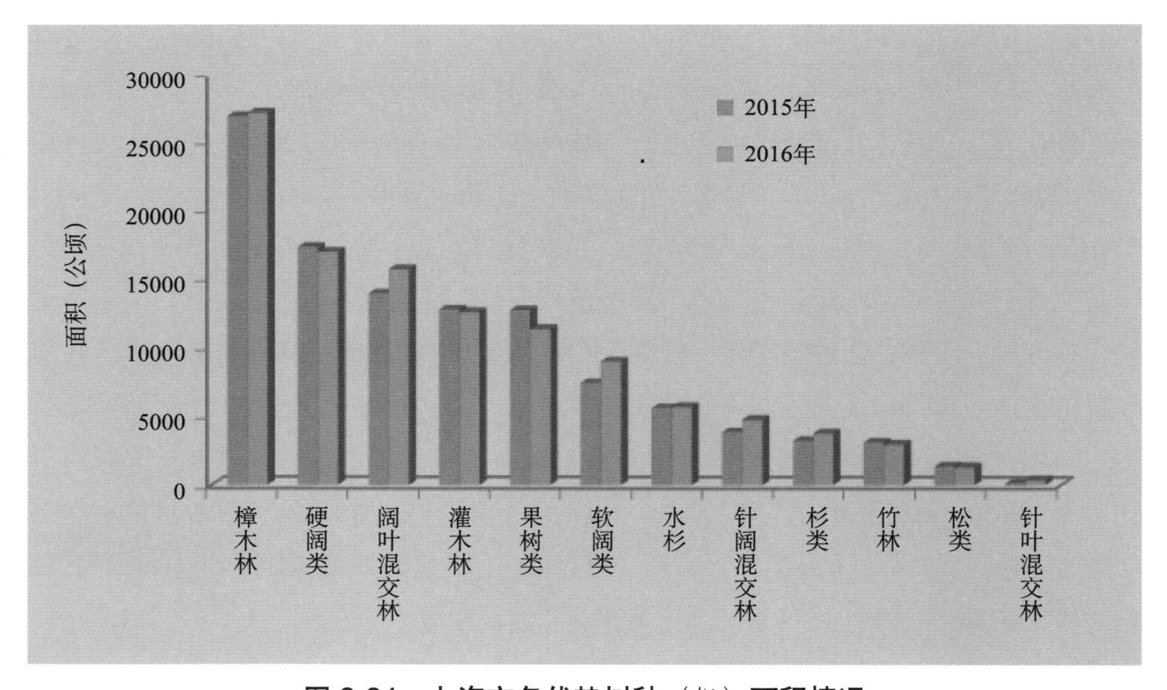

图 2-24 上海市各优势树种（组）面积情况

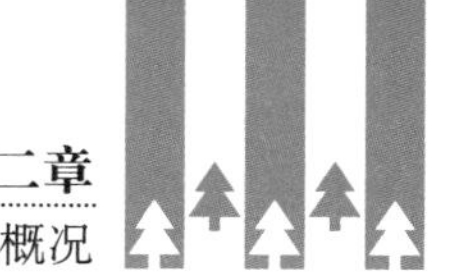

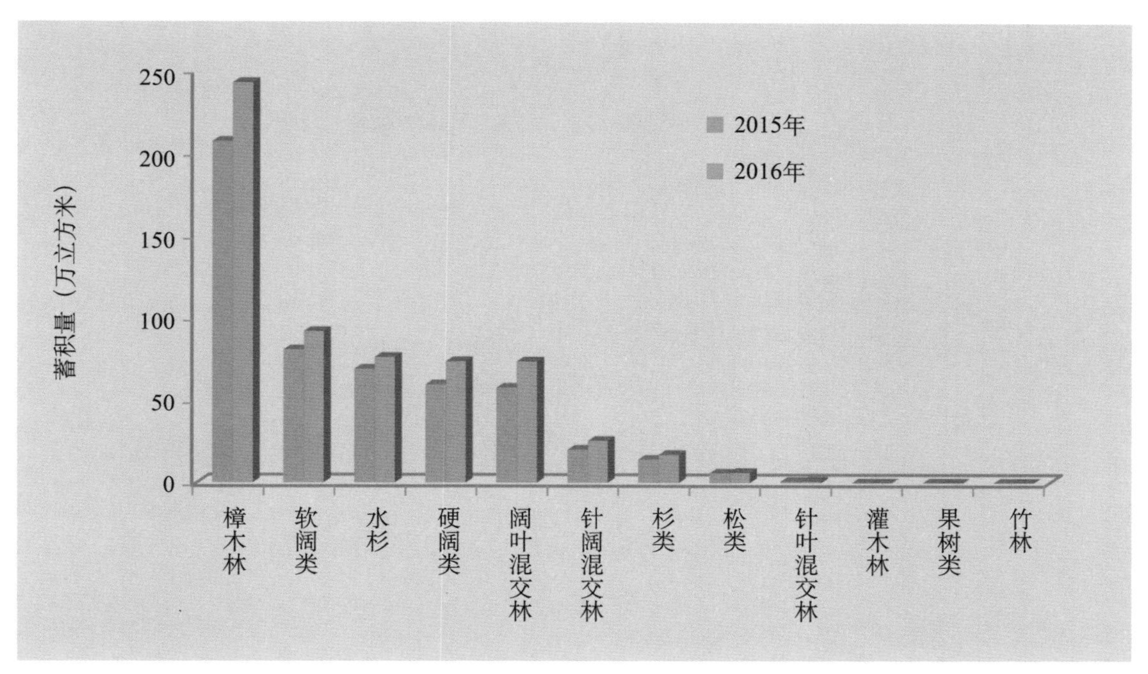

图 2-25　上海市各优势树种（组）蓄积量情况

（三）各优势树种（组）龄组结构

按乔木林的龄组划分标准，将各优势树种（组）划分为幼龄林、中龄林、近熟林、成熟林和过熟林 5 个龄组。根据结果显示，中、幼龄林的面积所占比重为最大，达 85.66%（2015 年）、83.34%（2016 年）。除过熟林，2016 年其他各龄林的面积相比 2015 年均有不同幅度的增长，其中，中龄林面积的增加量最多，增加了 2981.07 公顷；其次为幼龄林，增加了 965.88 公顷，而近熟林面积的增幅最大，达 13.64%（图 2-26）。蓄积量方面，中、幼

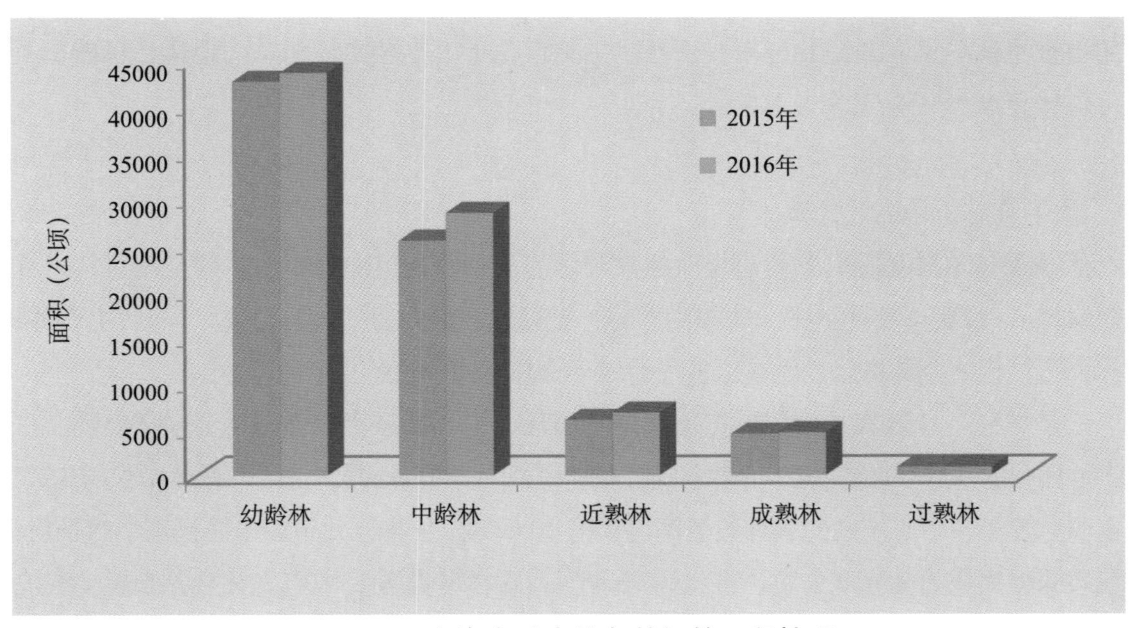

图 2-26　上海市乔木林各龄组的面积情况

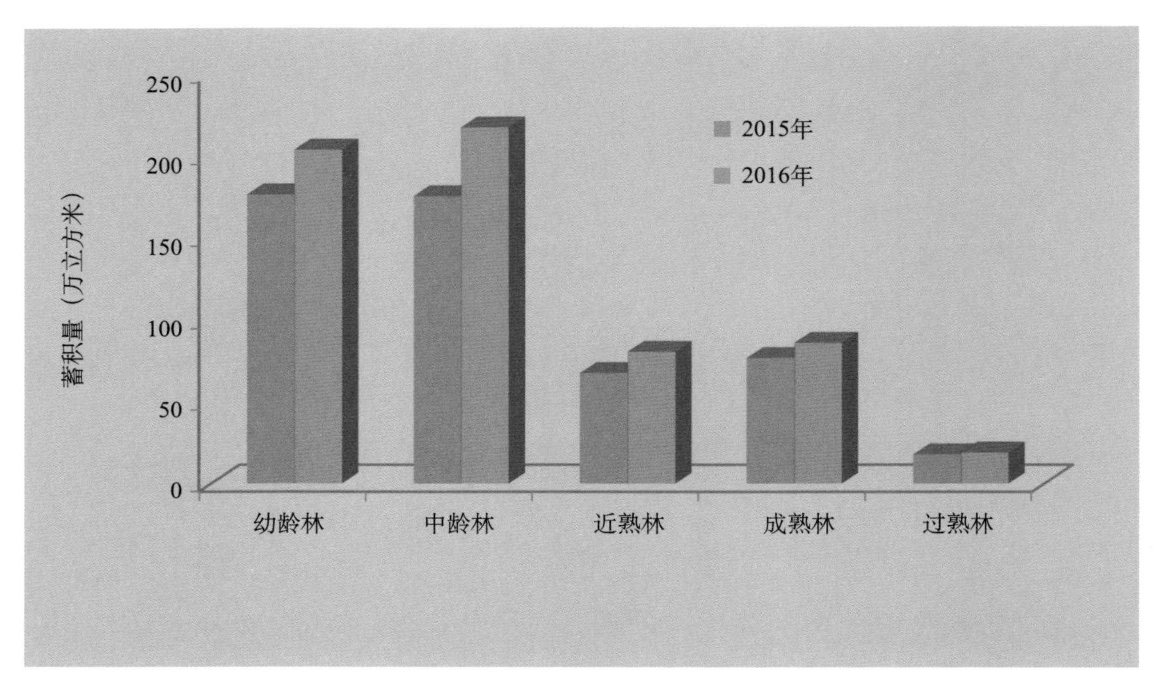

图 2-27　上海市乔木林各龄组的蓄积量情况

龄林占据绝对优势，中龄林蓄积增加量最多且增幅最大，增加了 419447 立方米，增幅为 23.90%（图 2-27）。

（四）起源结构

由于上海属于冲积平原，发育历史较短，城市森林发展也较短，且人为干扰较为严重，其地带性自然植被在长期人为活动影响下，遭到较大程度的破坏，面积大幅度地减少，残存的植被也都呈孤立的岛状分布，天然次生林仅存于大小金山岛和佘山地区。目前，上海全市森林资源 99% 以上为人工林。

（五）森林资源区域分布

上海森林发展受历史发展过程及建设理念的影响，从空间分布上主要呈现点状（城区公园绿地）、带状（外环林带、水源涵养林、护路林、沿海防护林）、片状（郊区生态片林、森林公园）相结合的格局，表现出独特的城市森林空间分布特点：

一是城区与城郊森林面积所占比重差异明显。中心城区土地面积为 28942 公顷，占全市土地面积的 4.56%；而 2016 年中心城区森林面积为 3076 公顷，占全市森林面积的 3.12%，比重明显较小。中心城区的森林覆盖率也仅为 10.63%，且林分分布多为面积较小的条块状。而城郊森林面积为 95610 公顷，占比达 96.88%，森林覆盖率 15.80%，林分分布也多有成块连片，林相也较完整。

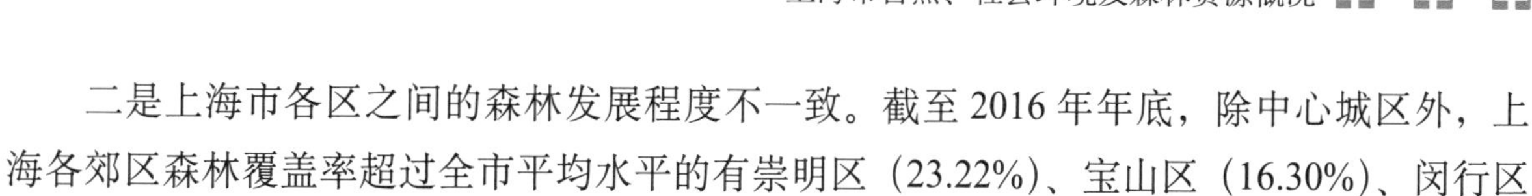

二是上海市各区之间的森林发展程度不一致。截至 2016 年年底，除中心城区外，上海各郊区森林覆盖率超过全市平均水平的有崇明区（23.22%）、宝山区（16.30%）、闵行区（15.96%）、松江区（15.64%）4 个区（图 2-28）。

三是区域间森林分布不均衡。自 2000 年开始，上海市政府以水网化、林网化相结合的上海城市森林建设理念为指导，通过大规模的生态林业工程，如外环林带建设、黄浦江上游水源涵养林建设、崇明生态岛公益林建设等，以提高林业用地面积。受土地供应、水网与路网分布的影响，上海的森林分布也呈现出北重南轻的格局，即以淀山湖、崇明岛为端点，黄浦江上游水系为轴线，以轴线两侧及其以北区域森林分布较密集，生态公益林比重较大，而远离该轴线的区域森林分布较少。在 2015、2016 年各区林地面积和蓄积量分布情况中，2016 年崇明区林地面积的增加量最多，增加了 1008.56 公顷，增幅为 3.66%；其次为青浦区，增加了 807.42 公顷，且青浦区增幅最大，为 8.38%；增加量最少的为中心城区，仅增加了 7.68 公顷（图 2-29）。2016 年蓄积量增加量最多的为浦东新区，增加了 203920 立方米，增幅为 12.93%；其次为崇明区，而松江区蓄积量增幅最大，达 23.02%（图 2-30）。

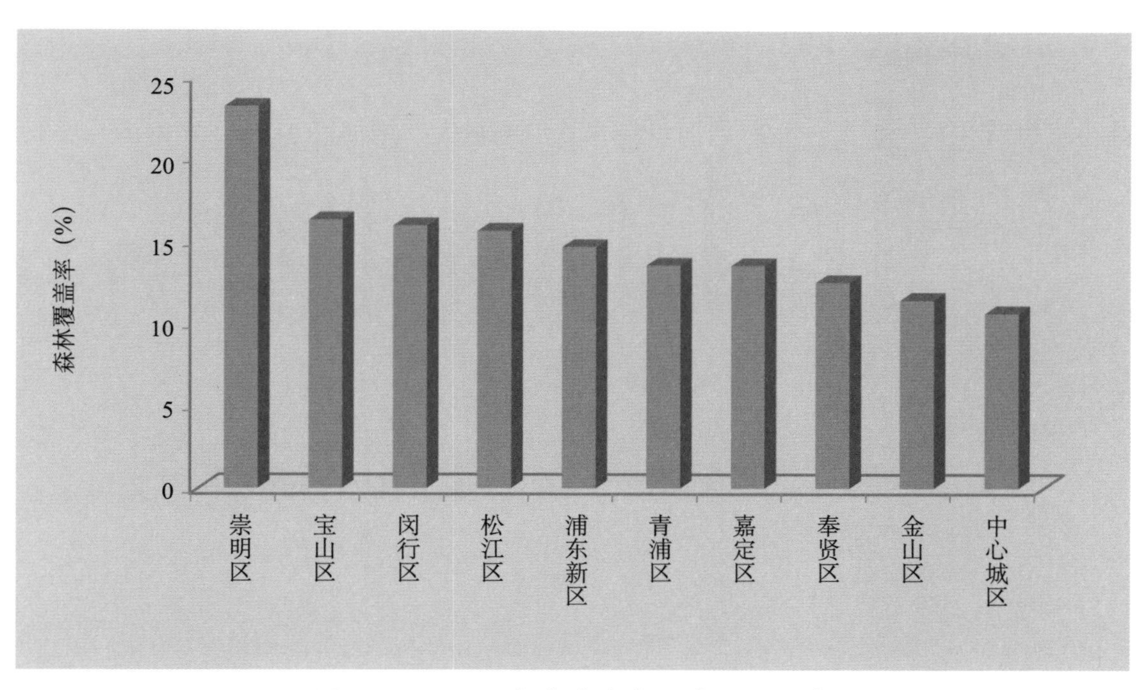

图 2-28　2016 年上海市各区森林覆盖率

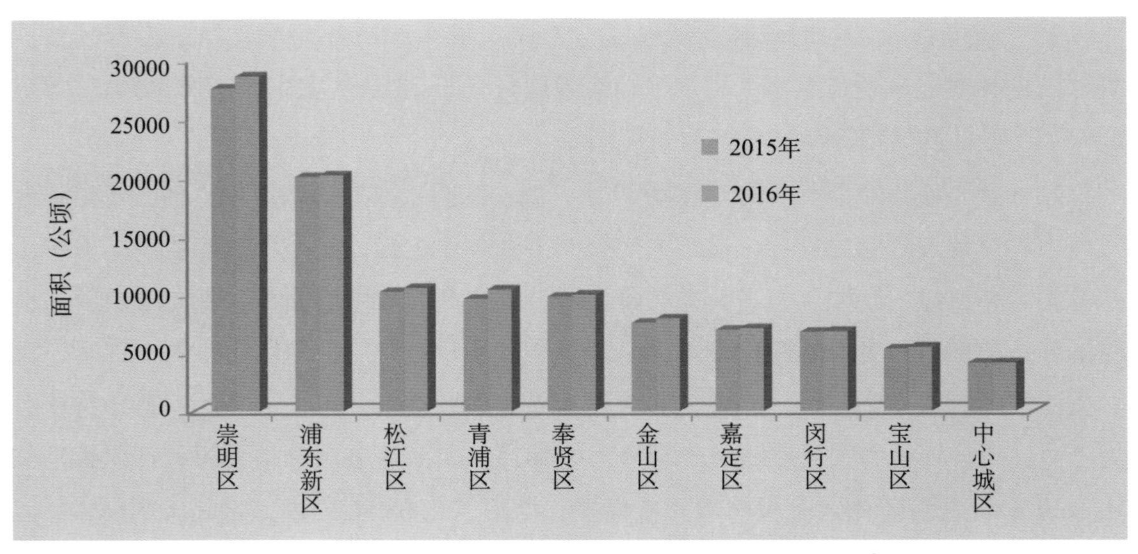

图 2-29　上海市各优势树种（组）按区域划分面积情况

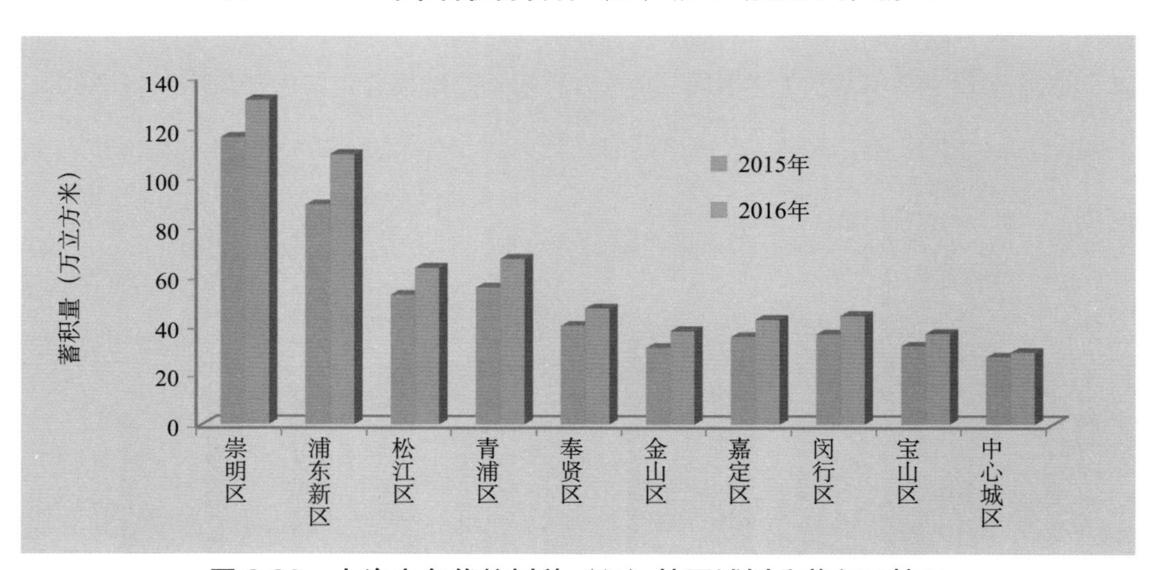

图 2-30　上海市各优势树种（组）按区域划分蓄积量情况

第三章 上海市森林生态系统服务功能物质量评估

依据中华人民共和国林业行业标准《森林生态系统服务功能评估规范》(LY/T 1721—2008)，本章将对上海市森林生态系统服务功能的物质量开展评估，进而研究上海市森林生态系统服务功能的特征。

第一节 上海市森林生态系统服务功能物质量评估总结果

根据《森林生态系统服务功能评估规范》(LY/T 1721—2008) 的评价方法，得出 2015、2016 年上海市森林生态系统涵养水源、保育土壤、固碳释氧、林木积累营养物质、净化大气环境和森林防护 6 个方面的森林生态系统服务功能物质量（表 3-1）。

表 3-1 上海市森林生态系统服务功能物质量评估结果

功能项	功能分项	物质量（2015年）	物质量（2016年）	增加量
涵养水源	调节水量（10^4立方米/年）	19622.25	20257.55	635.30
保育土壤	固土（10^4吨/年）	328.91	337.95	9.04
	N（10^2吨/年）	31.50	33.83	2.33
	P（10^2吨/年）	9.60	10.31	0.71
	K（10^2吨/年）	455.46	486.99	31.53
固碳释氧	固碳（10^4吨/年）	56.13	59.42	3.29
	释氧（10^4吨/年）	135.39	143.70	8.31
林木积累营养物质	N（10^2吨/年）	27.09	28.93	1.84
	P（10^2吨/年）	64.43	64.72	0.29
	K（10^2吨/年）	118.46	124.93	6.47

（续）

功能项	功能分项		物质量（2015年）	物质量（2016年）	增加量
净化大气环境	提供负离子（10^{24}个/年）		4.14	4.48	0.34
	吸收二氧化硫（10^4千克/年）		931.25	977.20	45.95
	吸收氟化物（10^4千克/年）		85.69	90.13	4.44
	吸收氮氧化物（10^4千克/年）		64.78	66.71	1.93
	滞尘	TSP（吨/年）	6600.39	6945.38	344.99
		PM_{10}（吨/年）	1016.70	1103.47	86.77
		$PM_{2.5}$（吨/年）	252.13	258.82	6.69
森林防护	防护效益（吨/年）		2938.74	2622.02	-316.72

上海市地处长江入海口，太湖流域东缘，境内江、河、湖、塘相间，水网密布、河湖众多。主要的水域和河道有长江口、黄浦江及其支流吴淞江（苏州河）、蕰藻浜、川杨河、淀浦河、大治河、斜塘、圆泄泾、大泖港、太浦河、拦路港，及金汇港、油墩港等。据《上海市第一次水利普查暨第二次水资源普查公报》显示，全市共有河流26603条，总长度25348.48千米，总面积527. 84平方千米（以上河流不包括流经上海的长江，其境内总长度181. 80千米）；全市湖泊（含人工水体）692个，总面积91. 36平方千米；全市共有水库4座，总库容为5.49亿立方米。上海市水资源总量为67.00亿立方米，其中，地表水资源量55.31亿立方米（上海市水务局，2015）。上海是我国水资源紧缺的城市之一，可利用的水资源较少，人均水资源占有量低，水资源供需矛盾突出。由表3-1可以看出，2015年上海市森林生态系统涵养水源量为19622.25万立方米/年，相当于全市水资源总量的2.93%；2016年评估，其涵养水源量为20257.55万立方米/年，相当于全市水资源总量的3.03%，增加了0.1个百分点。较2015年相比，2016年的涵养水源量增加了635.30万立方米，增幅3.24%，表明上海市森林生态系统涵养水源功能在不断提高。

上海是长江三角洲冲积平原的一部分，全市为坦荡低平的平原，区域滨江临海，境内河湖相间，水网交织，是典型的平原河网地区。水土流失以水力侵蚀为主，主要分布在河湖海岸的边坡、堤顶面等，表现形式主要是坡面面蚀、水土冲刷导致的堤岸侵蚀及滩涂侵蚀。查阅相关文献得知，上海市共有水土流失土地面积207.2平方千米，占全市土地总面积的3.29%，侵蚀区集中分布在佘山、黄浦江上游及其主要支流拦路港、太浦河、大蒸港和大泖港沿线，吴淞江、大治河等部分河道沿线及淀山湖和元荡的部分岸线。其中，骨干河道和湖岸线现状水土流失面积约有176.9平方千米（张陆军，2013）。水土流失还会导致土壤养分的缺失，引起土地生产力和水环境质量的下降。由表3-1可以看出，上海市森林生态系统固土量由328.91万吨/年（2015年）增加到337.95万吨/年（2016年），增加了9.04

万吨/年，增幅2.75%，这在一定程度上说明了上海森林资源质量的提升，使森林保育土壤功能不断提高。上海市森林生态系统的保育土壤功能对于固持土壤、保护人民群众的生产、生活和财产安全的意义重大，进而维持了上海市社会、经济、生态环境的可持续发展。

改革开放特别是1992年中共中央提出“以开发开放上海浦东为龙头，进一步开放长江沿海城市，把上海建成国际经济、金融、贸易中心之一”以来，上海市经济和城市建设以前所未有的速度迅速发展，综合实力不断增强。“十三五”期间，力争到2020年，基本建成国际经济、金融、贸易、航运中心和社会主义现代化国际大都市。但是，经济繁荣发展的背后是大量化石能源的消耗和温室气体的排放以及对环境的严重危害。上海市2015年能源的消耗总量是11387.44万吨标准煤（上海统计年鉴，2016），经碳排放转换系数（徐国泉等，2006；国家发展和改革委员会能源研究所，2003），换算可知上海市2015年碳排放量为8540.58万吨。由表3-1可以看出，2015年上海市森林生态系统固碳量为56.13万吨/年，则相当于吸收了2015年上海市碳排放量的0.66%，2016年评估其固碳量为59.42万吨/年，相当于吸收了2015年上海市碳排放量的0.70%。上海市森林生态系统固碳量的增加，主要是来自于部分优势树种（组）面积和林分蓄积量的增加，如阔叶混交林、樟木林和软阔类。由固碳评估公式可以看出，面积和生物量是两个主要的控制因子，通过对比可以看出，2016年上海市森林面积较上年增加了3403公顷，增幅为3.57%，蓄积量增加的更为明显，增加了925968立方米，增幅为18%。与工业减排相比，森林固碳投资少、代价低、综合效益大，更具经济可行性和显示操作性。因此，通过森林吸收、固定二氧化碳是实现减排目标的有效途径。

近年来，随着上海市工业化、城镇化的快速发展，大气污染以及机动车尾气排放污染问题日益严峻，大气环境日益恶化，重污染天气越来越多。2015年上海市工业二氧化硫排放量为10.49万吨（上海统计年鉴，2016），而上海市森林生态系统二氧化硫吸收量为0.93万吨，这相当于2015年上海市工业二氧化硫排放量的8.87%；2016年评估森林吸收二氧化硫量增加了45.95万千克，增幅4.93%。由表3-1还看出，2015年上海市森林生态系统滞纳$PM_{2.5}$和PM_{10}量分别为252.13吨/年和1016.70吨/年，相当于每公顷森林每年滞纳2.65千克和10.67千克的$PM_{2.5}$和PM_{10}；而2016年森林滞纳$PM_{2.5}$和PM_{10}量分别增加了6.69吨和86.80吨。因此，上海市森林生态系统在吸收大气污染物、净化大气环境等方面作用在逐步增强。有文献显示美国10个城市森林滞纳$PM_{2.5}$量介于1.7万~2.34万千克之间，伦敦的城市森林年滞纳PM_{10}量为3.67万千克（Nowak et al.，2013）。从以上数据对比可以看出，上海市森林生态系统对于调控市内的空气颗粒物的作用明显。

由图3-1至图3-8可以看出，2015年上海市森林生态系统涵养水源量相当于上海市水库总库容量的36%，2016年评估其比例提高了1个百分点，两次评估均大部分分布在崇明区和浦东新区。2015年上海市森林生态系统固碳量相当于本市工业碳排放量的1.29%（2015年工业碳排放量约为4361.70万吨），2016年其比例提高了0.07个百分点，其中碳库功能发

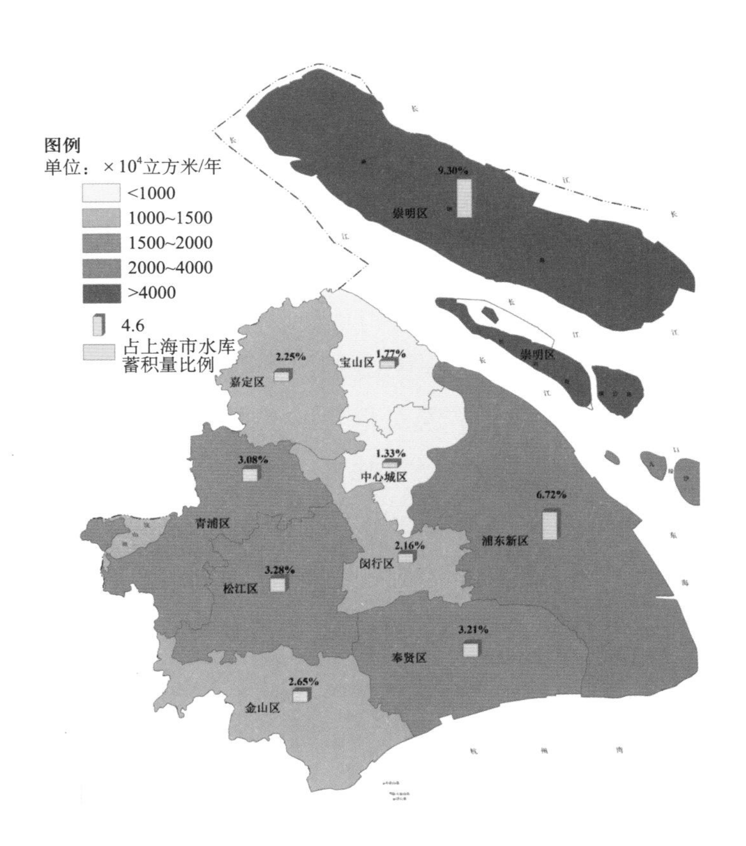

图 3-1 上海市森林生态系统“水库”分布（2015 年）

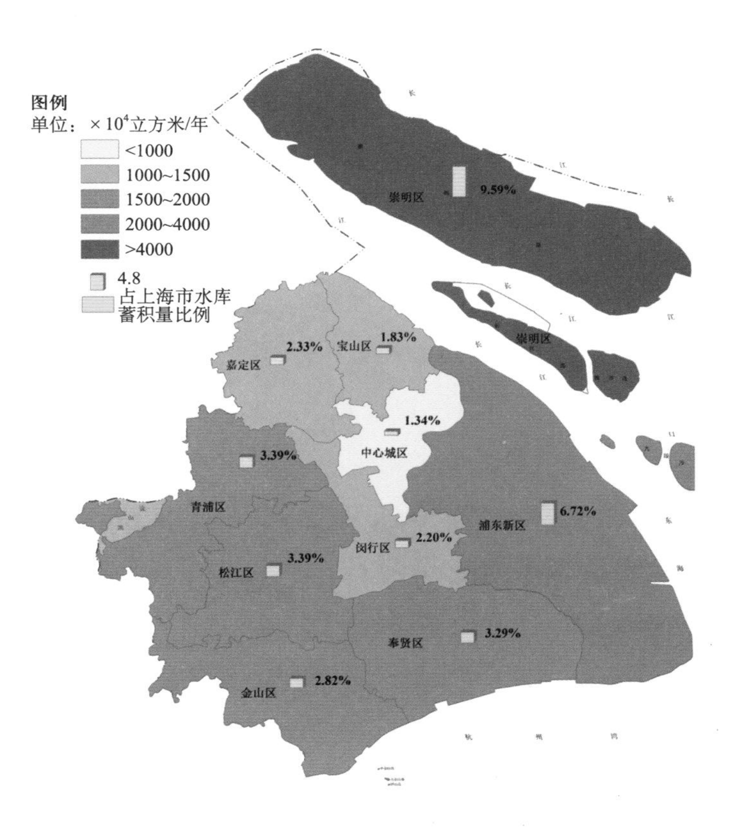

图 3-2 上海市森林生态系统“水库”分布（2016 年）

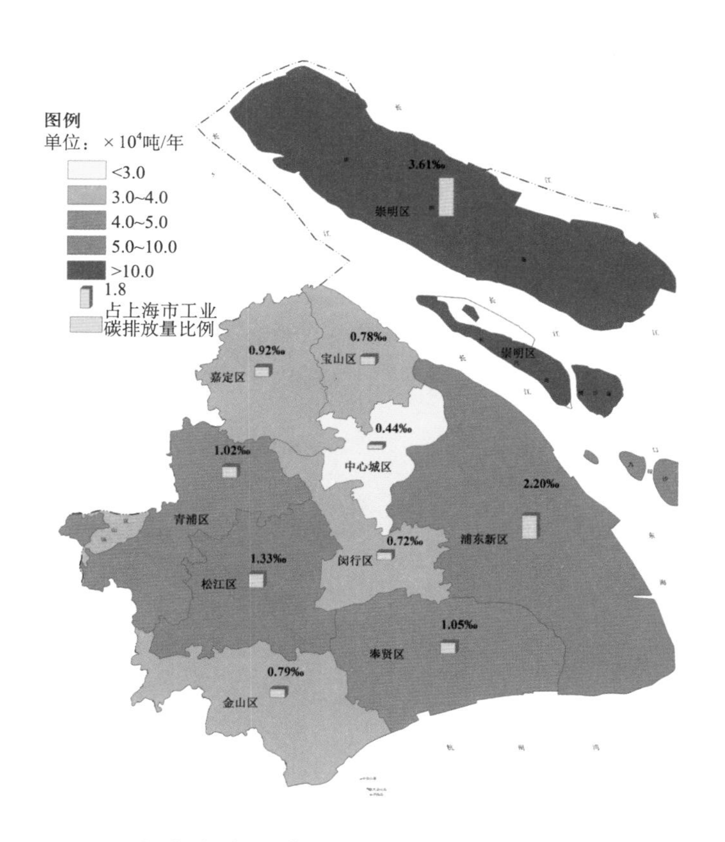

图 3-3 上海市森林生态系统“碳库”分布（2015 年）

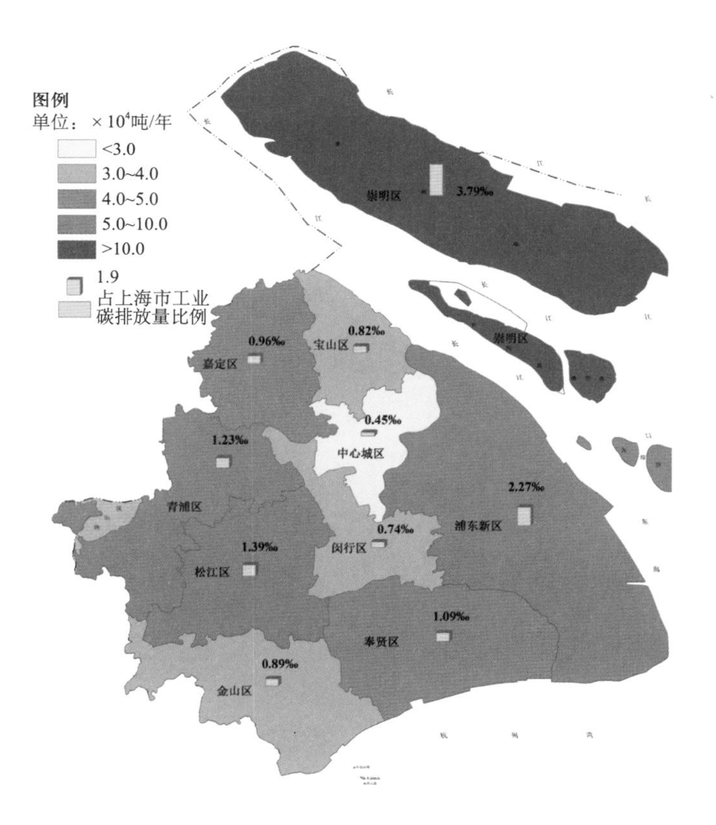

图 3-4 上海市森林生态系统“碳库”分布（2016 年）

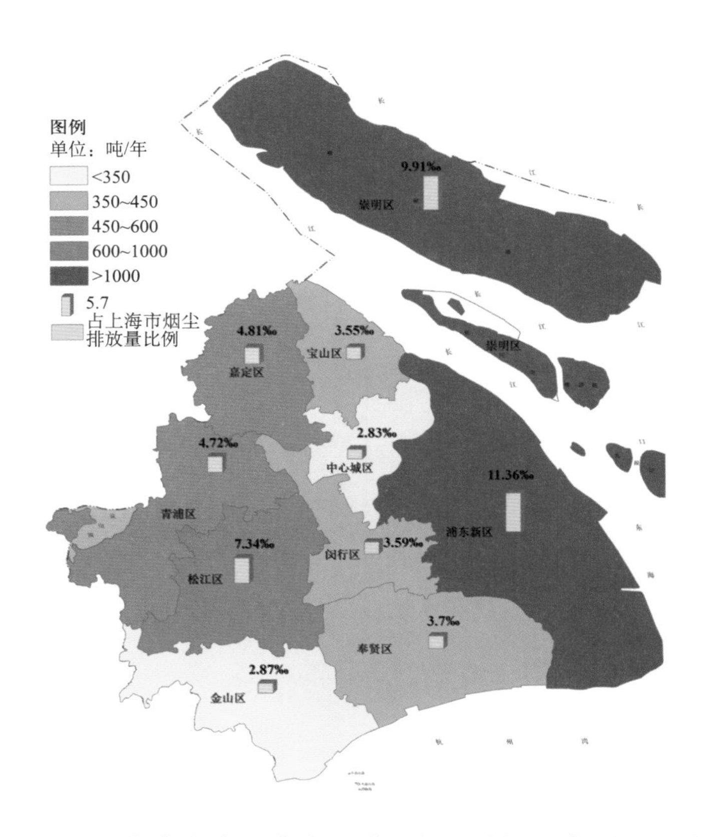

图 3-5 上海市森林生态系统“氧吧库”分布（2015 年）

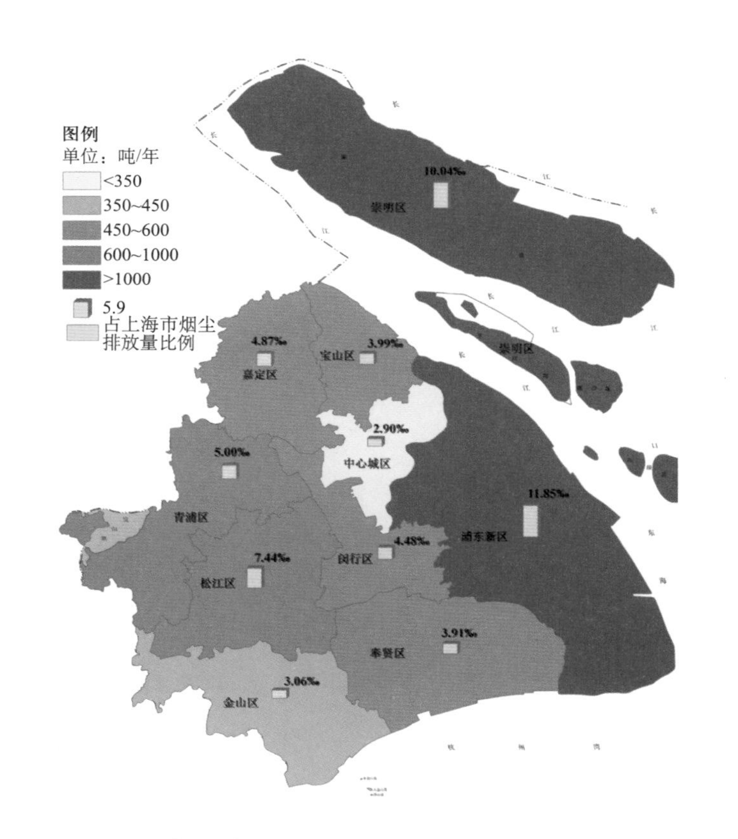

图 3-6 上海市森林生态系统“氧吧库”分布（2016 年）

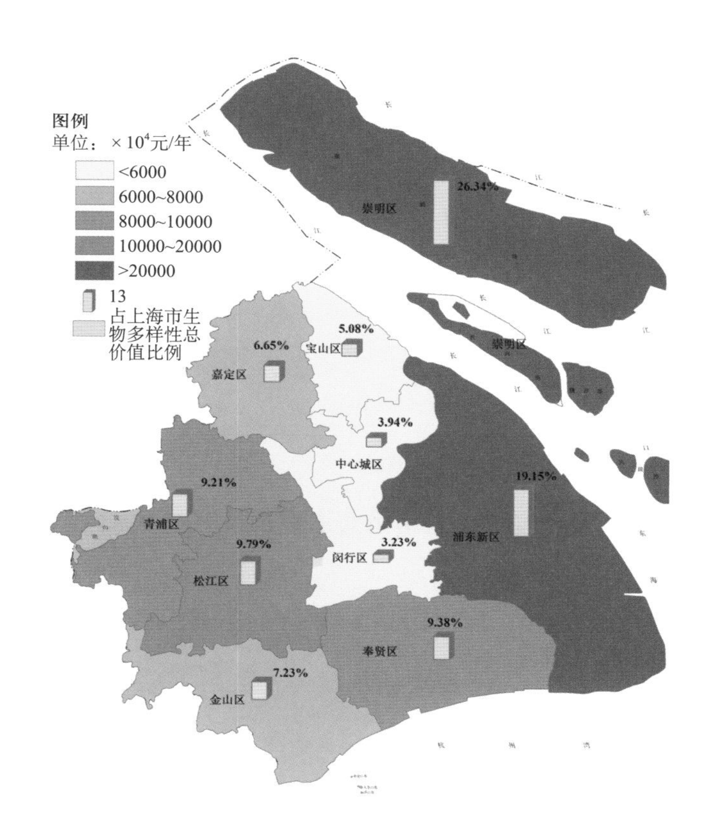

图 3-7 上海市森林生态系统“基因库”分布（2015 年）

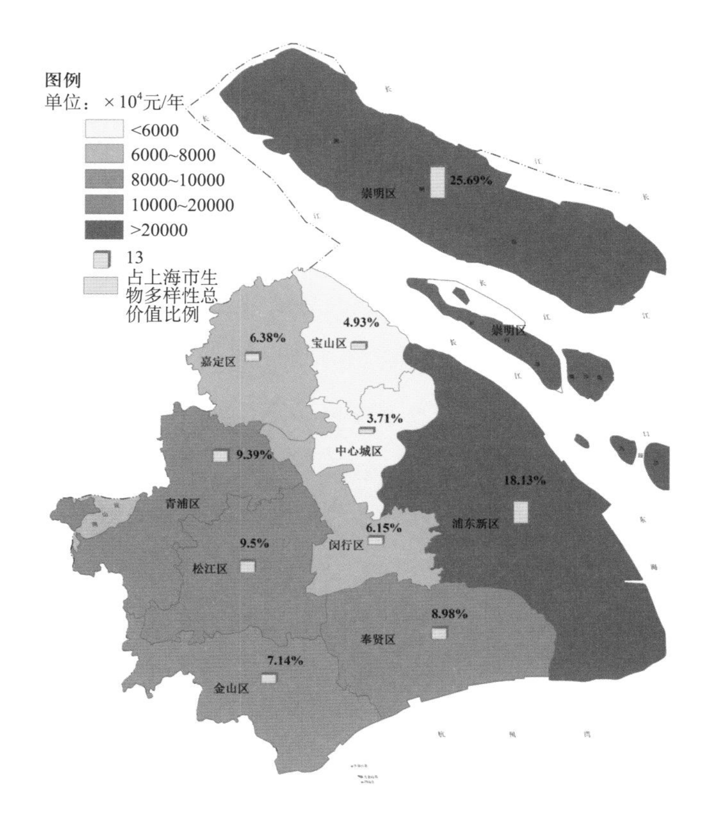

图 3-8 上海市森林生态系统“基因库”分布（2016 年）

挥最大的在崇明区、浦东新区和松江区等地。2015 年和 2016 年上海市森林生态系统的滞尘量分别为 6600.39 吨 / 年、6945.40 吨 / 年，分别约为本市烟尘排放量的 5.47% 和 5.75%（2015 年烟尘排放量为 12.07 万吨，来源于 2016 上海统计年鉴）。由此可以看出，上海市森林生态系统在滞尘方面具有很大潜力，但是为了治理不断严峻的雾霾天气，上海市在将来的林业建设过程中，应重点在中心城区、金山区和宝山区等区域种植滞尘能力较强的树种，力争把本区域内产生的空气颗粒物大量截留，以保障上海市的空气质量。2016 年上海森林生态系统生物多样性保育价值为 114457.37 万元，比 2015 年增加了 9851.71 万元，两次评估均大部分分布在崇明区和浦东新区，因为此区域的地理位置特殊，生物多样性十分丰富。本区域内有崇明东滩、九段沙、长兴岛和横沙岛等湿地，还保存了大量珍贵、稀有及濒危动物和植物物种资源，这对生物多样性保育价值的提升具有非常重要的作用。

第二节　上海市各区森林生态系统服务功能物质量评估结果

上海市下辖 16 个市辖区。本评估是以青浦区、松江区、金山区、嘉定区、宝山区、中心城区、闵行区、奉贤区、浦东新区和崇明区共 10 个统计单位的森林资源监测成果数据为依据，根据公式评估出 2015、2016 年其各区森林生态系统服务功能的物质量。其中，中心城区包括黄浦区、徐汇区、长宁区、静安区、普陀区、虹口区和杨浦区 7 个区。

2015、2016 年上海市各区森林生态系统服务功能物质量如表 3-2 和表 3-3 所示，其各项森林生态系统服务功能物质量在各区的空间分布格局及排序见图 3-9 至图 3-63。

一、涵养水源

上海市属于我国的超大城市，经济发达，土地紧缺，人口密度大，城市化水平非常高，人均水资源占有量很低，水资源承载力有限。因此，处于工业化和城市化发展过程中的上海，必须将水资源的永续利用与保护作为实施可持续发展的战略要点，以促进上海市“生态—经济—社会”的健康运行与协调发展。如何破解这一难题，应对上海市水资源的矛盾，只有从增加贮备和合理用水这两方面着手。建设水利设施拦截水流增加贮备是有效的方法，历年也已被应用，并有所成效；但在运用生物工程的方法，特别是发挥森林植被涵养水源方面，应引起人们的高度关注（吴泽民，1997）。

上海市各区对森林生态系统调节水量功能的贡献有较大的差异。2015 年调节水量最高的 3 个区为崇明区、浦东新区和松江区，占全市总量的 53.98%；最低的 3 个区为闵行区、宝山区和中心城区，仅占全市的 14.73%。而 2016 年调节水量最高的 3 个区为崇明区、浦东新区和青浦区，占全市总量的 53.41%；最低的 3 个区为闵行区、宝山区和中心城区，仅占全市的14.54%。与2015年相比，2016年全市调节水量增加了635.30万立方米，增幅为3.24%；其中，青浦区增加了172.71万立方米，增幅为10.22%，在各区中增加最多，增幅最大（图3-9至图3-11），这主要是因为2016年青浦区的林地面积较2015年增加了807.42公顷，增加量仅次于崇明区，但增幅（8.38%）在各区中最大。森林涵养水源功能主要是指森林对降水的截留、吸收和贮存，将地表水转为地表径流或地下水的作用。上海地处长江和钱塘江入海汇合处，水资源较为丰富，黄浦江是上海境内最大的河流，淀山湖又是黄浦江上游重要的生态水源地，也是上海境内最大的天然淡水湖泊。上海各区域森林生态系统调节水量差异较大，其中沿海和沿江口的崇明区、浦东新区高于其他区。在黄浦江上游及主要流经的松江区、青浦区和奉贤区，森林生态系统对调节水量的贡献也较为明显。各区中比较低的是宝山区和中心城区，这主要和森林绿地的空间分布有关。

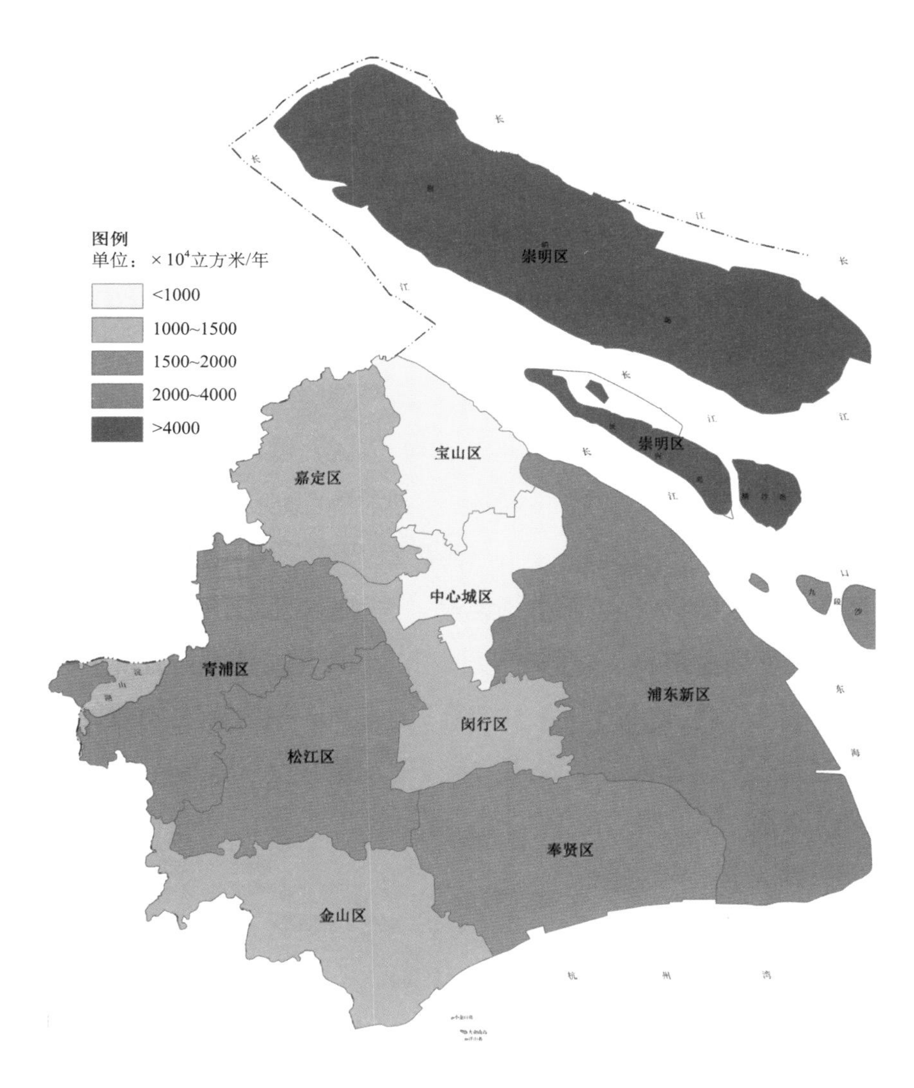

图3-9 上海市各区森林生态系统调节水量分布（2015年）

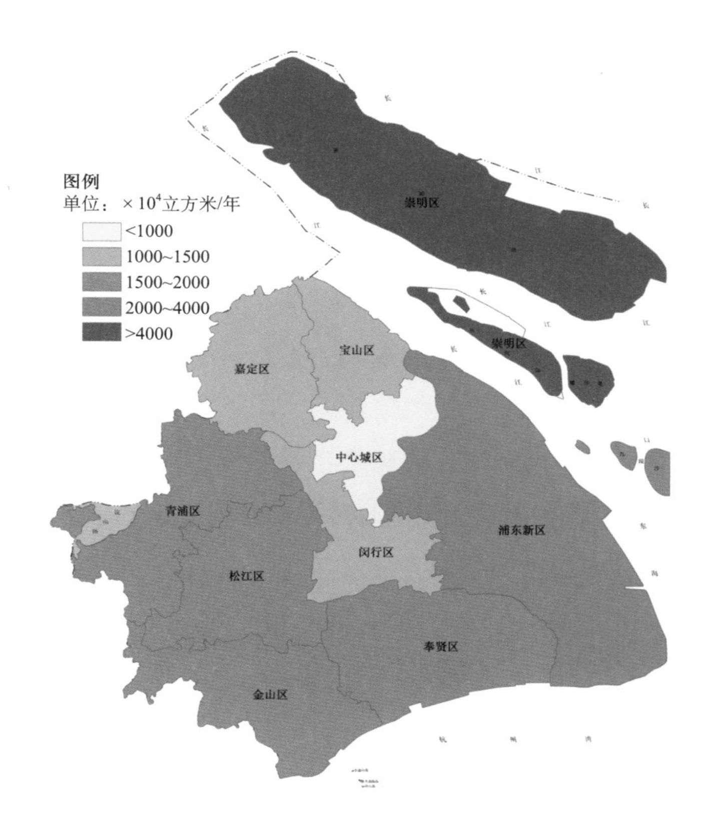

图 3-10 上海市各区森林生态系统调节水量分布（2016 年）

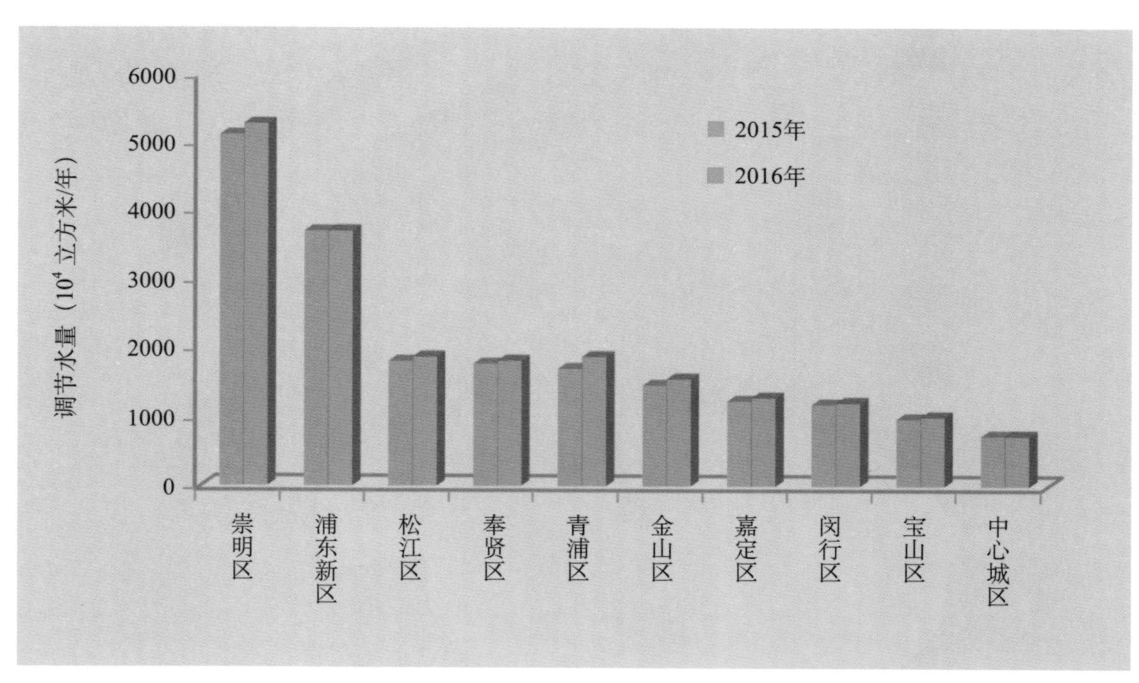

图 3-11 上海市各区森林生态系统调节水量功能物质量排序

二、保育土壤

水土流失是当今人类所面临的重要环境问题，它已经成为经济社会可持续发展的一个重要制约因素。我国是世界上水土流失问题十分严重的国家，上海市水土流失也比较严重，侵蚀类型以水力侵蚀为主，严重的水土流失会造成耕作土层变薄，地力减退。森林凭借庞大的树冠、深厚的枯枝落叶层及强壮且成网络的根系截留大气降水，减少或避免雨滴对土壤表层的直接冲击，有效地固持土体，降低地表径流对土壤的冲蚀，使土壤流失量大大降低；而且森林的生长发育及其代谢产物不断对土壤产生物理及化学影响，参与土体内部的能量转换与物质循环，使土壤肥力提高（夏尚光等，2016；任军等，2016）。上海市水土流失主要发生在尚未治理的河道两岸和湖泊沿岸地带，以河岸边坡“一坡一面”(边坡和堤顶面) 和湖泊边坡的坍塌淤浅为主要特征。2015 年固土量最高的 3 个区为崇明区、浦东新区和松江区，占全市总量的 53.26%；固土量最低的 3 个区为闵行区、宝山区和中心城区，占全市总量的 15.12%。2016 年固土量最高的 3 个区同样为崇明区、浦东新区和松江区，占全市总量的 52.99%；最低的 3 个区也为闵行区、宝山区和中心城区，占全市总量的 14.93%(图 3-12 至图 3-14)。两年评估发现，2016 年全市固土量增加了 9.04 万吨，增幅为 2.75%，其中，崇明区和青浦区固土增加量在各区中最大，分别增加了 2.74 万吨、2.33 万吨，增幅为 3.31%、7.89%。崇明区和浦东新区由于森林面积大、生物量大，在固土功能中贡献最大；而各区中

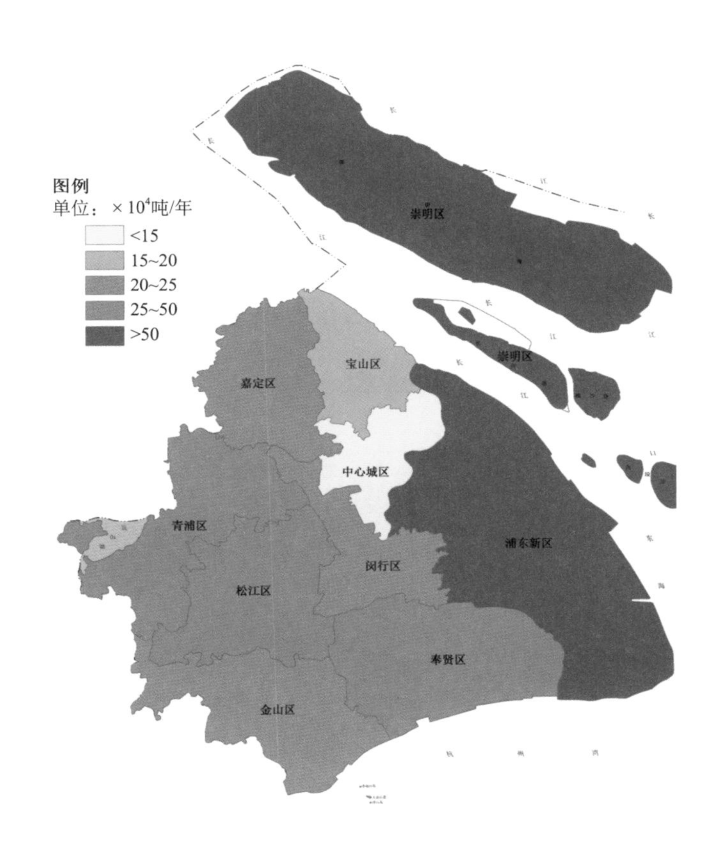

图 3-12 上海市各区森林生态系统固土量分布（2015 年）

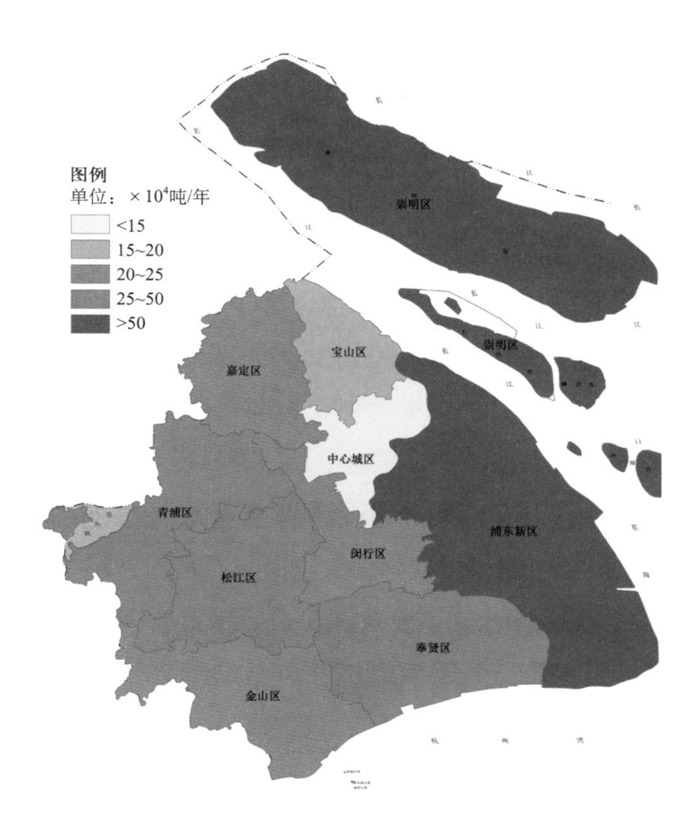

图 3-13 上海市各区森林生态系统固土量分布（2016 年）

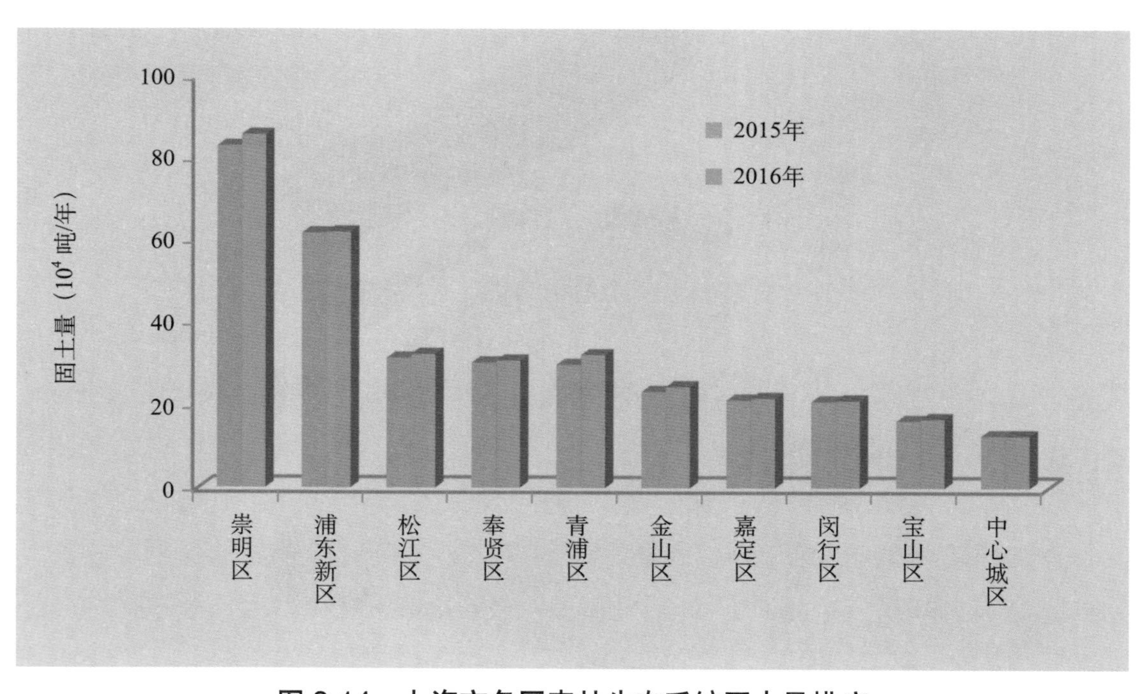

图 3-14 上海市各区森林生态系统固土量排序

比较低的是中心城区和宝山区，这主要和森林绿地的面积有关。上海市土壤水力侵蚀主要发生在浦东新区、崇明区和青浦区，以建设施工为主的人为水土流失也比较严重（毛兴华等，2013）；通过森林生态系统固土功能的评估可以看出，上述地区的森林生态系统固土量基本排在全市前列，约占全市总固土量的53%；另外，上述地区主要位于长江入海口的沿海地带和淀山湖水源保护区，其森林生态系统的固土作用极大地保障了沿海水生态安全及人们的用水安全，为本区域社会经济发展提供了重要保障。

2015、2016年保肥量最高的3个区均为崇明区、浦东新区和松江区，分别占全市总量的53.54%、52.99%；保肥量最低的3个区均为闵行区、宝山区和中心城区，分别占全市总量的15.15%、14.93%。（图3-15至图3-23）。两年评估发现，2016年全市保肥量增加了3457吨，增幅为6.96%；其中，青浦区、崇明区和浦东新区保肥的增加量最多，分别增加了622吨、530吨和498吨，增幅分别为14.18%、4.18%和5.45%。由第二章可知，上海地区土壤pH值相对偏高，属于滨海盐碱性土壤，自西向东有pH值逐渐增大和土壤有机质递减的趋势。东部沿海沿江区域由于受河流冲击和泥沙沉积影响，土壤pH值普遍偏高、EC值偏大，营养状况较差。本研究中发现，目前崇明区和浦东新区，通过森林绿地的建设和保护，已经在土壤固土保肥上得到了良好的回报；青浦区由于这两年林地面积较大幅度的增长，也大大提高了其森林生态系统固土保肥功能。

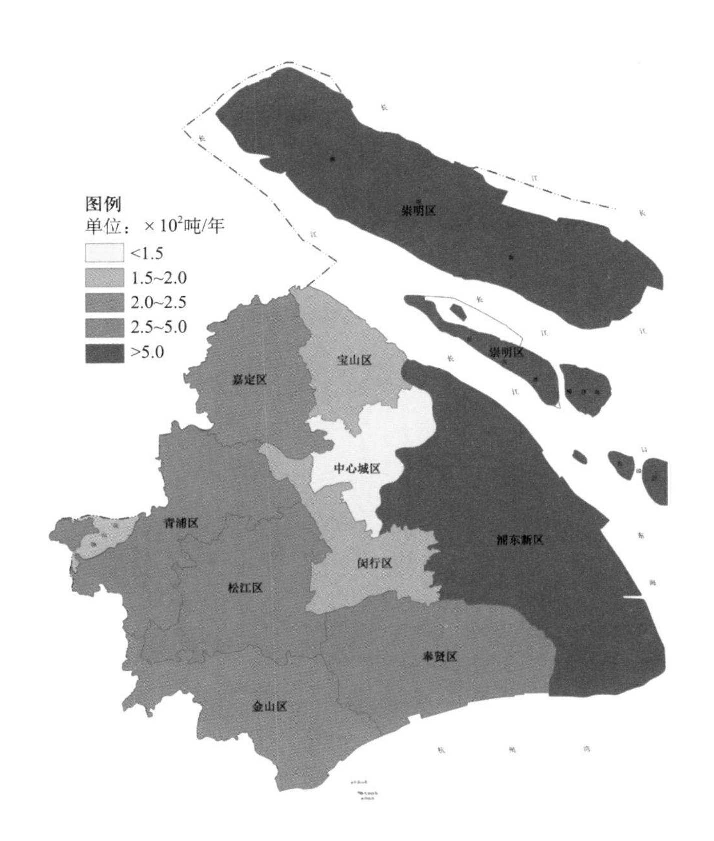

图3-15 上海市各区森林生态系统固氮量分布（2015年）

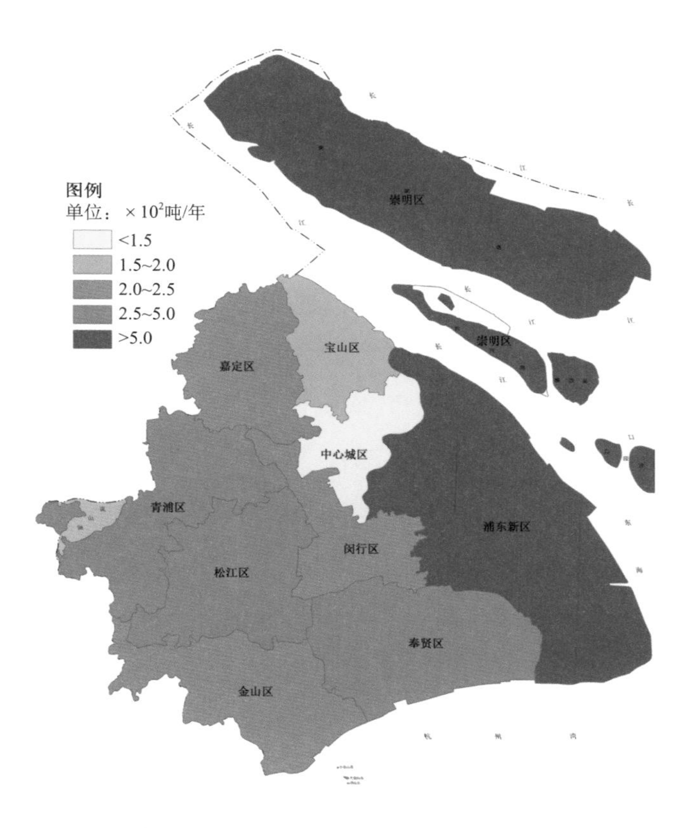

图 3-16 上海市各区森林生态系统固氮量分布（2016 年）

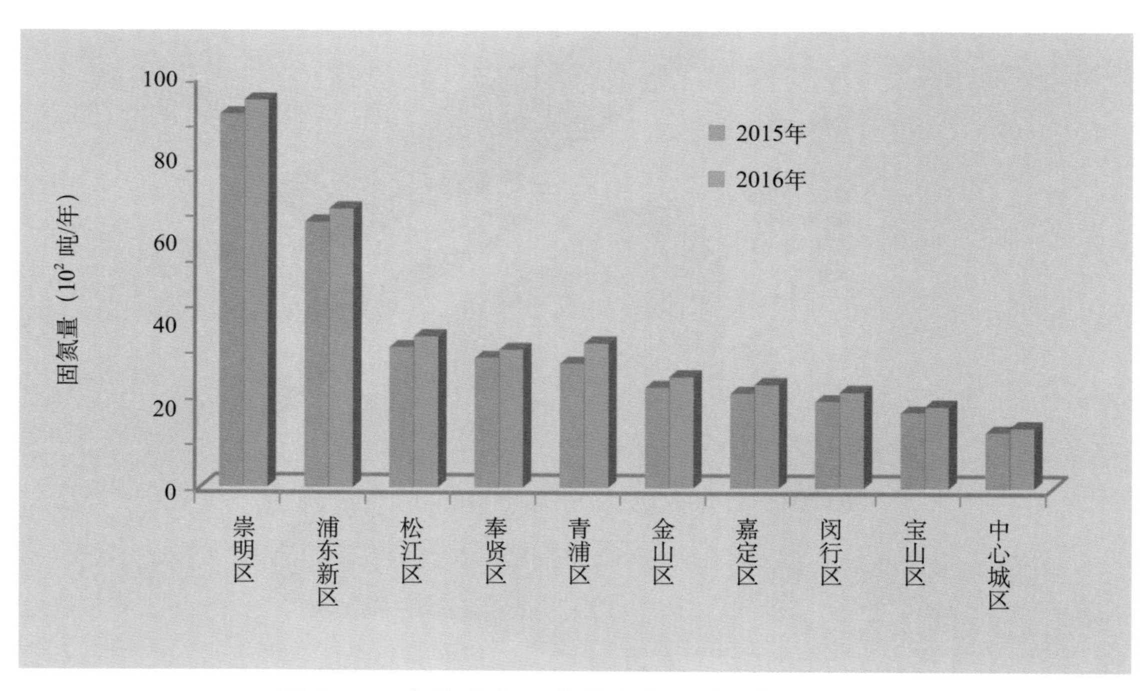

图 3-17 上海市各区森林生态系统固氮量排序

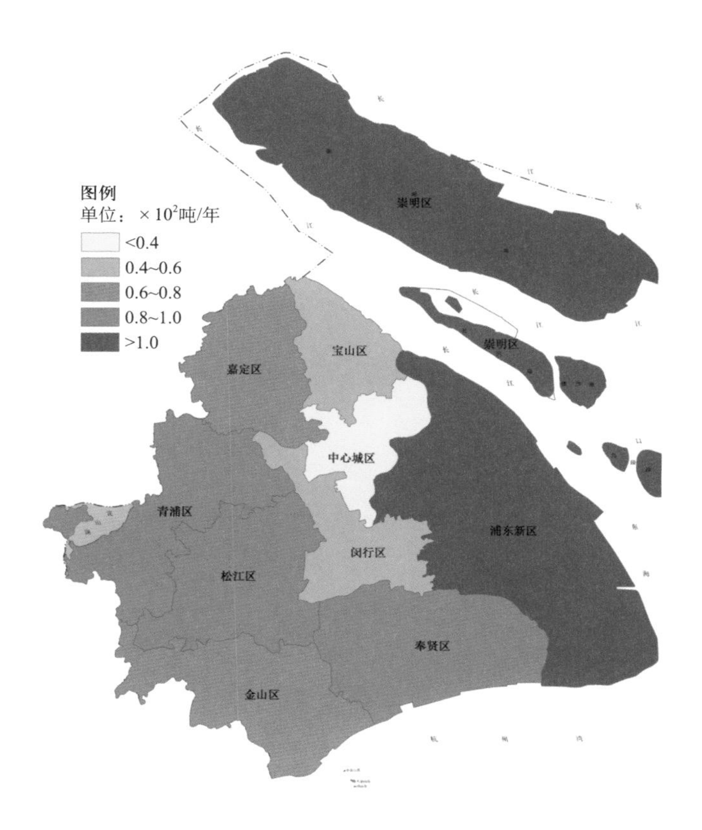

图 3-18 上海市各区森林生态系统固磷量分布（2015 年）

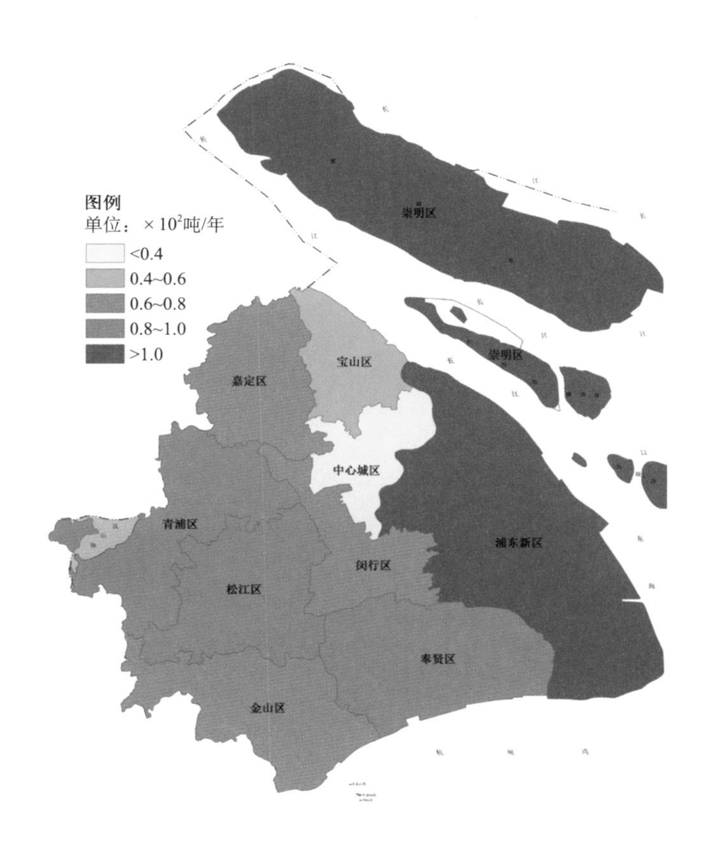

图 3-19 上海市各区森林生态系统固磷量分布（2016 年）

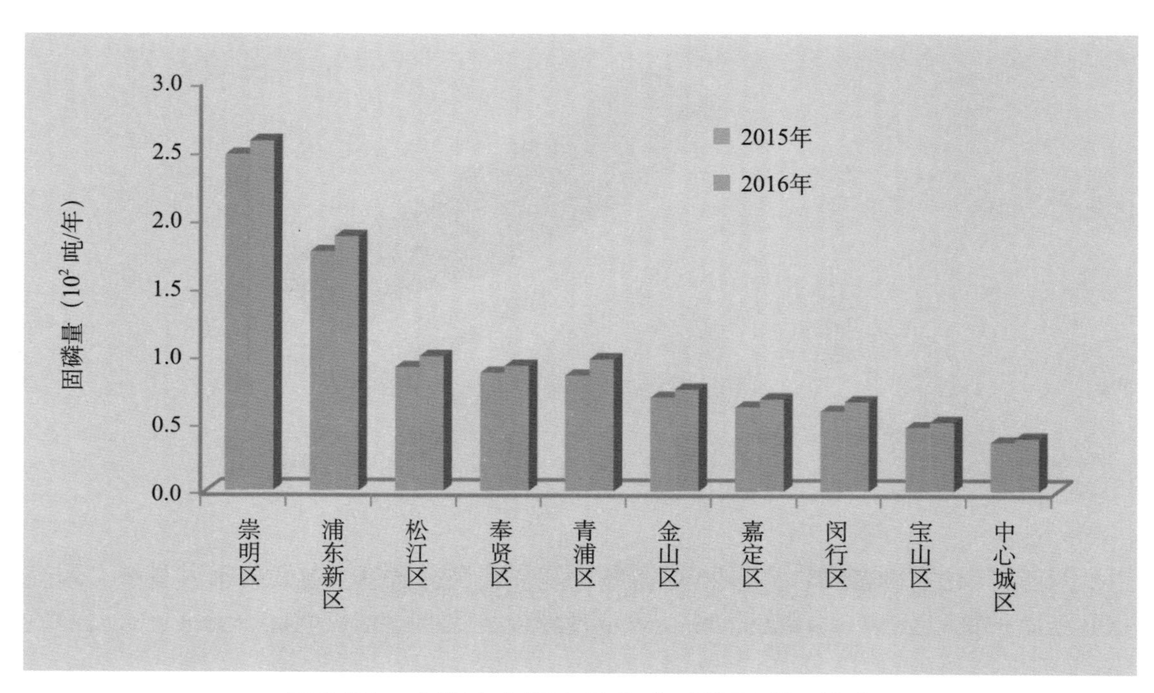

图 3-20　上海市各区森林生态系统固磷量排序

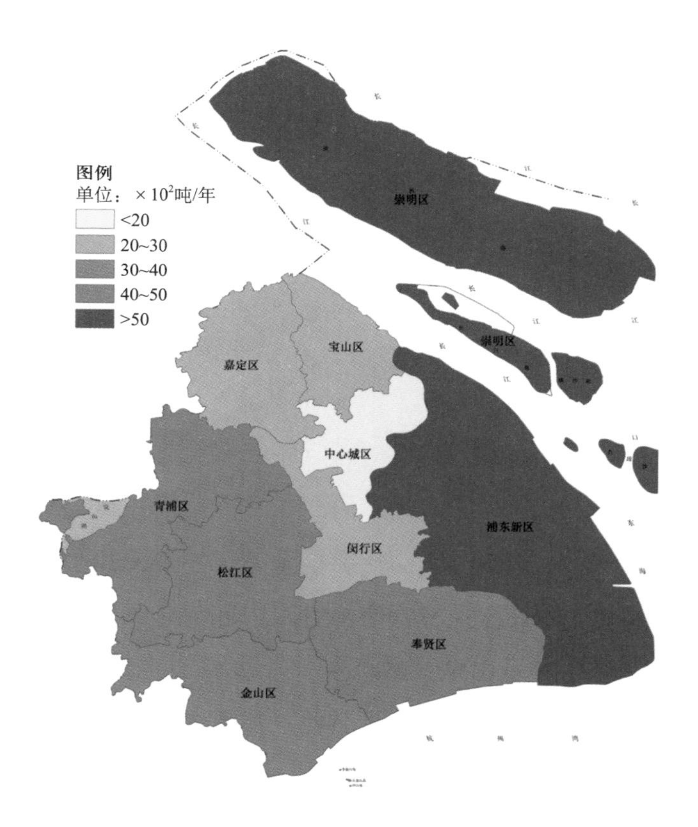

图 3-21　上海市各区森林生态系统固钾量分布（2015 年）

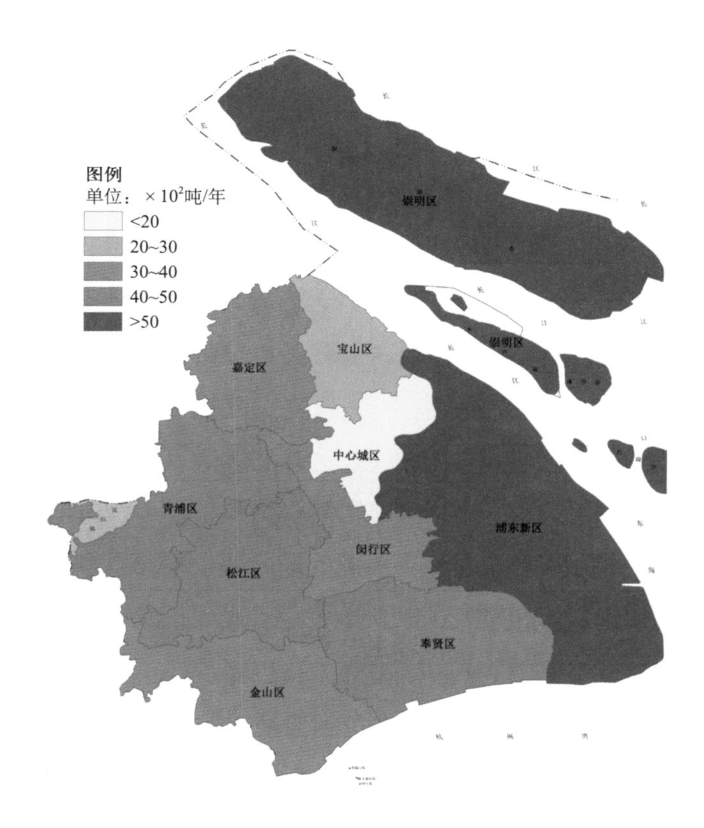

图 3-22 上海市各区森林生态系统固钾量分布（2016 年）

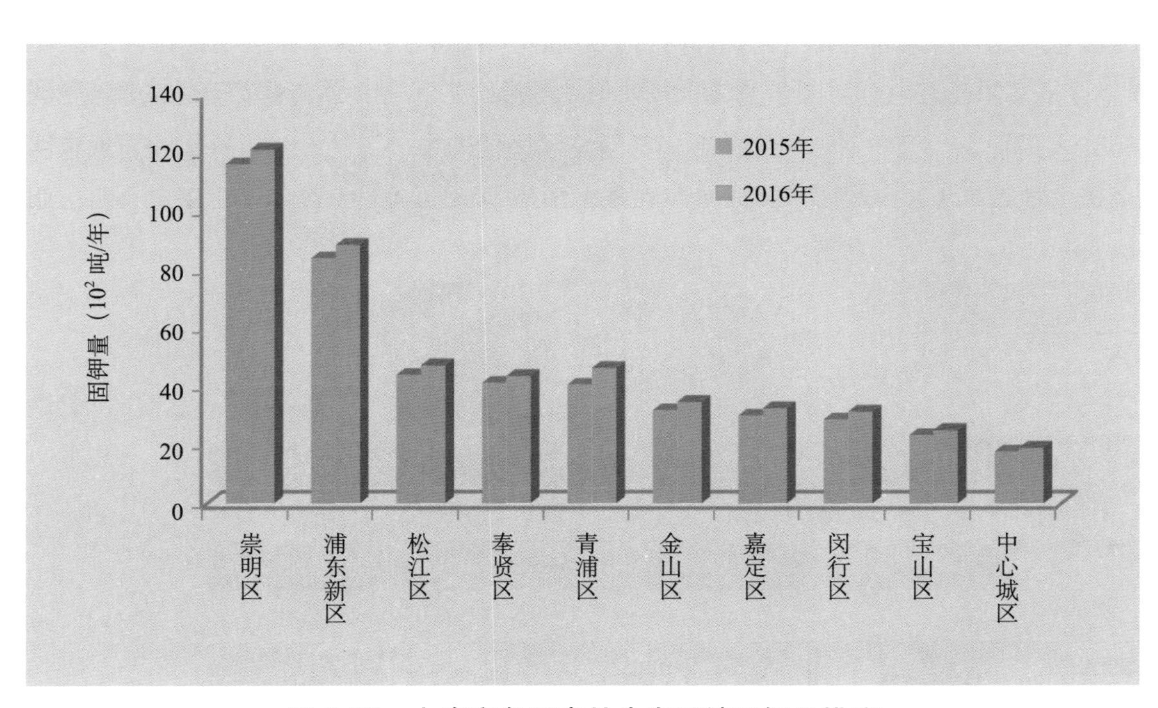

图 3-23 上海市各区森林生态系统固钾量排序

崇明区和浦东新区由于森林面积大、生物量大，在固土保肥中贡献最大；此外松江区由于有较大面积的竹林分布，其土壤容重、平均土壤肥力都处于较高水平，因此在固土保肥方面有巨大的物质量。这3个区域的森林生态系统所发挥的固定土壤养分功能，对于保障上海湿地水质安全、维护黄浦江流域的生态安全、保障上海经济社会可持续发展，都具有十分重要的现实意义和深远的战略意义。因为水土流失过程中所携带的大量养分、重金属和化肥进入江河湖库后，会污染水体，使水体富营养化。越是水土流失严重的地方，往往土壤贫瘠，化肥、农药的使用量越是较大，由此形成一种恶性循环（王雍君，2006）。土壤贫瘠化还会影响林业经济的发展，崇明区和浦东新区森林生态系统的保肥功能对于维护上海市林业经济的稳定发挥具有十分重要的作用。

三、固碳释氧

2015、2016年评估，固碳量最高的3个区均为崇明区、浦东新区和松江区，分别占全市总量的55.51%、54.70%；最低的3个区均为宝山区、闵行区和中心城区，分别占全市总量的15.12%、14.73%（图3-24至图3-26）。两年评估发现，2016年全市固碳量增加了3.29万吨，增幅为5.86%；青浦区和崇明区固碳功能增加量最多，分别增加了0.92万吨、0.76万吨，增幅为20.63%、4.82%。2015、2016年释氧量最高的3个区也均为崇明区、浦东新

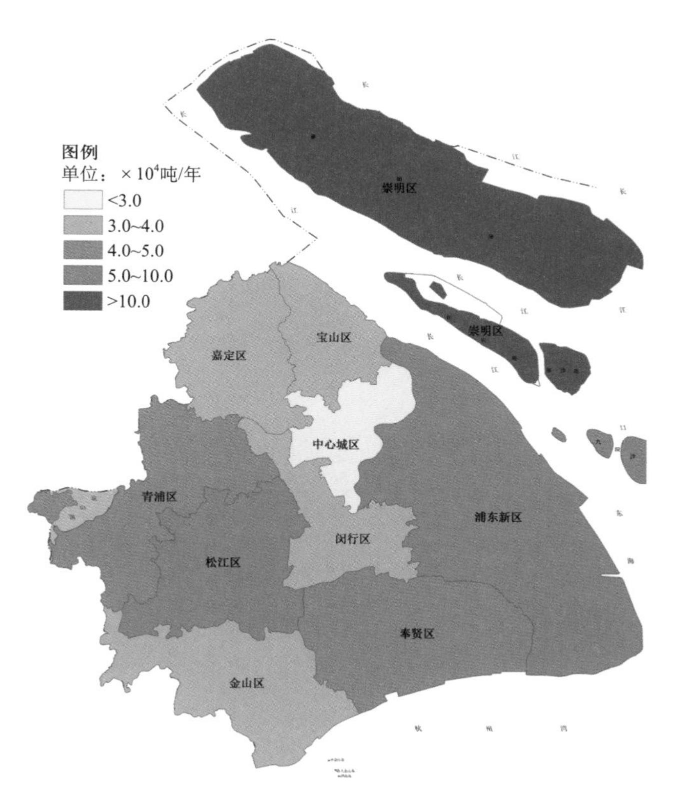

图3-24 上海市各区森林生态系统固碳量分布（2015年）

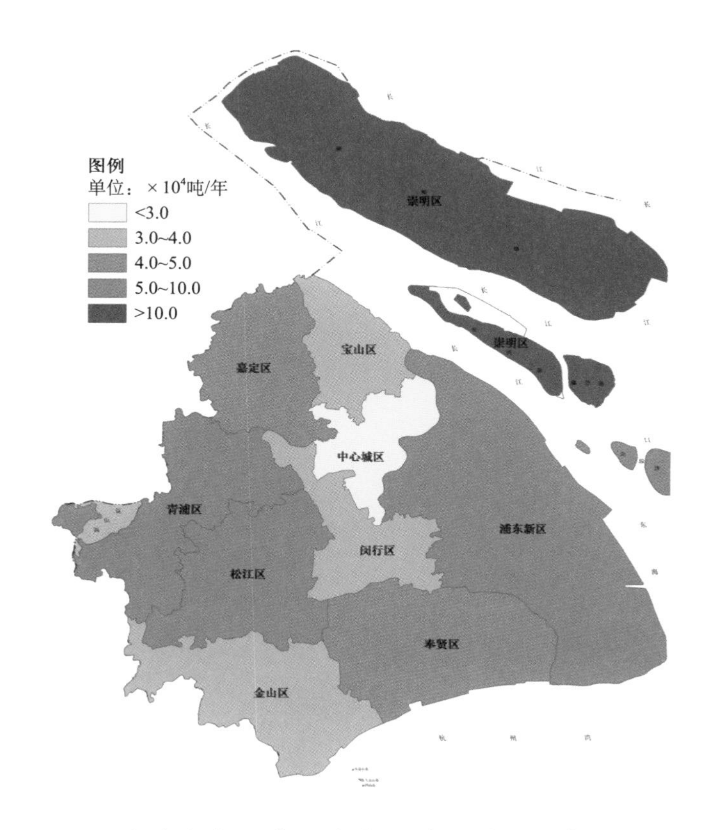

图 3-25 上海市各区森林生态系统固碳量分布（2016 年）

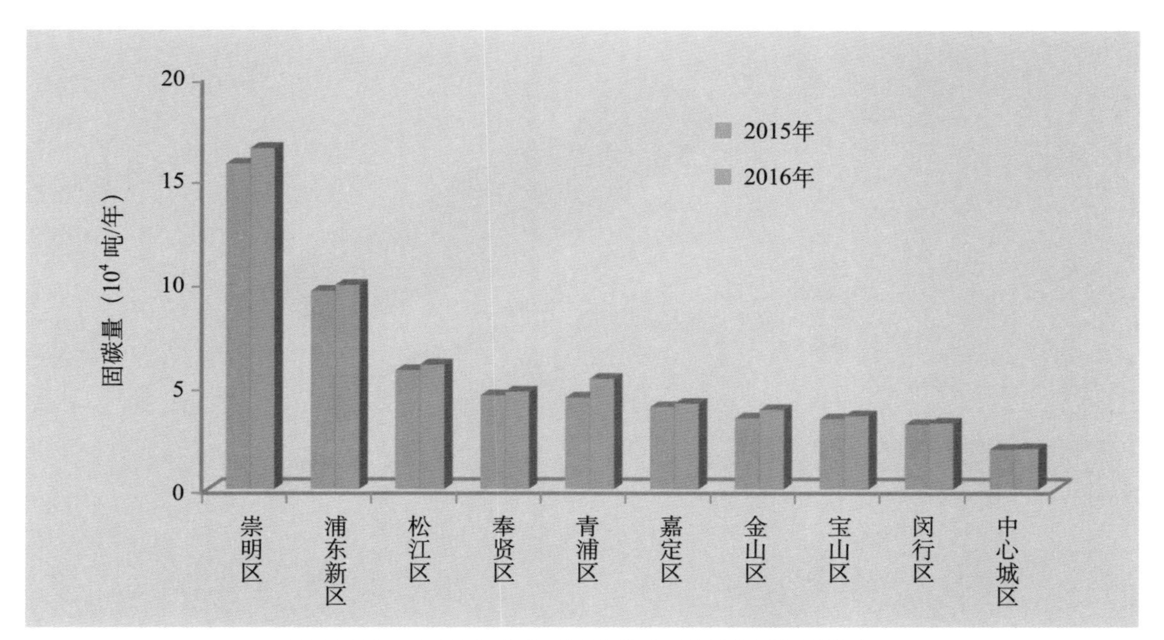

图 3-26 上海市各区森林生态系统固碳量排序

区和松江区，分别占全市总量的55.67%、54.78%；2015年评估释氧量最低的3个区为金山区、闵行区和中心城区，占全市总量的 15.01%，而 2016 年则为宝山区、闵行区和中心城区，占全市总量的14.75%(图3-27至图3-29)。与2015年相比,2016年全市释氧量增加了8.31万吨，

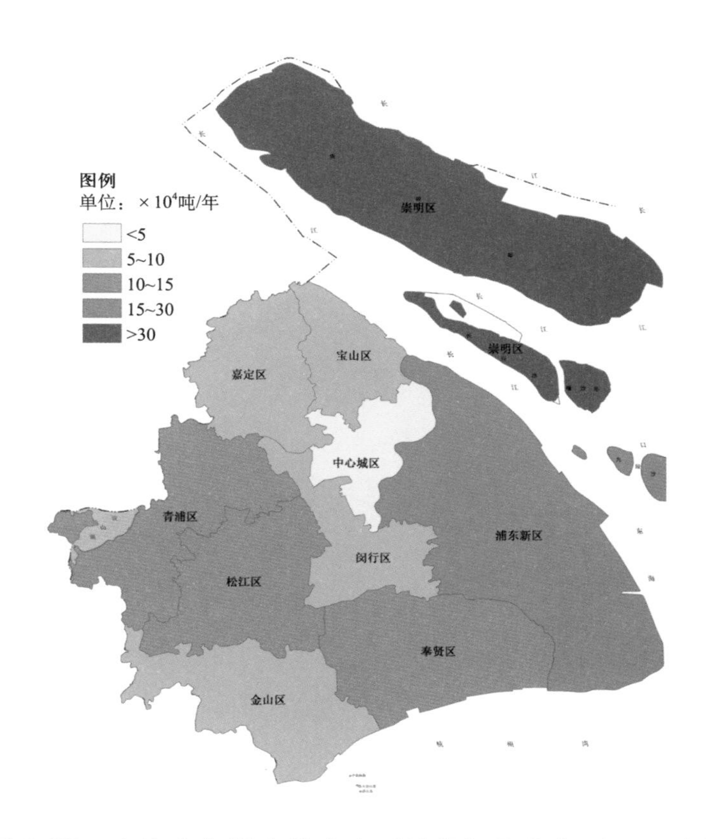

图 3-27 上海市各区森林生态系统释氧量分布（2015 年）

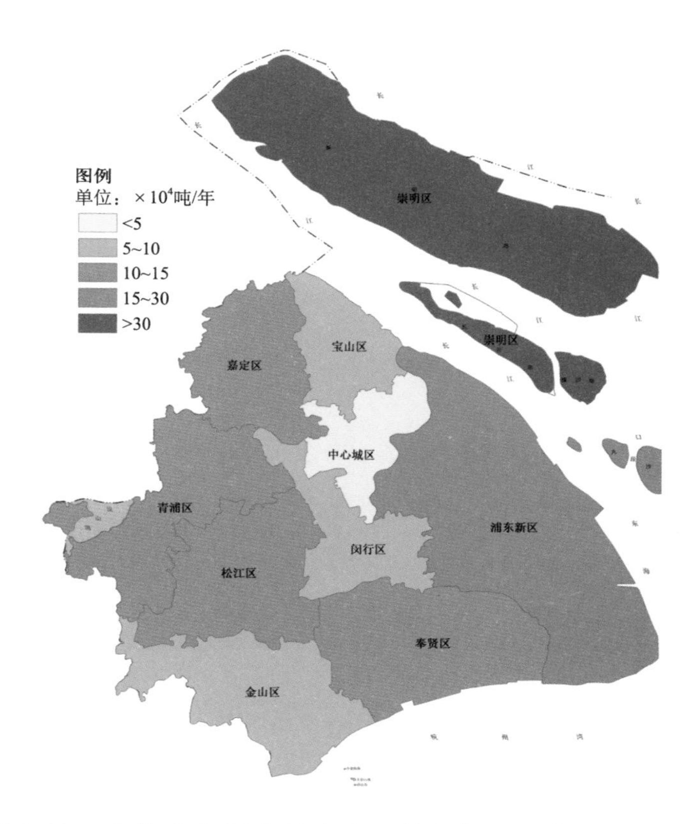

图 3-28 上海市各区森林生态系统释氧量分布（2016 年）

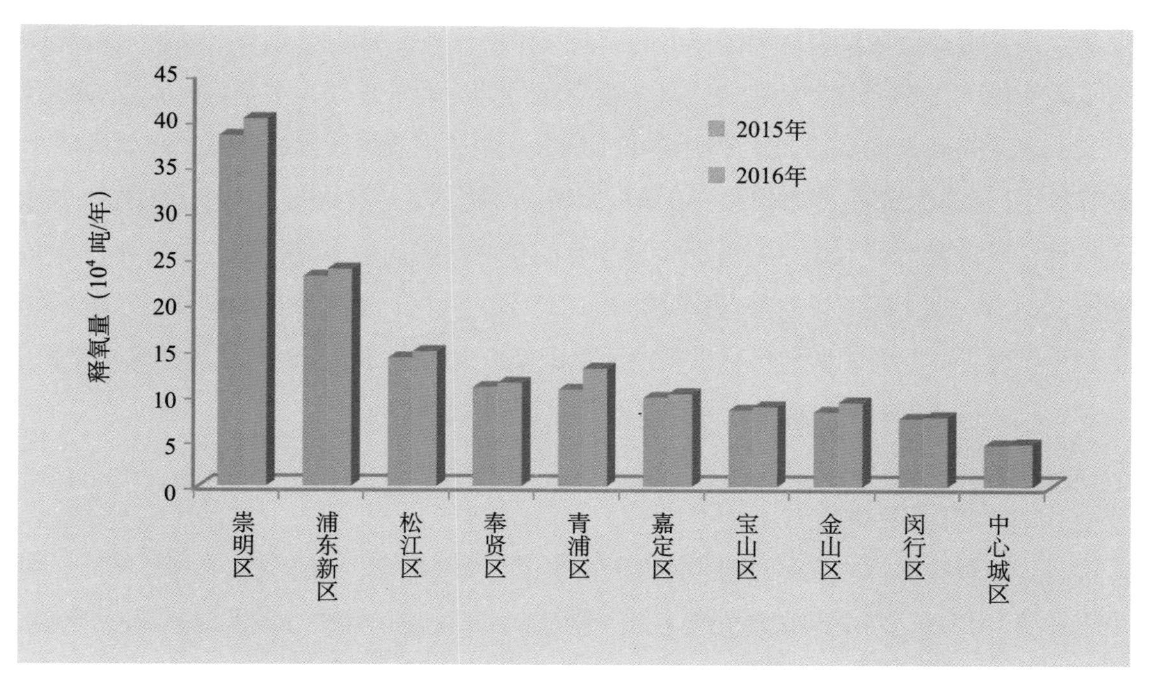

图 3-29　上海市各区森林生态系统释氧量排序

增幅为 6.14%；青浦区和崇明区释氧功能增加量最多，分别增加了 2.34、1.86 万吨，增幅为 22.01%、4.85%。

森林是陆地生态系统最大的碳储库，森林植被的碳储量约占全球植被的 77%，森林土壤的碳储量约占全球碳储量的 39%（孙世群等，2008）。森林固碳机制是通过森林自身的光合作用过程吸收二氧化碳，并蓄积在树干、根部及枝叶等部分，从而抑制大气中二氧化碳浓度的上升，起到绿色减排的作用。森林生态系统具有较高的碳储存密度，因此提高森林碳汇功能是降低空气中二氧化碳浓度的有效途径（傅松玲等，2011）。研究表明，2009 年上海中心城区和郊区的森林植被碳储量分别占全市森林植被总碳储量的 4.6% 和 95.4%，上海郊区的森林植被碳储量远远大于中心城区。上海市各区森林碳储量排序依次为：崇明区 > 浦东新区 > 松江区 > 青浦区 > 奉贤区 > 闵行区 > 嘉定区 > 金山区 > 宝山区 > 中心城区。其中，崇明区森林碳储量最大，占上海市森林总碳储量的 22.8%；中心城区森林碳储量最小，仅占 4.6%（王哲，2012）。崇明区是上海市丰富森林资源分布区，且正在大兴“生态岛”的建设，其森林生态系统固碳功能能在一定程度上解决本区域内自然资源、生态环境与可持续发展之间的矛盾，对区域碳减排及低碳经济研究具有一定的现实意义。但是相比之下，经济较为活跃的中心城区，其固碳功能很弱。

另外，上海市经济活跃带由于人为干扰较多，原始森林植被遭到严重的破坏，为了维持本区域的生态安全，上海市营造了大量的人工林。为了达到预期目的，人们对所营造林的人工林进行了集约化的经营管理，例如铲除林下灌草等。但是，西方的经验教训表明，过度集约经营可能会导致森林固碳作用的减弱（傅松玲等，2011）。所以，本区域内可以考虑改变现有的人工林经营管理措施，基于近自然经营管理的思路，重新定制人工林经营管理模式，逐步提高其固碳能力。崇明区和浦东新区森林生态系统固碳量高，也就表明本区域内森林生态系统初级生产力较大。有研究表明：与铁、铝等材料的生产加工相比，木材的加工只要很少的能源，利用木材可间接减少碳的排放，因此用木材代替其他材料，可以节省能源及减少二氧化碳的排放量（孙世群等，2008）。所以，上海市崇明区和浦东新区的森林生态系统除了自身的固碳作用可以抵消工业碳排放外，还可以通过其快速的生物量积累，进而减少铁、铝等材料的利用量，起到降低工业碳排放的作用。

四、林木积累营养物质

2015、2016年林木积累营养物质最高的3个区均为崇明区、浦东新区和松江区，分别占全市总量的55.19%、54.25%；最低的3个区为闵行区、金山区和中心城区，分别占全市总量的14.97%、15.09%（图3-30至图3-38）。与2015年相比，2016年全市林木积累营养物质量增加了1060万吨，增幅为5.09%；青浦区和崇明区林木积累营养物质功能增加量最多，分别为321吨、177吨，增幅为19.14%、3.12%。林木在生长过程中不断从周围环境吸收营养物

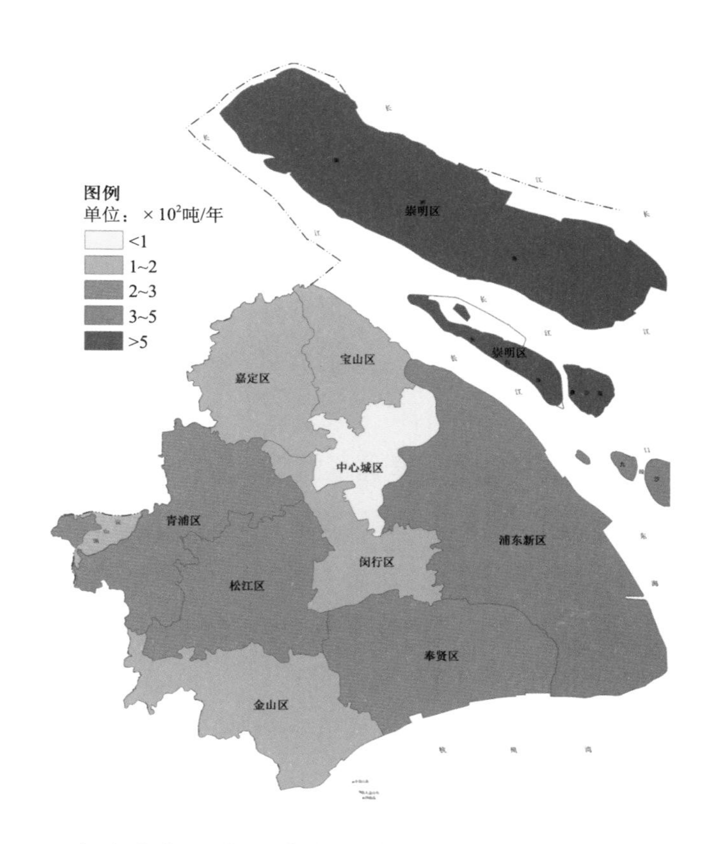

图3-30 上海市各区森林生态系统林木积累氮量分布（2015年）

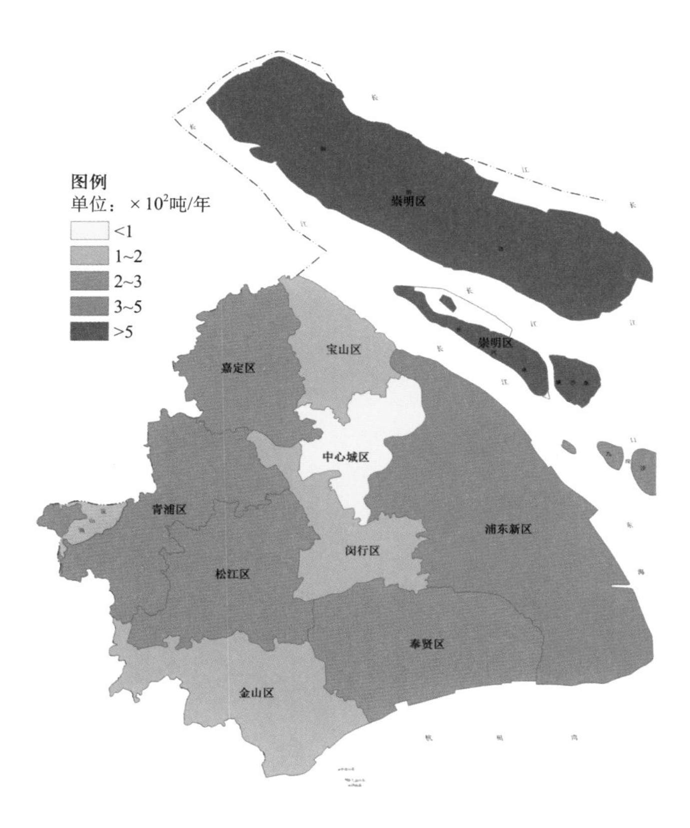

图 3-31　上海市各区森林生态系统林木积累氮量分布（2016 年）

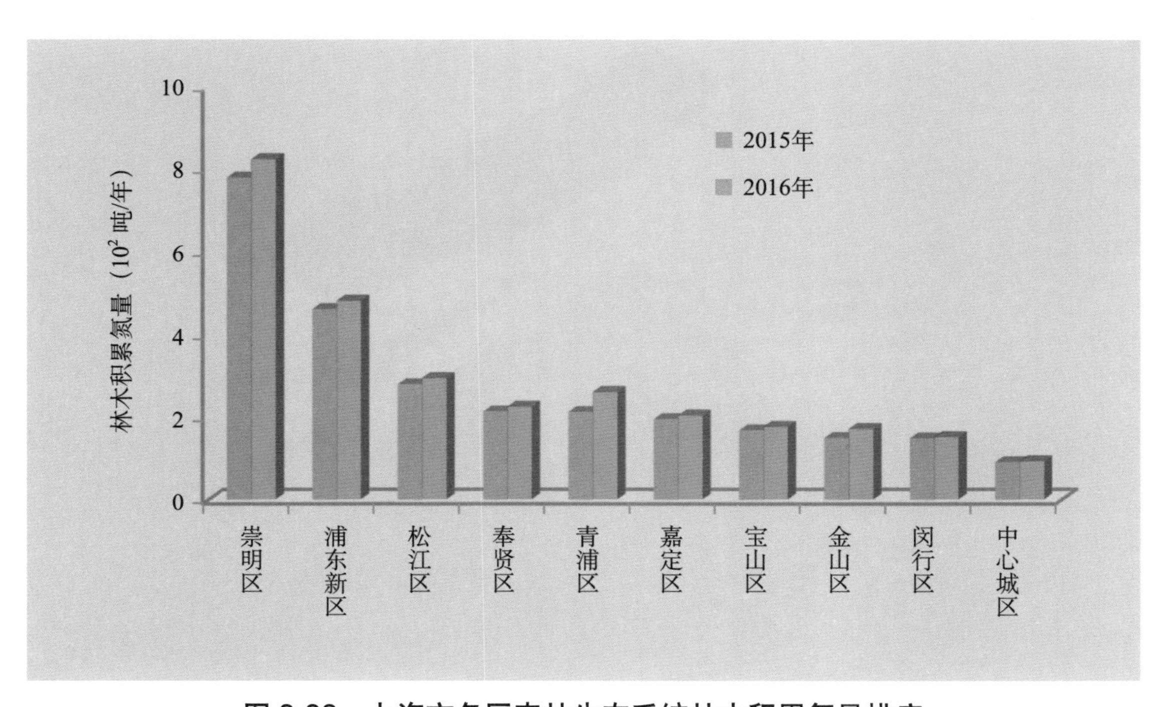

图 3-32　上海市各区森林生态系统林木积累氮量排序

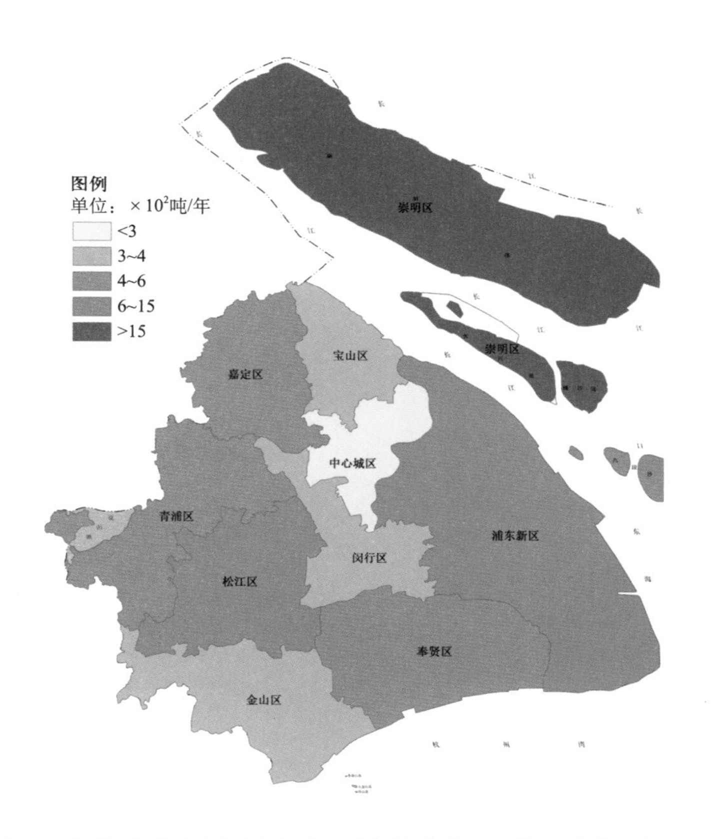

图 3-33 上海市各区森林生态系统林木积累磷量分布（2015 年）

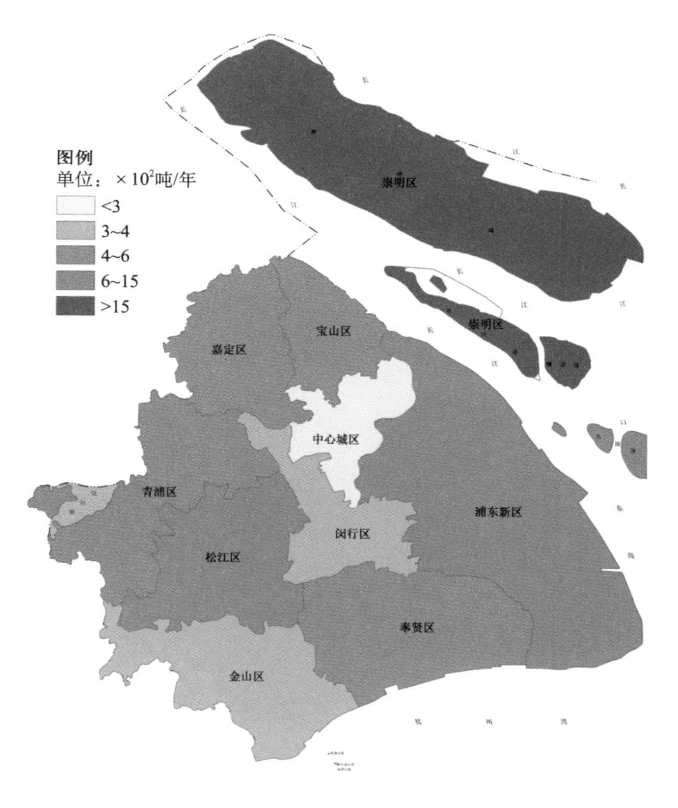

图 3-34 上海市各区森林生态系统林木积累磷量分布（2016 年）

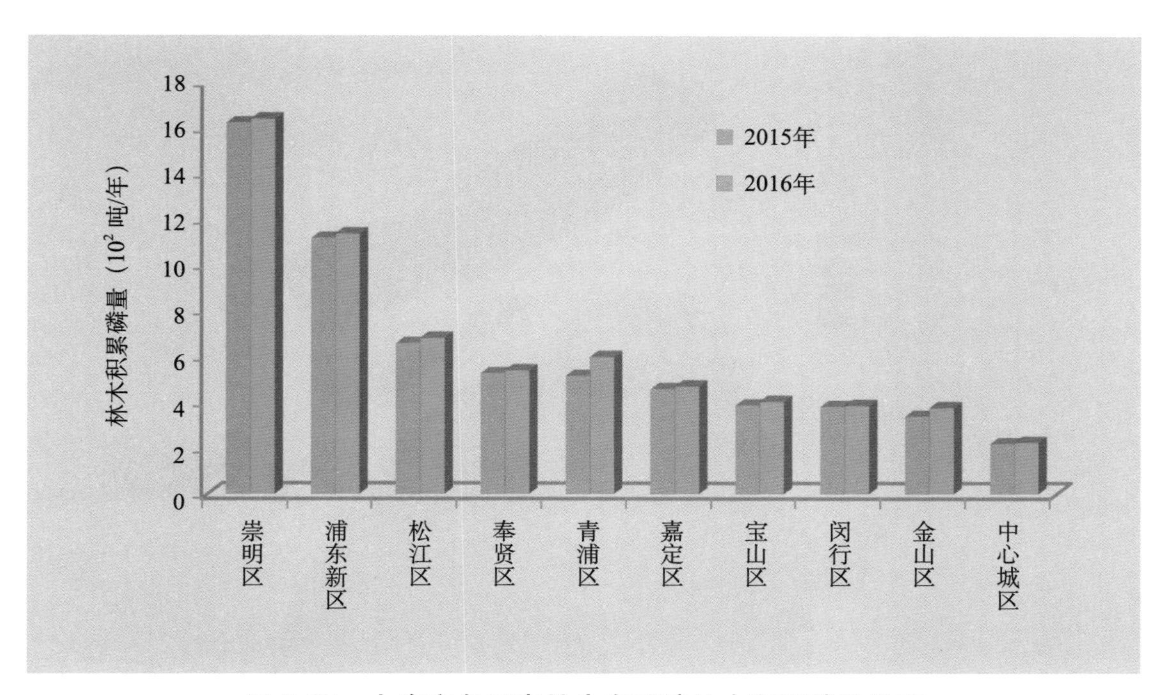

图 3-35 上海市各区森林生态系统林木积累磷量排序

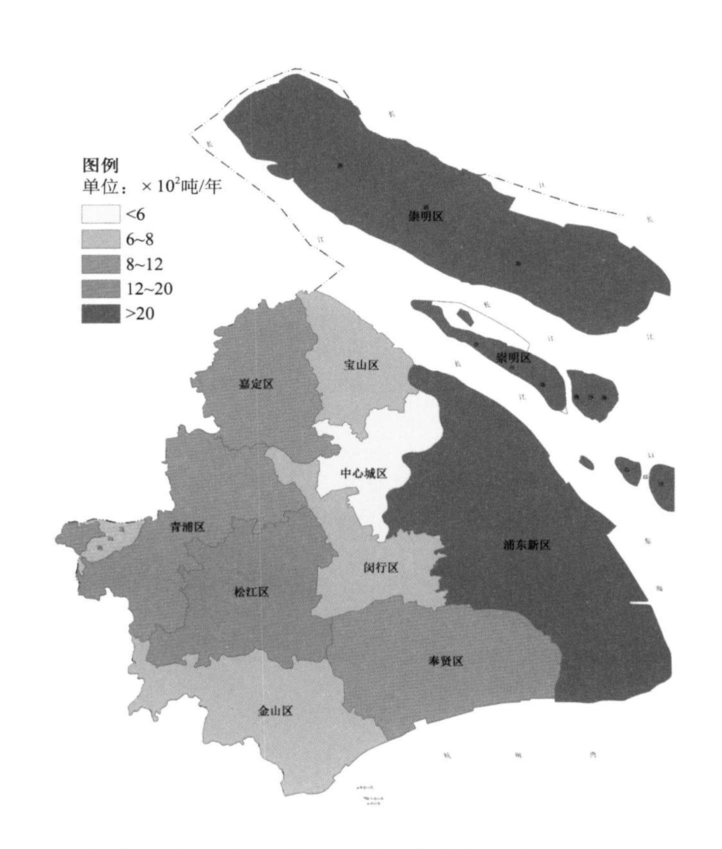

图 3-36 上海市各区森林生态系统林木积累钾量分布（2015 年）

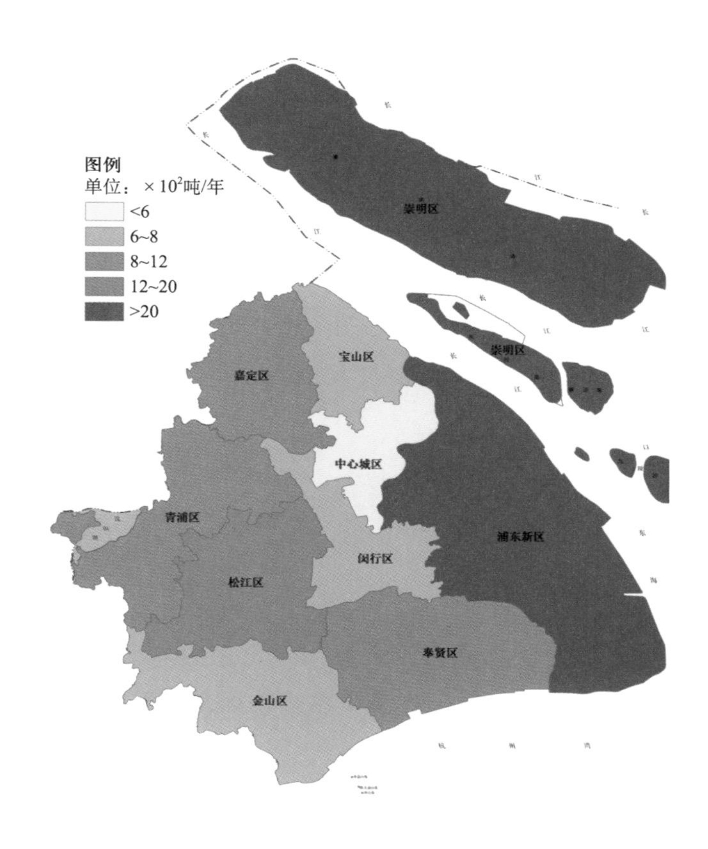

图 3-37 上海市各区森林生态系统林木积累钾量分布（2016 年）

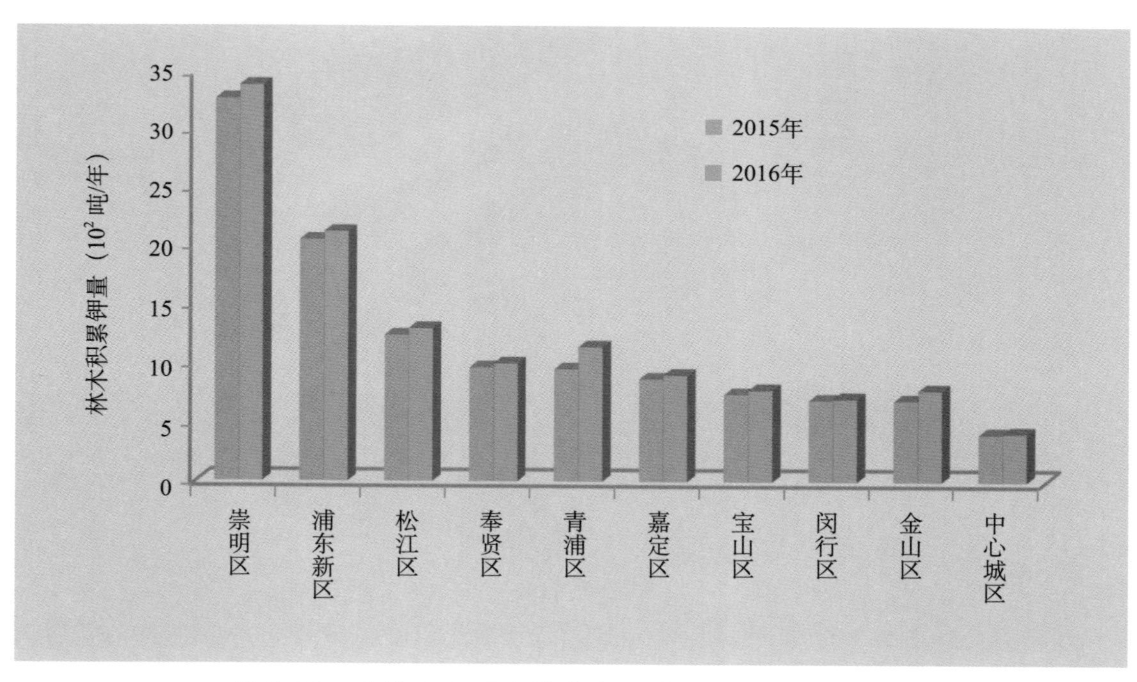

图 3-38 上海市各区森林生态系统林木积累钾量排序

质，固定在植物体中，成为全球生物化学循环不可缺少的环节，也为生态系统的正常运转提供最基本的支持服务，林木积累营养物质服务功能首先是维持自身生态系统的养分平衡，其次才是为人类提供生态系统服务。从林木积累营养物质的过程可以看出，崇明区、浦东新区和松江区可以在一定程度上减少因为水土流失而带来的养分损失，在其生命周期内，使得固定在体内的养分元素在此进入生物地球化学循环，极大地降低水库和湿地水体富营养化的可能性。林木积累营养物质效益的发挥与栽种林分的净生产力密切相关，由于林分类型、水热条件和土壤状况的差异性，各区域的植被净生产力不同（任军等，2016；杨国亭等，2016）。

五、净化大气环境

森林在大气生态平衡中起着“除污吐新”的作用，植物通过叶片拦截、富集和吸收污染物质，提供负离子和萜烯类物质等，改善大气环境。经计算，2015 年上海市森林年提供负离子 4.14×10^{24} 个，森林单位面积年提供负离子 4.34×10^{19} 个 / 公顷；2016 年森林年提供负离子 4.48×10^{24} 个，森林单位面积年提供负离子 4.54×10^{19} 个 / 公顷。2016 年上海森林提供负离子量增加了 0.34×10^{24} 个，增幅为 8.21%。从各区的分布情况来看，崇明区由于森林覆盖率最高，又有着较多的杉木林，因此在提供负离子功能中贡献最大，其次为浦东新区、松江区和青浦区。而各区中比较低的是中心城区，这与森林绿地的面积和植被类型都有密切的关系（图 3-39 至 3-41）。空气负离子是一种重要的无形旅游资源，具有杀菌、降尘、清

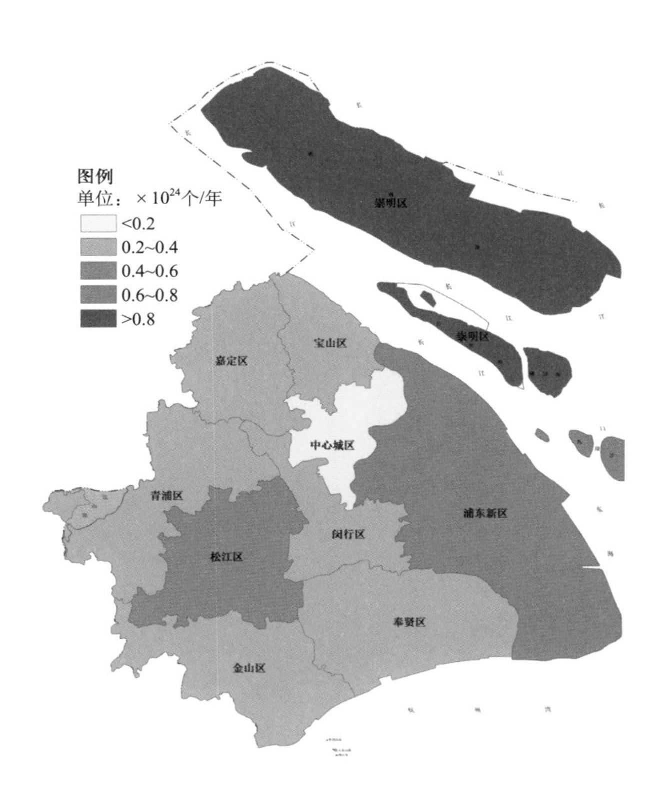

图 3-39　上海市各区森林生态系统提供负离子量分布（2015 年）

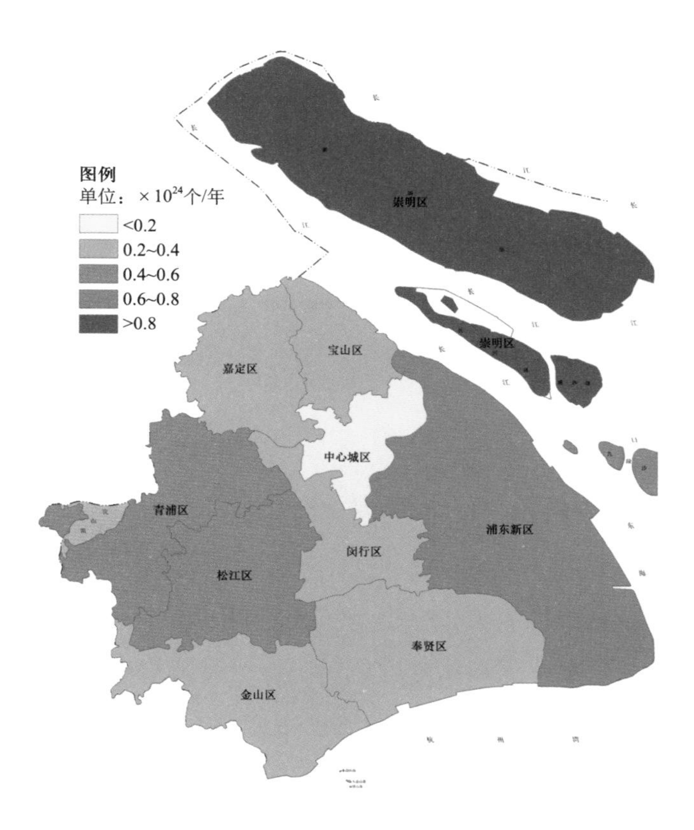

图 3-40 上海市各区森林生态系统提供负离子量分布（2016 年）

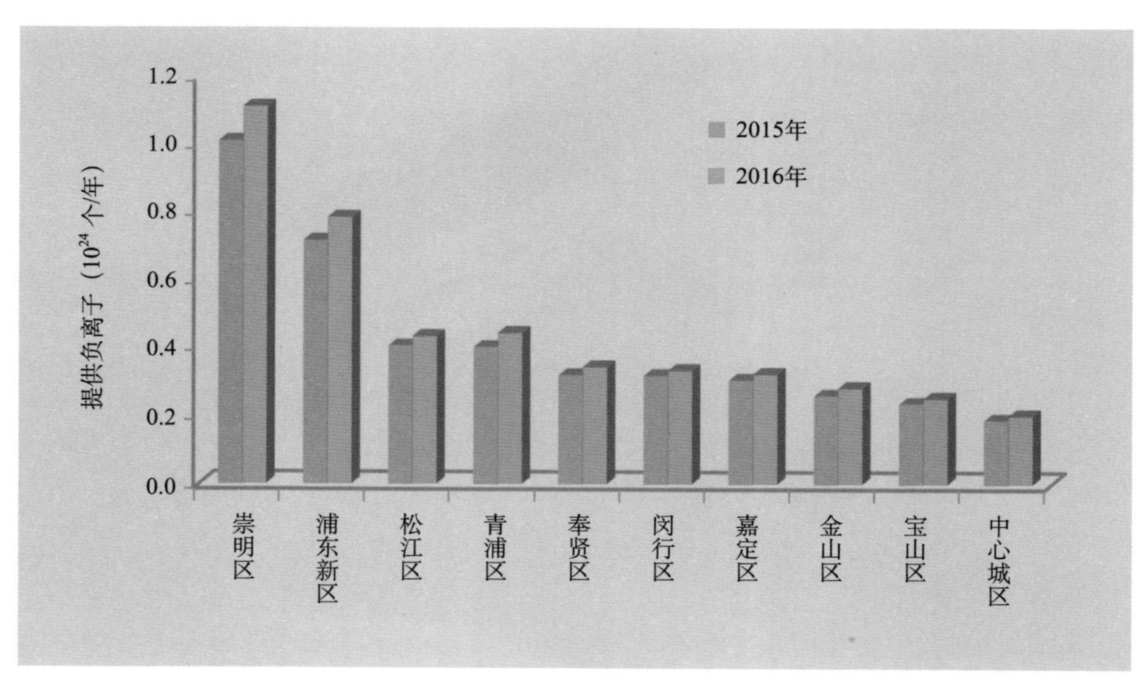

图 3-41 上海市各区森林生态系统提供负离子量排序

洁空气的功效，被誉为“空气维生素与生长素”，对人体健康十分有益，能改善肺器官功能，增加肺部吸氧量，促进人体新陈代谢，激活肌体多种酶和改善睡眠，提高人体免疫力、抗病能力（徐昭辉，2004）。随着森林生态旅游的兴起及人们保健意识的增强，空气负离子作为一种重要的森林旅游资源已经越来越受到人们的重视，有关空气负离子的评价就已经成为众多学者的研究内容（钟林生等，2004）。森林环境中的空气负离子浓度高于城市居民区的空气负离子浓度，人们到森林游憩区旅游的重要目的之一是去呼吸清新的空气。从研究结果中可以看出，上海市崇明区森林生态系统产生负离子量最大，成为上海市高质量的旅游资源。

森林具有可以吸附、吸收污染物或阻碍污染物扩散的作用。森林的这种作用是通过两种途径实现的：一方面树木通过叶片吸收大气中的有害物质，降低大气有害物质的浓度；另一方面树木能使某些有害物质在体内分解，转化为无害物质后代谢利用（李晓阁，2005）。由图 3-42 至图 3-50 可以看出，2015、2016 年评估，吸收污染物最高的 3 个区均为崇明区、浦东新区和松江区，分别占全年全市总量的 53.00%、53.24%；最低的 3 个区均为闵行区、宝山区和中心城区，占全市总量的 15.66%、15.27%。2016 年全市森林吸收污染物增加了 52.32 万千克，增幅为 4.84%，崇明区和青浦区森林吸收污染物增加量最多，分别增加了 20.87 万千克、9.82 万千克，增幅为 7.66%、9.96%。崇明区和浦东新区由于森林面积大、生

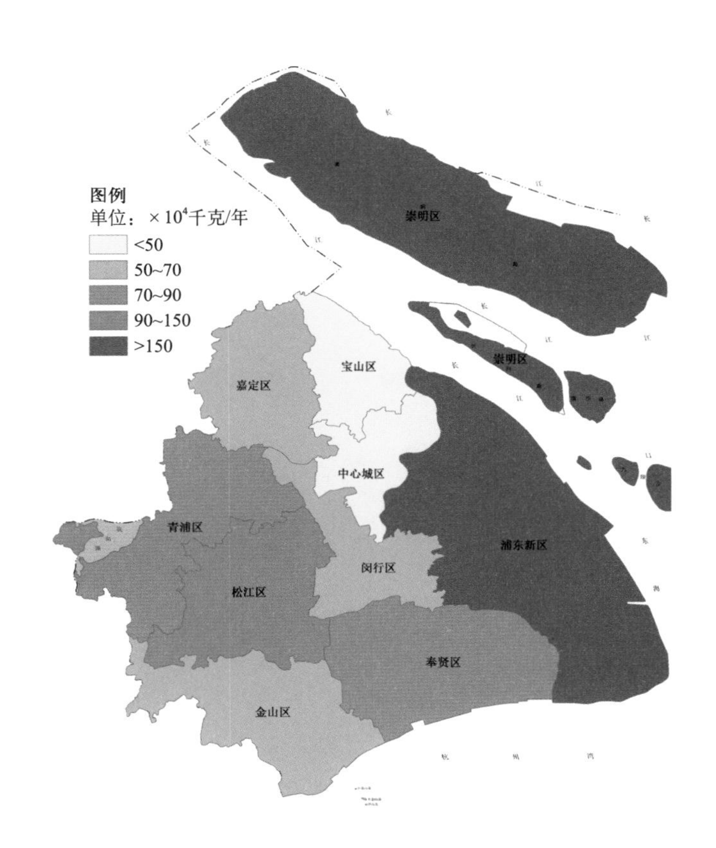

图 3-42 上海市各区森林生态系统吸收二氧化硫量分布（2015 年）

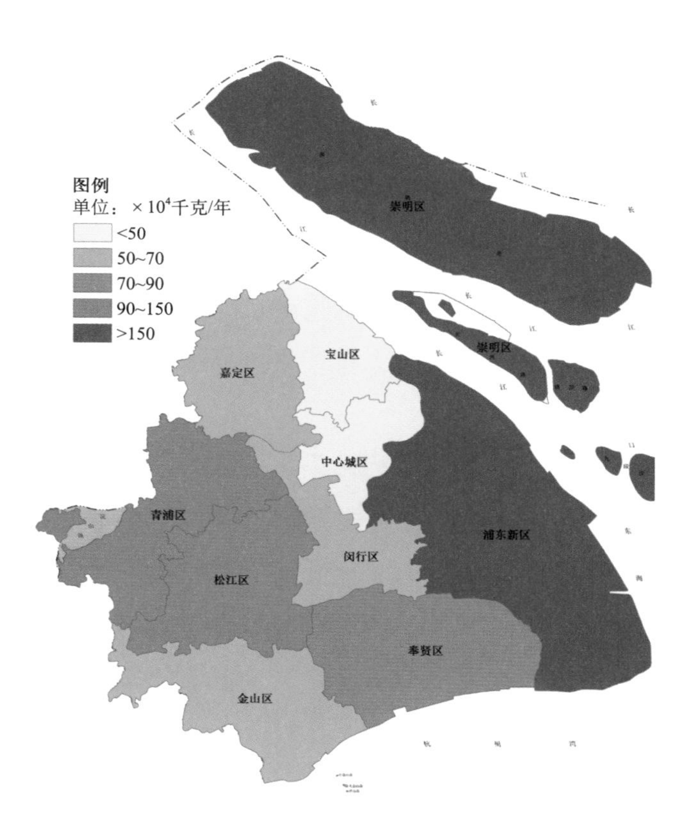

图 3-43　上海市各区森林生态系统吸收二氧化硫量分布（2016 年）

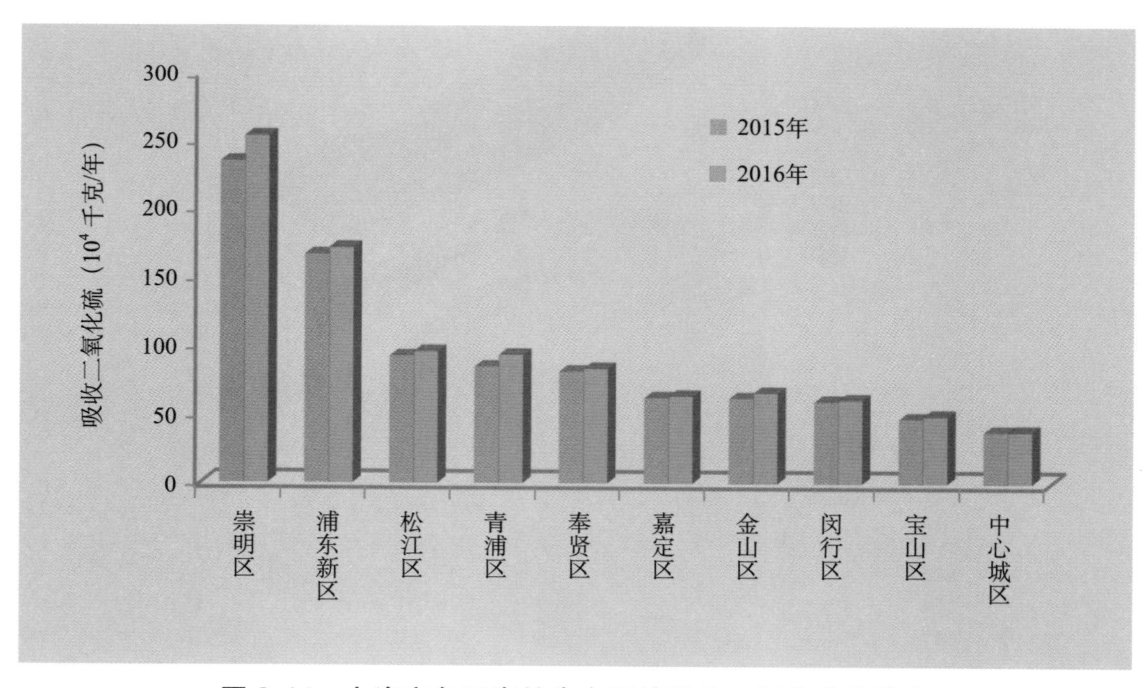

图 3-44　上海市各区森林生态系统吸收二氧化硫量排序

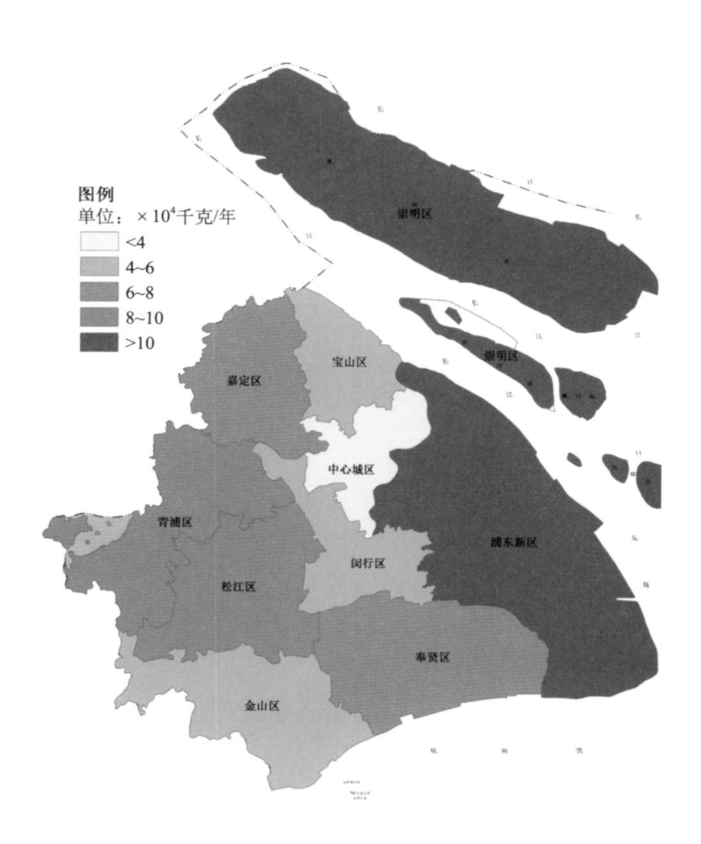

图 3-45 上海市各区森林生态系统吸收氟化物量分布（2015 年）

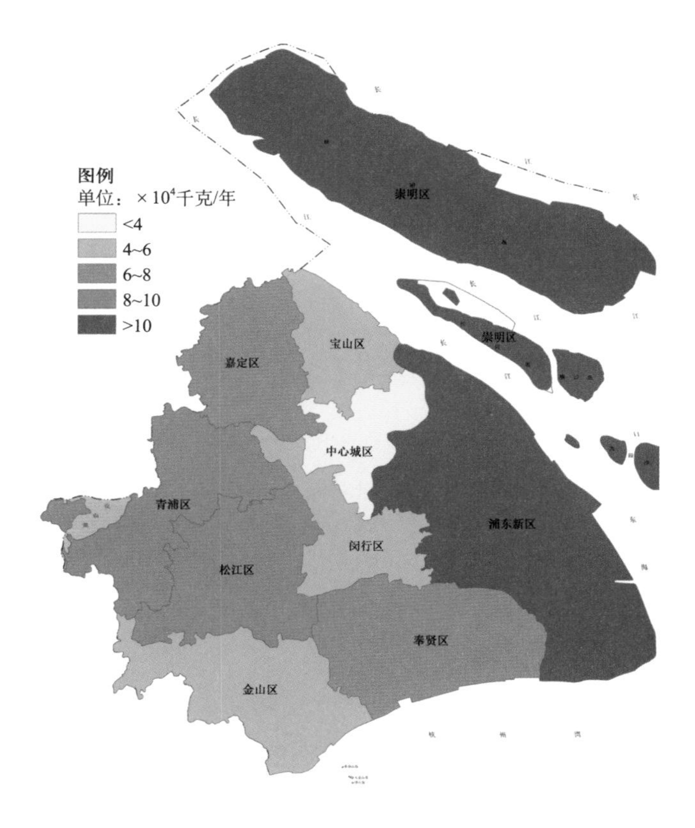

图 3-46 上海市各区森林生态系统吸收氟化物量分布（2016 年）

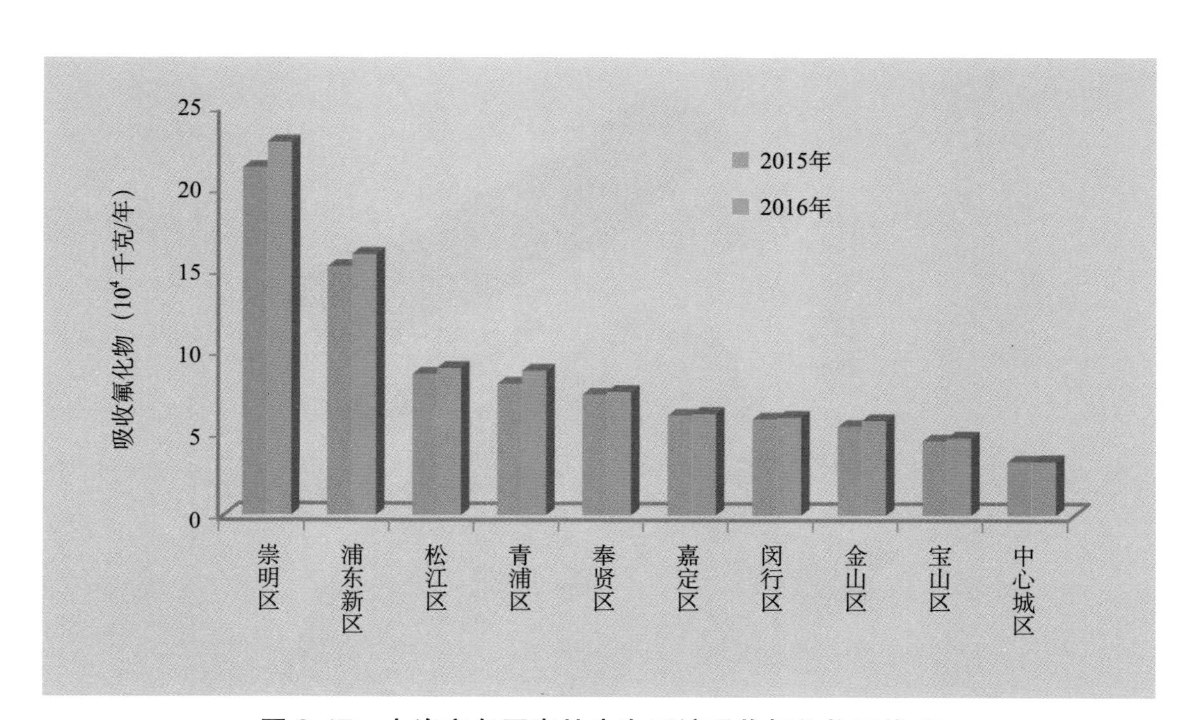

图 3-47　上海市各区森林生态系统吸收氟化物量排序

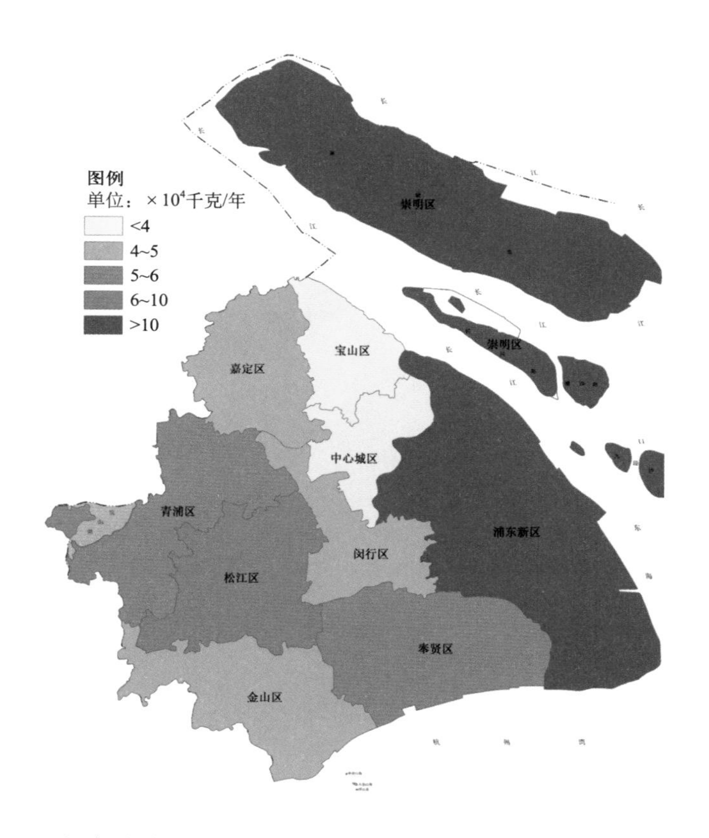

图 3-48　上海市各区森林生态系统吸收氮氧化物量分布（2015 年）

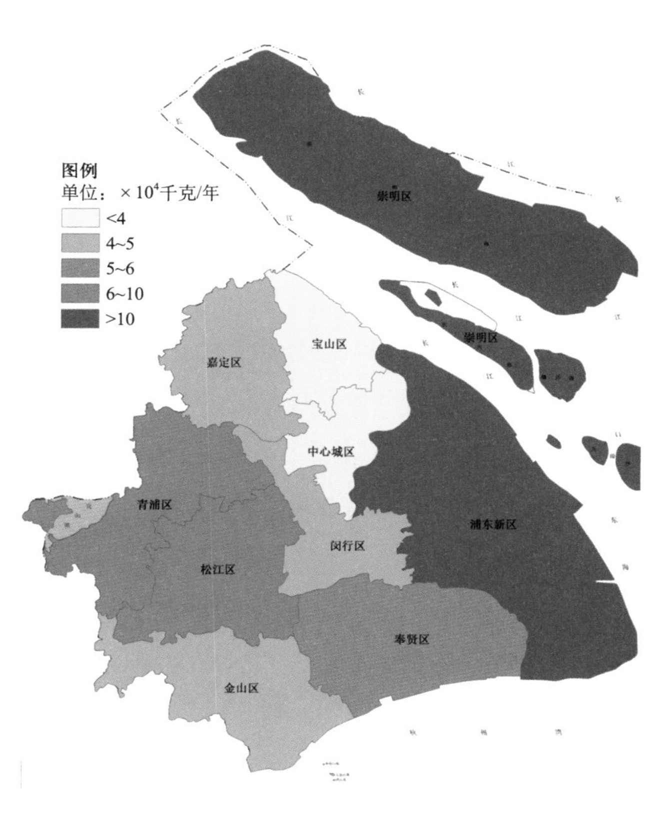

图 3-49　上海市各区森林生态系统吸收氮氧化物量分布（2016 年）

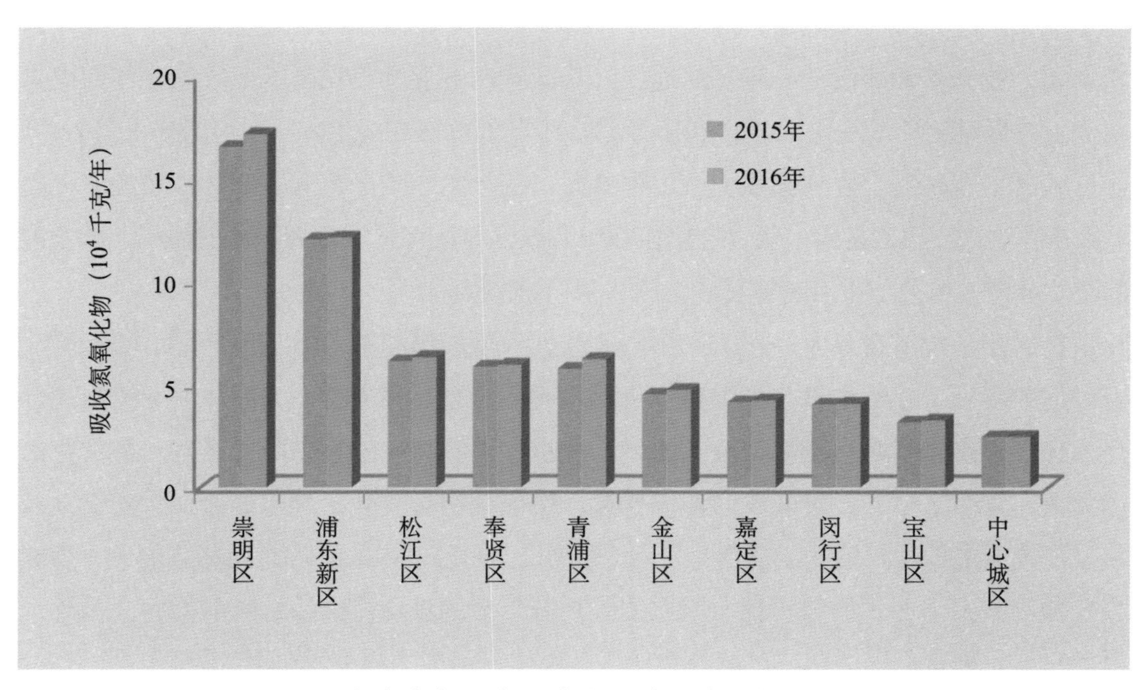

图 3-50　上海市各区森林生态系统吸收氮氧化物量排序

物量大，在净化大气污染物中贡献最大；而各区中比较低的是宝山区和中心城区，这与区域森林绿地的面积、植被类型和大气污染程度都有密切的关系。有研究表明，二氧化氮、二氧化硫和 PM_{10} 浓度在上海市区要高于郊区，市区污染物高主要与机动车尾气、工业燃煤、建筑扬尘和道路扬尘等诸多因素有关（顾勇国等，2006）。中心城区的车流量大，人为活动多，大气污染较严重，但是森林覆盖率低，导致了中心城区森林生态系统吸收污染物功能较低。

二氧化硫是城市的主要污染物之一，对人体健康以及动植物生长危害比较严重。同时，硫元素还是树木体内氨基酸的组成成分，也是树木所需的营养元素之一，所以树木中都还有一定量的硫，在正常情况下树体中的含量为干重的 0.1%~0.3%。当空气被二氧化硫污染时，树木体内的含量为正常含量的 5~10 倍（李晓阁，2005）。

氮氧化物是大气污染的重要组成部分，它会破坏臭氧层，从而改变紫外线到达地面的强度。另外，氮氧化物也是产生酸雨的重要来源，酸雨对生态环境的影响已经广为人知。上海森林生态系统吸收氮氧化物功能可以减少空气中的氮氧化物含量，降低酸雨发生的可能性。

城市森林绿地，作为城市中重要的有生命的基础设施，是城市中的“绿肺”，在削减城市颗粒物、净化大气环境等方面意义重大（Nowak et al., 2006; Kloog et al., 2008）。从各区的 TSP、$PM_{2.5}$ 和 PM_{10} 分布情况来看，通过 2015、2016 年评估结果发现，上海森林滞尘量增加了 344.99 吨，增幅为 5.23%。闵行区、浦东新区和宝山区森林滞纳 TSP 增加量最多，分别为 107.38、59.97 和 53.60 吨，增幅为 24.76%、4.38% 和 12.52%，以上这 3 个区域均为人口较密集、城镇开发建设活动较多的地区，其区域内由于城市发展所产生的空气颗粒物也较多，由数据对比可以发现，2015、2016 年这 3 个区的森林在滞尘方面所起的作用更为明显。崇明区和浦东新区由于森林面积大、生物量大，在滞尘、净化 $PM_{2.5}$ 和 PM_{10} 功能中贡献最大；而各区中比较低的是宝山区、金山区和中心城区，这与区域森林绿地的面积、大气污染物的浓度分布及植被类型有密切关系（图 3-51 至图 3-59）。

森林的滞尘作用表现为：一方面由于森林茂密的林冠结构，可以起到降低风速的作用。随着风速的降低，空气中携带的大量空气颗粒物会加速沉降；另一方面，由于植物的蒸腾作用，树冠周围和森林表面保持较大湿度，使空气颗粒物比较容易降落吸附。最重要的还是因为树体蒙尘之后，经过降水的淋洗作用，使得植物又恢复了滞尘能力。污染空气经过森林反复洗涤过程后，便变成清洁空气（李晓阁，2005）。树木的叶面积指数很大，森林叶面积总和为其占地面积的数十倍，因此使其具有较强的吸附滞纳颗粒物的能力。另外，植被对空气颗粒物有吸附滞纳、过滤的功能，其吸附滞纳能力随植被种类、地区、面积大小、风速等环境因素不同而异，能力大小可相差十几倍到几十倍（杨国亭等，2016；李景全等，2017）。所以，上海市应该充分发挥森林生态系统治污减霾的作用，调控区域内空气中颗粒

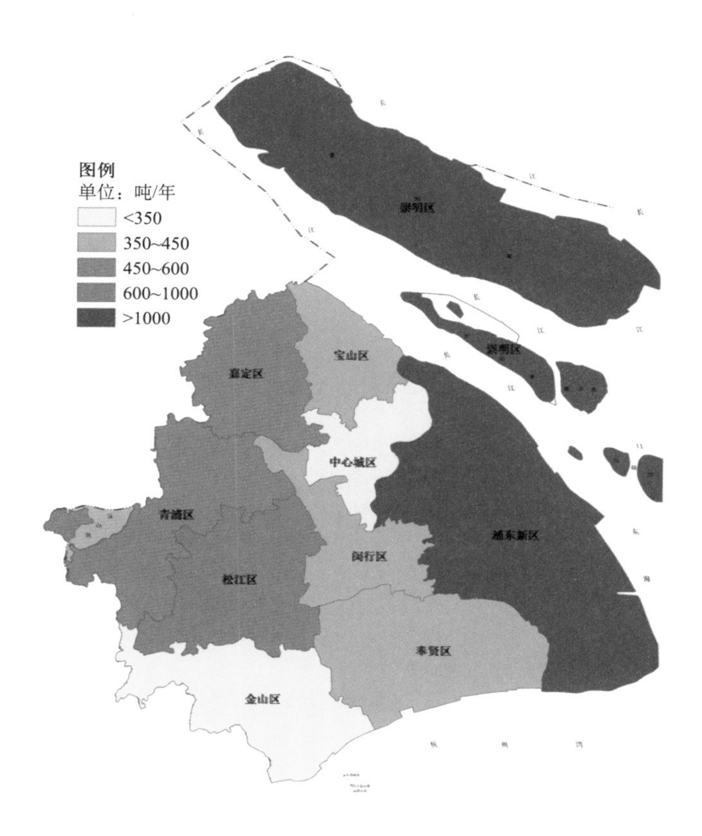

图 3-51　上海市各区森林生态系统滞纳 TSP 量分布（2015 年）

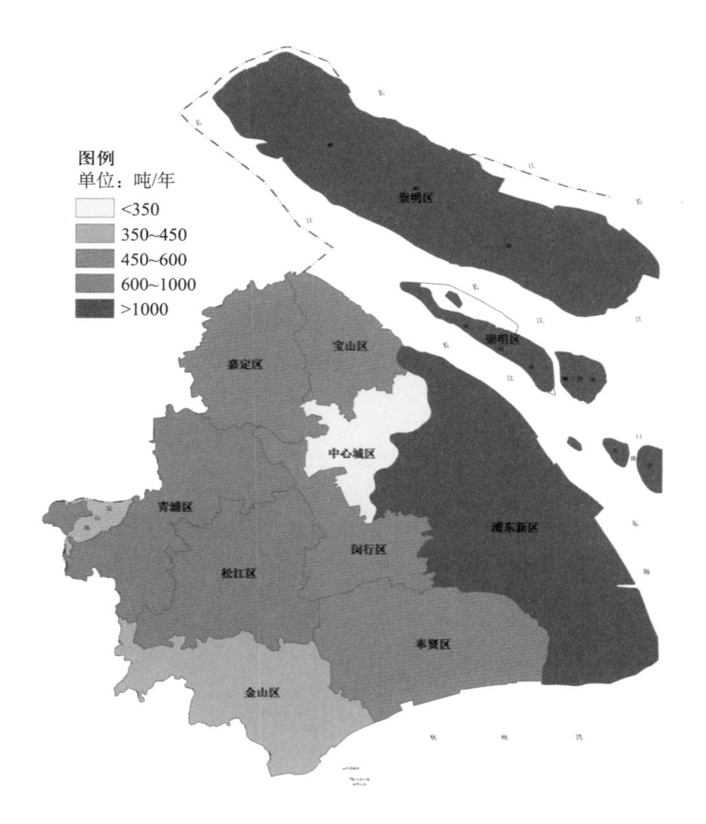

图 3-52　上海市各区森林生态系统滞纳 TSP 量分布（2016 年）

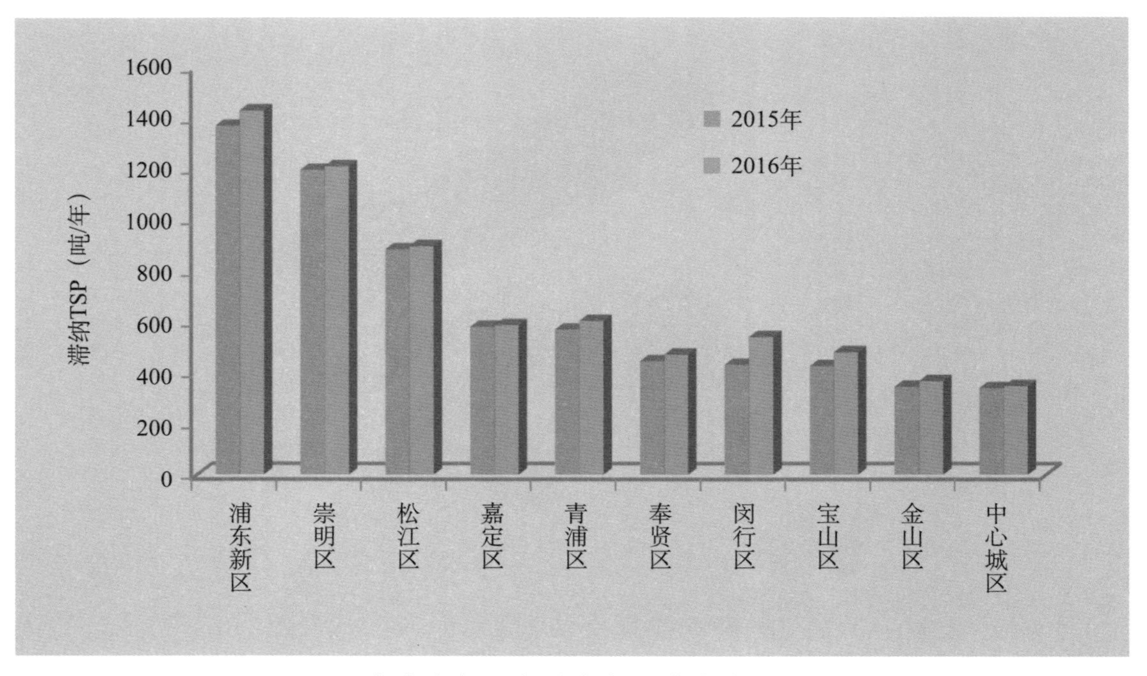

图 3-53 上海市各区森林生态系统滞纳 TSP 量排序

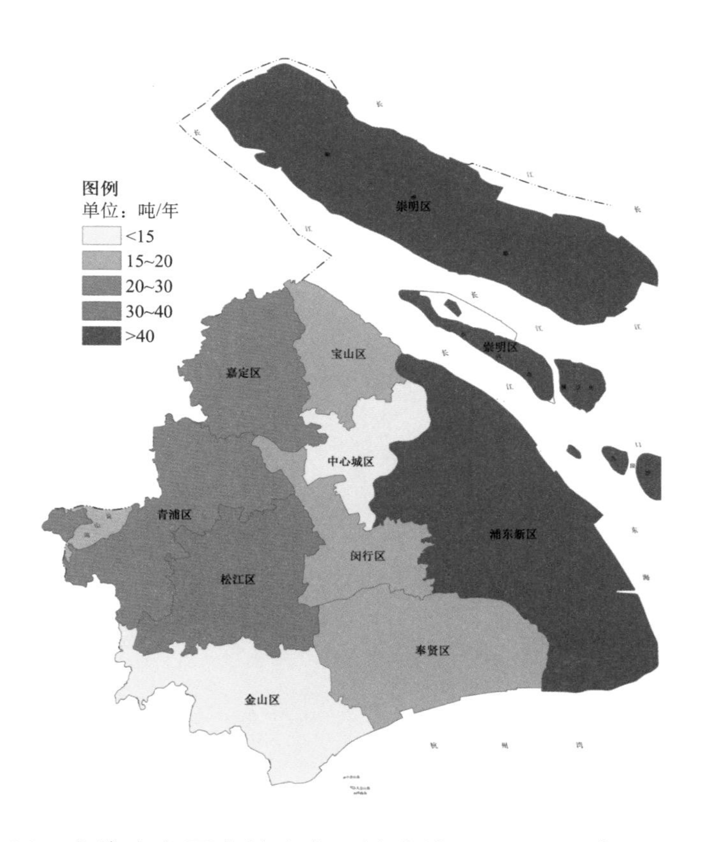

图 3-54 上海市各区森林生态系统滞纳 $PM_{2.5}$ 量分布（2015 年）

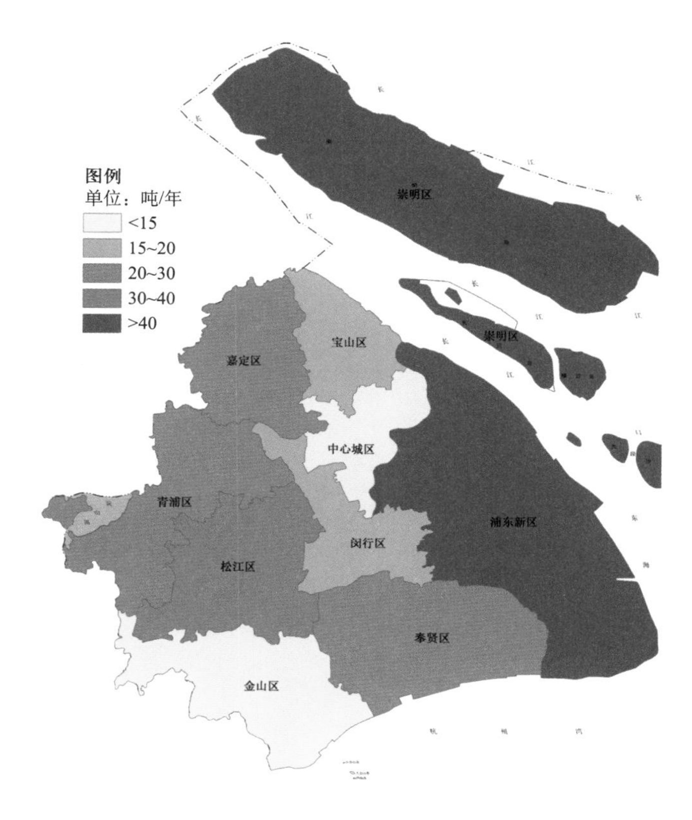

图 3-55 上海市各区森林生态系统滞纳 $PM_{2.5}$ 量分布（2016 年）

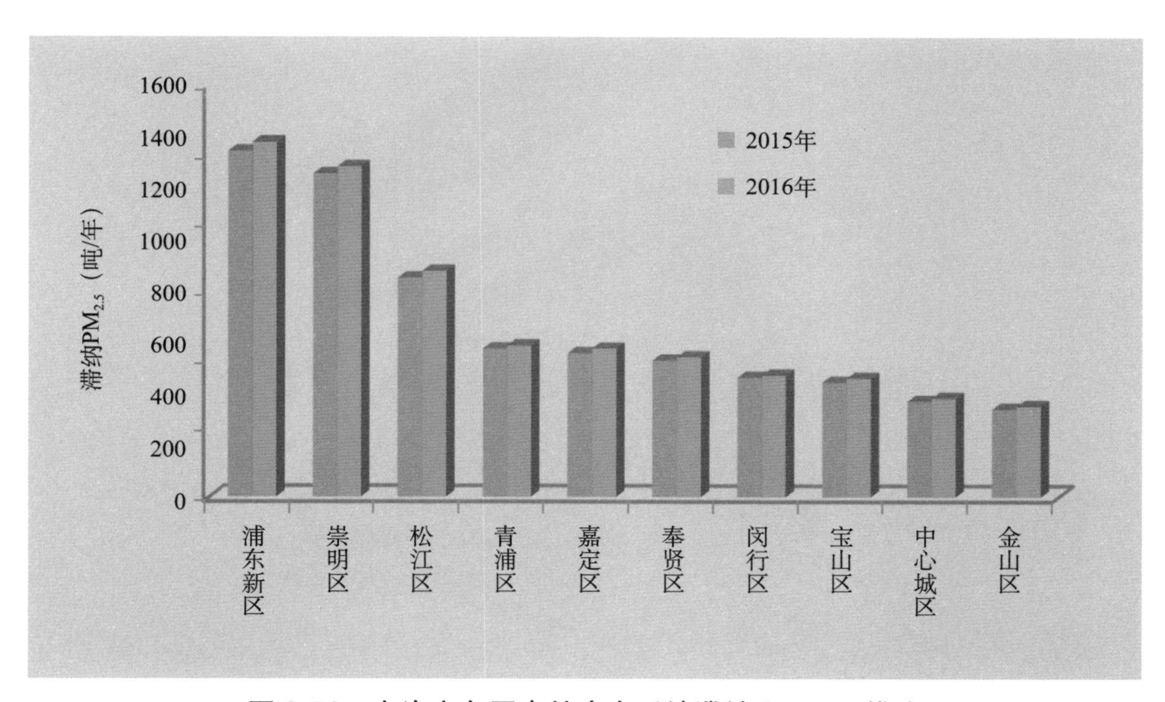

图 3-56 上海市各区森林生态系统滞纳 $PM_{2.5}$ 量排序

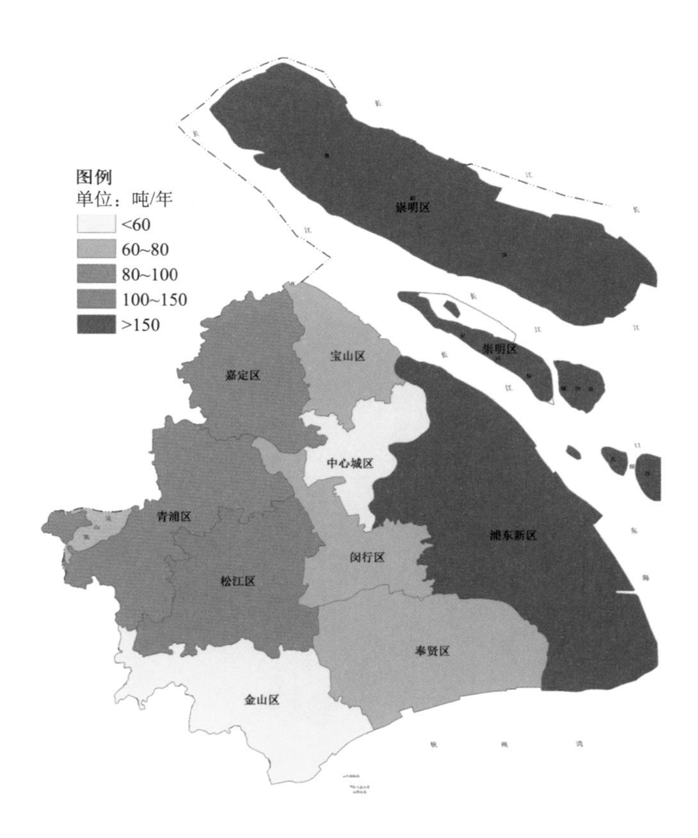

图 3-57 上海市各区森林生态系统滞纳 PM_{10} 量分布（2015 年）

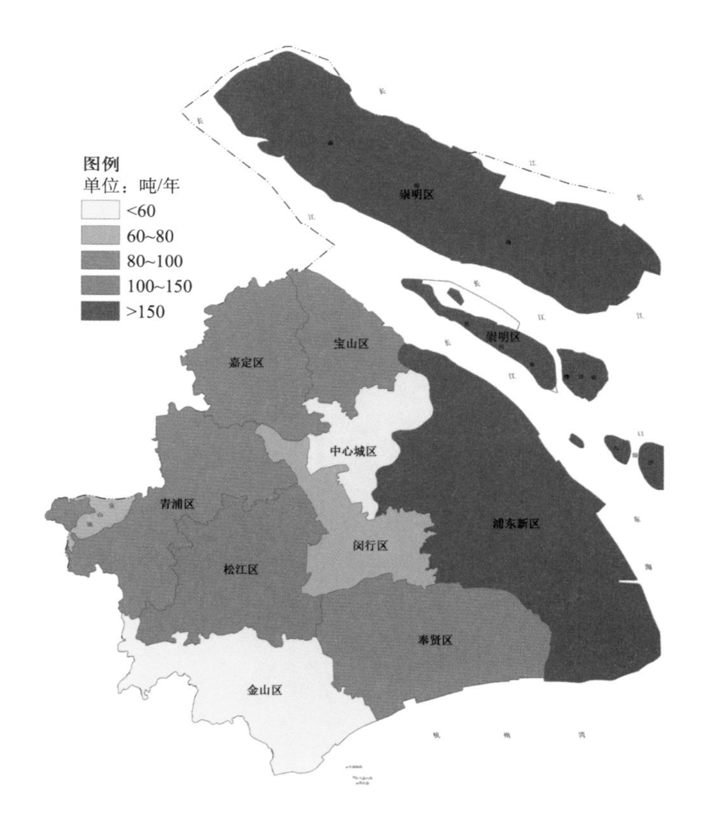

图 3-58 上海市各区森林生态系统滞纳 PM_{10} 量分布（2016 年）

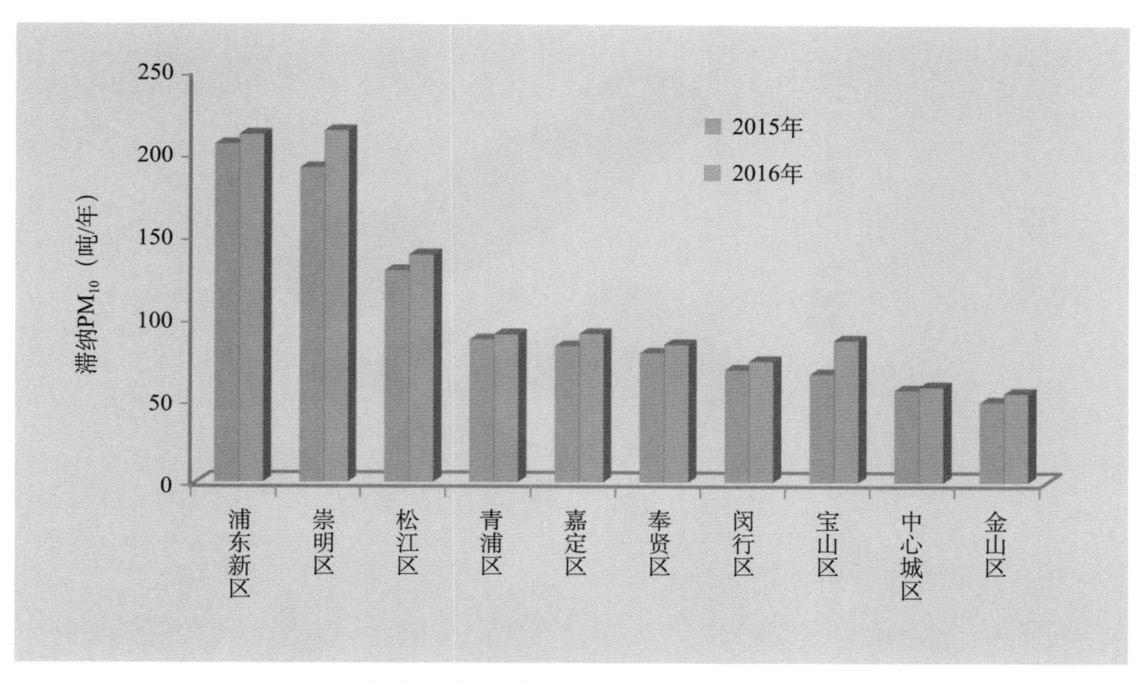

图 3-59　上海市各区森林生态系统滞纳 PM_{10} 量排序

物的含量（尤其是 $PM_{2.5}$），有效遏制雾霾天气的发生。另外，上海市崇明区的森林生态系统吸附滞纳颗粒物功能较强，有效地消减了空气中颗粒物含量，维护了良好的空气环境，提高了区域内森林旅游资源的质量。

据《2016 年上海市环境状况公报》显示：2016 年上海市二氧化硫年均浓度 15 微克 / 立方米，较 2015 年下降 11.8%，东部、南部地区和崇明区最低；二氧化氮年均浓度为 43 微克 / 立方米，较 2015 年下降 6.5%，呈现市中心向周边区域递减的趋势；可吸入颗粒物（PM_{10}）年均浓度 59 微克 / 立方米，较 2015 年下降 14.5%，细颗粒物（$PM_{2.5}$）年均浓度 45 微克 / 立方米，较 2015 年下降 15.1%，各区 PM_{10} 和 $PM_{2.5}$ 的空间分布总体呈现西高东低的态势。上海市森林生态系统吸收二氧化硫量加上工业消减量，对维护上海市空气环境安全起到了非常重要的作用。由此还可以增加当地居民的旅游收入，进一步调整区域内的经济发展模式，提高第三产业经济总量，提高人们保护生态环境的意识，形成一种良性的经济循环模式。

六、森林防护

本研究中，森林防护仅指农田防护。2015、2016 年评估，森林防护最高的 3 个区均为崇明区、奉贤区和宝山区，分别占全市总量的 82.18%、81.35%，占据了全市森林防护功能的绝大部分；最低的 3 个区为青浦区、闵行区和中心城区，分别占 1.71%、2.30%（图 3-60 至图 3-62）。与 2015 年相比，2016 年全市森林防护功能减少了 316.72 吨，降幅为 10.78%，

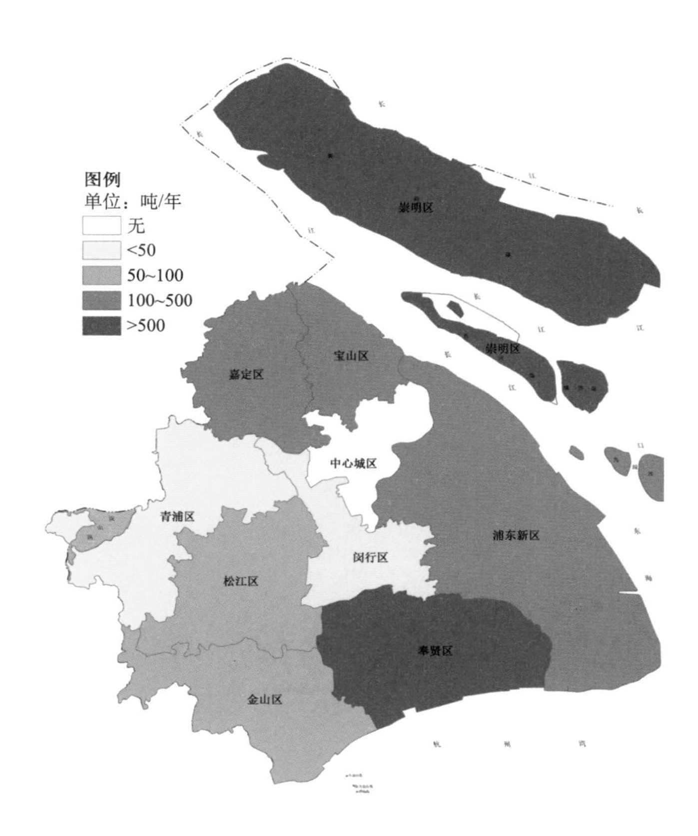

图 3-60　上海市各区森林生态系统森林防护功能物质量分布（2015 年）

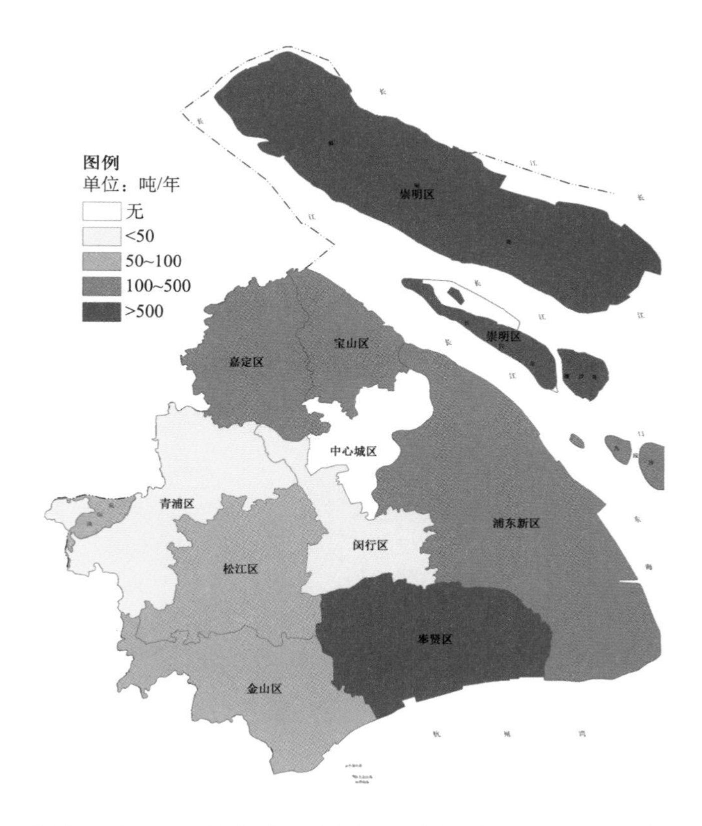

图 3-61　上海市各区森林生态系统森林防护功能物质量分布（2016 年）

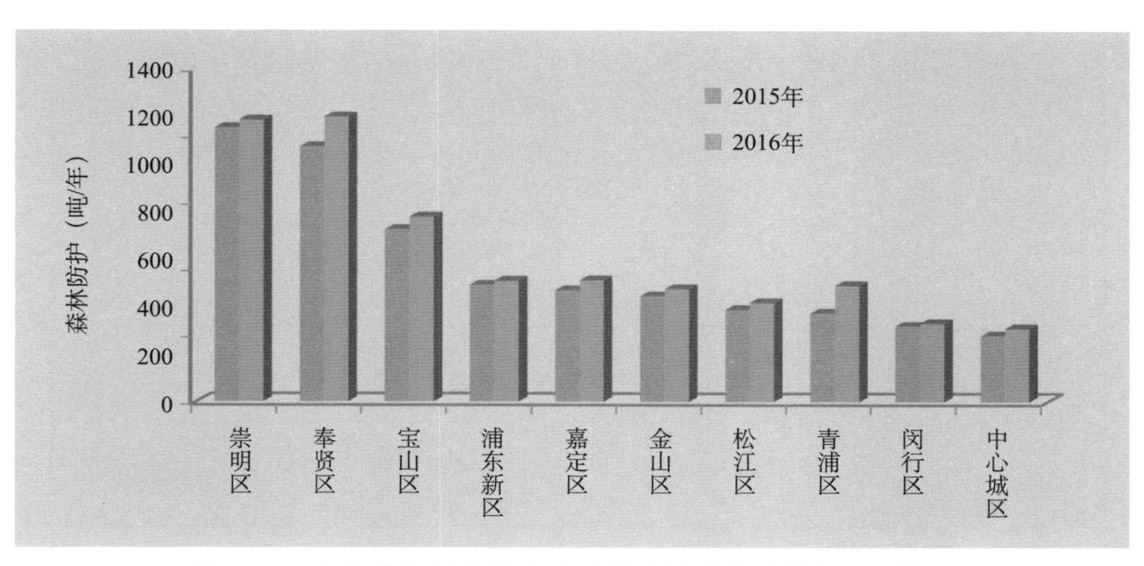

图 3-62 上海市各区森林生态系统森林防护功能物质量排序

这主要是由于林种调整导致了农田防护林面积减少，进而导致森林防护功能降低。上海市的防护林分布较多的区域为崇明区和奉贤区，因此这两个区在防护作用中贡献最大，防护效益占全市总量的 74.50%（2015 年）、72.47%（2016 年）；而作为上海的中心城区没有农作物田地的存在，故森林没有防护农作物的功能，作为城市化程度较高的闵行区，农田防护林面积极少，也不强，符合实际情况。

从以上物质量评估结果分析中可以看出（表 3-2 至表 3-3），2015、2016 年两次评估，上海市森林生态系统各项服务功能的空间分布格局均基本呈现为崇明区和浦东新区大于中心城区。究其原因，主要分为以下几部分。

1. 森林资源结构组成

第一，与森林面积有关。上海市崇明区的森林资源面积较大。从各项服务的评估公式中可以看出，森林面积是森林生态系统服务强弱的最直接影响因子。崇明区位于长江入海口，属于河口冲积岛，人为干扰程度低于上海其他地区，其森林资源受到的破坏程度低。同时，崇明区还是上海市生物多样性保护功能价值最高的区域，其区域内森林资源丰富，还分布有较多的国家级重要湿地和自然保护区。2015、2016 年上海市森林资源监测成果数据显示：崇明区森林面积为 26364 公顷（2015）、27180 公顷（2016），在各区中居于首位，占全市森林面积的 27.67%、27.54%；浦东新区森林面积为 17068 公顷（2015）、17742 公顷（2016），占全市森林面积的 17.91%、17.98%。而中心城区的森林面积为 3051 公顷（2015）、3076 公顷（2016），仅占全市森林面积的 3.20%、3.12%。从森林面积分布来看，崇明区和浦东新区的森林面积远远大于中心城区，所以上海城市森林生态系统各项服务功能的空间分布格局呈现崇明区和浦东新区大于中心城区。

第二，与森林质量有关，也就是与生物量有直接的关系。由于蓄积量与生物量存在一定

表 3-2　上海市各区森林生态系统服务功能物质量评估结果（2015 年）

各区	调节水量 (10^4立方米/年)	保育土壤				固碳释氧		林木积累营养物质			净化大气环境							森林防护 (吨/年)
		固土 (10^4吨/年)	固氮 (10^2吨/年)	固磷 (10^2吨/年)	固钾 (10^2吨/年)	固碳 (10^4吨/年)	释氧 (10^4吨/年)	氮 (10^2吨/年)	磷 (10^2吨/年)	钾 (10^2吨/年)	提供负离子 (10^{24}个/年)	吸收二氧化硫 (10^4千克/年)	吸收氟化物 (10^4千克/年)	吸收氮氧化物 (10^4千克/年)	滞纳TSP (吨/年)	滞纳$PM_{2.5}$ (吨/年)	滞纳PM_{10} (吨/年)	
中心城区	732.62	12.64	1.22	0.36	17.49	1.94	4.61	0.92	2.22	4.04	0.19	38.23	3.27	2.47	341.67	13.82	56.62	0.00
闵行区	1184.08	20.87	1.89	0.59	28.46	3.14	7.49	1.50	3.84	6.87	0.32	60.16	5.87	4.06	433.75	17.32	68.91	8.69
宝山区	973.93	16.22	1.65	0.47	23.08	3.41	8.41	1.70	3.90	7.38	0.24	47.64	4.53	3.19	428.08	16.62	66.29	225.98
嘉定区	1232.62	21.24	2.06	0.62	29.82	4.00	9.77	1.96	4.60	8.67	0.30	62.83	6.09	4.17	580.88	20.83	83.25	136.82
浦东新区	3687.27	61.35	5.78	1.76	83.84	9.60	22.96	4.63	11.18	20.45	0.71	166.26	15.21	12.02	1370.55	50.53	205.72	192.38
金山区	1456.15	23.25	2.18	0.69	31.61	3.45	8.21	1.51	3.42	6.83	0.26	62.54	5.42	4.54	346.51	12.65	49.36	90.07
松江区	1798.70	31.10	3.04	0.92	43.65	5.79	14.10	2.81	6.59	12.39	0.40	92.50	8.62	6.14	885.50	31.91	128.96	53.91
青浦区	1689.92	29.52	2.69	0.85	40.34	4.46	10.63	2.14	5.17	9.49	0.40	84.84	8.02	5.78	570.19	21.47	87.19	41.68
奉贤区	1761.81	30.00	2.81	0.87	40.96	4.57	10.89	2.14	5.28	9.63	0.32	81.51	7.36	5.88	447.09	19.78	79.01	829.59
崇明区	5105.15	82.72	8.18	2.47	116.21	15.77	38.32	7.79	16.23	32.70	1.00	234.74	21.30	16.53	1196.17	47.21	191.39	1359.62
合计	19622.25	328.91	31.50	9.60	455.46	56.13	135.39	27.10	62.43	118.46	4.14	931.25	85.69	64.78	6600.39	252.13	1016.70	2938.74

表 3-3 上海市各区森林生态系统服务功能物质量评估结果（2016 年）

各区	调节水量 (10^4立方米/年)	保育土壤				固碳释氧		林木积累营养物质			净化大气环境							森林防护 (吨/年)
		固土 (10^4吨/年)	固氮 (10^2吨/年)	固磷 (10^2吨/年)	固钾 (10^2吨/年)	固碳 (10^4吨/年)	释氧 (10^4吨/年)	氮 (10^2吨/年)	磷 (10^2吨/年)	钾 (10^2吨/年)	提供负离子 (10^{24}个/年)	吸收二氧化硫 (10^4千克/年)	吸收氟化物 (10^4千克/年)	吸收氮氧化物 (10^4千克/年)	滞纳TSP (吨/年)	滞纳$PM_{2.5}$ (吨/年)	滞纳PM_{10} (吨/年)	
中心城区	733.43	12.67	1.32	0.39	18.69	1.98	4.73	0.94	2.27	4.14	0.20	38.41	3.29	2.48	349.46	14.25	58.59	0.00
闵行区	1206.43	21.10	2.09	0.66	31.14	3.21	7.66	1.53	3.88	7.01	0.33	61.32	5.97	4.10	541.13	17.62	74.17	19.02
宝山区	1004.69	16.69	1.78	0.51	24.77	3.56	8.80	1.78	4.06	7.73	0.25	49.63	4.72	3.29	481.68	17.19	86.92	232.75
嘉定区	1280.81	21.69	2.25	0.68	32.29	4.17	10.20	2.05	4.72	9.00	0.32	64.00	6.20	4.26	587.74	21.49	90.69	133.65
浦东新区	3689.29	61.60	6.08	1.87	88.41	9.90	23.75	4.83	11.37	21.16	0.78	171.12	15.97	12.10	1430.52	51.84	211.55	159.75
金山区	1546.73	24.37	2.41	0.75	34.47	3.87	9.26	1.73	3.79	7.70	0.28	66.49	5.78	4.77	368.91	13.07	54.72	84.40
松江区	1861.00	32.03	3.28	0.99	46.92	6.07	14.79	2.96	6.82	12.96	0.43	95.84	8.98	6.34	898.15	32.90	138.47	50.97
青浦区	1862.63	31.85	3.14	0.97	45.99	5.38	12.97	2.62	6.00	11.39	0.44	93.39	8.82	6.25	603.97	21.92	90.27	41.24
奉贤区	1805.11	30.49	2.99	0.92	43.21	4.75	11.36	2.26	5.41	9.98	0.34	83.56	7.54	5.98	472.52	20.27	84.22	835.96
崇明区	5267.43	85.46	8.49	2.57	121.10	16.53	40.18	8.23	16.40	33.86	1.11	253.44	22.86	17.14	1211.30	48.27	213.87	1064.28
合计	20257.55	337.95	33.83	10.31	486.99	59.42	143.70	28.93	64.72	124.93	4.48	977.20	90.13	66.71	6945.38	258.82	1103.47	2622.02

关系，则蓄积量也可以代表森林质量。由 2015、2016 年上海市森林资源监测成果数据可以得出，2015 年上海市各优势树种（组）按区域划分蓄积量的空间分布为崇明区（22.52%）> 浦东新区（17.22%）> 青浦区（10.76%）> 松江区（10.18%）> 奉贤区（7.76%）> 闵行区（7.12%）> 嘉定区（6.92%）> 宝山区（6.17%）> 金山区（6.05%）> 中心城区（5.31%）；而 2016 年蓄积量的空间分布为崇明区（21.55%）> 浦东新区（17.95%）> 青浦区（11.02%）> 松江区（10.42%）> 奉贤区（7.73%）> 闵行区（7.23%）> 嘉定区（7.00%）> 金山区（6.24%）> 宝山区（6.05%）> 中心城区(4.82%)。崇明区和浦东新区的蓄积量较高，相应的森林生态系统服务功能也较高。有研究表明：生物量的高生长也会带动其他森林生态系统服务项的增强（谢高地，2003）。生态系统的单位面积生态系统功能的大小与该生态系统的生物量有密切关系（谢高地，2003；Feng et al, 2008；吕锡芝，2013；罗明达，2011），一般来说，生物量越大，生态系统功能越强(Fang et al, 2003；刘勇等，2012)。大量研究结果证实了随着森林蓄积量的增长，涵养水源功能逐渐增强的结论，主要表现在林冠截留、枯落物蓄水、土壤层蓄水和土壤入渗等方面的提升（Tekiehaimanot,1991；史晓巍，2007；蒋航，2011；贾忠奎等，2012；张淑敏，2012）。但是，随着林分蓄积量的增长，林冠结构、枯落物厚度和土壤结构将达到一个相对稳定的状态，此时的涵养水源能力应该也处于一个相对稳定的高峰值。史晓巍等（2007）研究了天然林生态系统静态持水能力与林分蓄积量之间的关系，发现静态持水量达到平衡状态时的林分蓄积量处于 241.56~369.95 立方米 / 公顷，此时涵养水源功能也处于一个相对稳定的状态。王威等（2011）研究表明，随着林中各部分生物量的不断积累，尤其是受到枯落物厚度的影响，森林的涵养水源能力会处于一个相对稳定的状态。森林生态系统涵养水源功能较强时，其固土能力也必然较高，其与林分蓄积量也存在较大的关系。丁增发（2005）研究表明，根系的固土能力与林分生物量呈正相关，而且林冠层还能降低雨水对土壤表层的冲刷。谢婉君（2013）在开展的生态公益林水土保持生态效益研究时，将影响水土保持效益的各项因子进行了分配权重值，其中林分蓄积量的权重值最高。陈文惠（2011）也曾得到过类似的研究结果。林分蓄积量的增加即为生物量的增加，根据森林生态系统固碳释氧功能评估公式可以看出，生物量的增加即为植被固碳量的增加。另外，土壤固碳量也是影响森林生态系统固碳量的主要原因，地球陆地生态系统碳库的 70% 左右被封存在土壤中（李丽君，2013）。Post 等（1982）研究表明，在特定的生物、气候带中，随着地上植被的生长，土壤碳库及碳形态将会达到稳定状态。也就是说在地表植被覆盖不发生剧烈变化的情况下，土壤碳库是相对稳定的。随着林龄的增长、蓄积量的增加，森林植被单位面积固碳潜力逐步提升（魏文俊，2014）。

第三，与林龄结构组成有关。森林生态系统服务是在林木生长过程中产生的，林木的高生长也会对生态系统服务带来正面的影响（宋庆丰等，2015）。林木生长的快慢反映在净初级生产力上，影响净初级生产力的因素包括：林分因子、气候因子、土壤因子和地形因子，它们对净初级生产力的贡献率不同，分别为 56.7%、16.5%、2.4% 和 24.4%。同时，林分自身的作用是对净初级生产力的变化影响较大，其中林分年龄最明显（肖兴威，2005），中龄林和近熟林有绝对优势。从2015上海市森林资源监测成果数据中可以看出，崇明区、浦东新区和松江区的中龄林和近熟林面积分别占全市中龄林和近熟林总面积的20.36%、16.15%和10.69%；林分蓄积量比例分别为17.67%、17.06%和10.87%。2016年，崇明区、浦东新区和松江区的中龄林和近熟林面积分别占全市中龄林和近熟林总面积的19.88%、16.65%和10.44%；林分蓄积量比例分别为16.65%、17.61%和11.05%。中龄林和近熟林面积和蓄积量的空间分布格局与生态系统服务的空间分布格局基本一致。有研究表明，林分蓄积量随着林龄的增加而增加（张林等，2005；洪滔等，2008；巨文珍等，2001）。随着时间延伸，幼龄林逐渐向成熟林的方向发展，从而使林分蓄积量得以提高。代杰（2009）研究显示，林分年龄与其单位面积水源涵养效益呈正相关性，随着林分年龄的不断增长，这种效益的增长速度逐渐变缓。王忠利等（2000）研究得出，随着林龄的增长，林冠面积不断增大，则森林覆盖率也不断提高。当土壤侵蚀量接近于零时，森林覆盖率高于95%（李鹏，2003）。研究结果还得出，随着植被的不断生长，其根系逐渐在土壤表层集中，增加了土壤的抗侵蚀能力。但森林生态系统的保育土壤功能不可能随着森林的持续增长和林分蓄积量的逐渐增加而持续增强。唐小燕（2012）研究得出，土壤养分随着地表径流的流失与乔木层及其根、冠生物量呈现幂函数变化曲线的结果，其转折点基本在中龄林和近熟林之间。这主要是因为森林生产力存在最大值现象（王玉辉等，2001），其会随着林龄的增长而降低（Gower et al,1996；Murty和Murtrie, 2000；Song和Woodcock, 2003；杨凤萍，2013），年蓄积生产量/蓄积量与年净第一生产力（NPP）存在函数关系，随着年蓄积生产量/蓄积量的增加，生产力逐渐降低（王玉辉等，2001a、2001b；赵敏，2004）。

第四，与林种结构组成有关。林种结构的组成一定程度上反映了某一区域在林业规划中所承担的林业建设任务。比如，当某一区域分布着大面积的防护林时，这说明这一区域林业建设侧重的是防护功能。当某一特定区域由于地形、地貌等原因，容易发生水土流失时，那么构建的防护林体系一定是水土保持林，主要起到固持水土的功能；当某一特定区域位于大江大河的水源地，或者重要水库的水源地时，那么构建的防护林体系一定是水源涵养林，主要起水源涵养和调洪蓄洪的功能。从2016年上海市森林资源动态监测报告中可以看出，截至2016年年底，全市水源涵养林13579公顷，占全市生态公益林地面积的15.15%，主要分布在崇明区、青浦区、松江区和金山区等地；其中，黄浦江水源涵养林面积达3553公顷，主要分布在松江区、青浦区、金山区和闵行区，黄浦江两岸宜林地段九成以上已植树绿化，为改善黄浦江水质、防治水土流失和保护水源地起到重要作用；全市沿海防护林共4903公顷，占全市生态公益林地面积的5.47%，主要分布在浦东新区、崇明区、奉贤区和金山区，沿海防护林对沿海地区防灾减灾和维护生态平衡有着重要作用；全市风景林3621公顷，占全市生态公益林地面积的4.04%，主要分布在奉贤区、浦东新区和中心城区。中心城区内分布有较多的绿地公园，为密集的城市居民提供着高质量的景观游憩、休闲娱乐服务。所以，由于林种结构的组成不同，导致了上海市森林生态系统服务呈现目前的空间分布格局。

2. 气候因素

在所有的气候因素中，能够对林木生长造成影响的为温度和降雨，因为水热条件限制着林木生长（贺庆棠，1986）。杨金艳和王传宽（2006）研究发现，在湿度和温度均较低时，土壤的呼吸速率会减慢。水热条件通过影响林木生长，进而对森林生态系统服务产生作用。

在一定范围内，温度越高，林木生长越快，其生态系统服务也就越强。原因主要为：一是温度越高，植物的蒸腾速率也就越大，那么体内就会积累更多的养分元素，继而增加生物量的积累；二是温度越高，在充足水分的前提下，蒸腾速率加快，而此时植物叶片气孔处于完全打开的状态，这样就会增强植物的呼吸作用，为光合作用提供充足的二氧化碳（郑炳松等，2000）；三是温度通过控制叶片中淀粉的降解和运转以及糖分与蛋白质之间的转化，进而起到控制叶片光合速率的作用（范爱武等,2004）。2015 年上海市平均气温为 17.1℃（上海市统计局，2016），各区间温差较小。2005~2014 年上海市年均气温最高的地区为中心城区，平均气温大于 17.6℃；最低的地区为崇明区和奉贤区，在 16.8℃以下；闵行区平均气温介于 17.4~17.6℃之间（图 2-2）。上海各区之间地理位置和温度的差异较小，对森林生态系统服务产生的影响也较小。

另外，降雨量与森林生态效益呈正相关关系，主要是由于降雨量作为参数被用于森林涵养水源的计算，与涵养水源生态效益呈正相关；另一方面，降雨量的大小还会影响生物量的高低，进而影响到固碳释氧功能（黄枚等，2006；牛香，2012；国家林业局，2013）。2015 年上海市降水量为 1649.1 毫米（上海市统计局，2016），2005~2014 年上海市年均降水量多集中于中心城区和浦东新区，均在 1250 毫米以上；最低的地区为青浦区和崇明区，均小于 1100 毫米（图 2-3）。由调节水量的评估公式可以看出，降雨量是森林生态系统涵养水源功能一项重要的评估指标。但崇明区年均降水量最低，森林生态系统涵养水源功能最高，这可能与崇明区森林面积较大有关。崇明区的森林面积在涵养水源功能方面所做的贡献远大于降雨量因素。降雨量还与森林滞纳颗粒物的多少有直接关系，降雨量大也就意味着一年之内雨水对植被叶片的洗脱次数增加，由此带来森林滞纳颗粒物功能的增加。

3. 区域性要素

上海市每个区域各有特点，崇明区森林资源覆盖率高，森林植被丰富。此地区林木生长量高，自然植被保护相对较好，生物多样性相对丰富。并且，崇明区作为“生态岛”的建设点，森林生态系统受到的人为影响较少，保存着丰富的森林植被类型，土壤也较为肥沃；而中心城区是上海市经济最活跃的区域，人为活动频繁，林分分布多为面积较小的条块状，生态环境脆弱，净初级生产力很低。所以，由于以上区域因素对林木产生了影响，进而影响到了森林生态系统服务功能。

另外，崇明区和浦东新区森林面积大、蓄积量高，土壤中的有机质含量高，在固持相同土壤量的情况下，能够避免更多的土壤养分流失；并且崇明区和浦东新区的涵养水源能力

也强，减弱了地表径流的形成，减少了对土壤的冲刷。

总的来说，2015、2016年两次评估，上海市森林生态系统服务功能物质量表现为崇明区和浦东新区大于其他各区的空间分布格局，主要是受到了森林资源组成结构和区域性要素的影响。这些原因均是在影响了森林生态系统净生产力作用的前提下，继而影响森林生态系统服务功能的强弱。

第三节　上海市不同优势树种（组）森林生态系统服务功能物质量评估结果

根据2015、2016年上海市森林资源监测成果数据，可知不同优势树种（组）在上海市不同区的分布不同，具体分布状况如表3-4所示。

本研究根据森林生态系统服务评估公式，并基于2015、2016年上海市森林资源监测成果数据，计算了不同优势树种（组）森林生态系统服务功能的物质量。

按照不同优势树种（组）评估的森林生态系统服务功能物质量结果见表3-5和表3-6。不同优势树种（组）间各项森林生态系统服务功能分布格局如图3-63至图3-79所示。从表

表3-4　上海市各区的优势树种（组）的分布状况

区	优势树种（组）
中心城区	樟木林、硬阔类、阔叶混交林、灌木林、软阔类、水杉林、针阔混交林、杉类、竹林、松类
闵行区	樟木林、硬阔类、阔叶混交林、灌木林、果树类、软阔类、水杉林、针阔混交林、杉类、竹林、松类
宝山区	樟木林、硬阔类、阔叶混交林、灌木林、果树类、软阔类、水杉林、针阔混交林、杉类、竹林、松类、针叶混交林
嘉定区	樟木林、硬阔类、阔叶混交林、灌木林、果树类、软阔类、水杉林、针阔混交林、杉类、竹林、松类、针叶混交林
浦东新区	樟木林、硬阔类、阔叶混交林、灌木林、果树类、软阔类、水杉林、针阔混交林、杉类、竹林、松类、针叶混交林
金山区	樟木林、硬阔类、阔叶混交林、灌木林、果树类、软阔类、水杉林、针阔混交林、杉类、竹林、松类、针叶混交林
松江区	樟木林、硬阔类、阔叶混交林、灌木林、果树类、软阔类、水杉林、针阔混交林、杉类、竹林、松类、针叶混交林
青浦区	樟木林、硬阔类、阔叶混交林、灌木林、果树类、软阔类、水杉林、针阔混交林、杉类、竹林、松类、针叶混交林
奉贤区	樟木林、硬阔类、阔叶混交林、灌木林、果树类、软阔类、水杉林、针阔混交林、杉类、竹林、松类、针叶混交林
崇明区	樟木林、硬阔类、阔叶混交林、灌木林、果树类、软阔类、水杉林、针阔混交林、杉类、竹林、松类、针叶混交林

表 3-5　上海市不同优势树种（组）森林生态系统服务功能物质量评估结果（2015 年）

优势树种（组）	调节水量（10^4立方米/年）	保育土壤				固碳释氧		林木积累营养物质			净化大气环境						
		固土(10^4吨/年)	固氮(10^2吨/年)	固磷(10^2吨/年)	固钾(10^2吨/年)	固碳(10^4吨/年)	释氧(10^4吨/年)	氮(10^2吨/年)	磷(10^2吨/年)	钾(10^2吨/年)	提供负离子(10^{24}个/年)	吸收二氧化硫(10^4千克/年)	吸收氟化物(10^4千克/年)	吸收氮氧化物(10^4千克/年)	滞纳TSP(吨/年)	滞纳$PM_{2.5}$(吨/年)	滞纳PM_{10}(吨/年)
松类	311.22	3.26	0.21	0.072	3.59	0.61	1.46	0.40	0.20	0.83	0.075	15.86	1.33	0.81	130.25	4.79	17.81
杉类	290.92	7.71	0.76	0.262	12.10	2.44	5.94	1.62	0.82	3.49	0.153	37.51	3.14	1.91	171.58	6.20	25.04
硬阔类	2416.13	54.52	4.42	1.527	72.84	5.98	13.73	2.73	11.21	16.03	0.577	153.53	17.06	10.39	895.02	37.03	145.85
软阔类	2348.60	23.22	1.88	0.650	31.03	4.08	9.92	1.98	0.72	7.09	0.497	65.40	7.27	4.43	375.87	15.07	60.31
针叶混交林	19.43	0.39	0.05	0.012	0.62	0.03	0.07	0.02	0.03	0.06	0.010	3.03	0.14	0.08	8.33	0.34	1.41
阔叶混交林	2589.13	41.12	5.26	1.275	65.50	16.84	43.26	8.87	19.23	37.55	0.563	123.22	13.69	8.34	863.43	32.65	132.53
针阔混交林	616.10	10.94	1.40	0.339	17.43	2.01	4.73	0.97	2.10	4.45	0.229	58.01	3.76	2.29	273.11	10.05	40.03
竹林	744.28	9.76	1.19	0.478	14.57	2.49	6.25	0.16	0.06	2.95	0.066	23.29	0.79	1.84	179.72	6.85	27.41
果树类	2935.38	39.81	4.06	1.075	51.64	4.60	10.68	2.13	8.72	12.47	0.085	50.80	3.27	7.59	723.16	28.02	113.75
灌木林	3087.77	39.97	4.08	1.079	51.84	3.51	7.70	1.17	0.47	2.52	0.110	96.63	3.28	7.62	891.44	34.01	137.96
樟木林	3757.55	84.79	6.87	2.374	113.28	9.30	21.35	4.25	17.44	24.93	1.301	238.77	26.53	16.16	1797.87	65.36	266.09
水杉林	505.74	13.42	1.33	0.456	21.03	4.24	10.32	2.81	1.43	6.07	0.469	65.20	5.43	3.32	290.61	11.76	48.50
合计	19622.25	328.91	31.50	9.599	455.46	56.13	135.39	27.09	62.43	118.46	4.135	931.25	85.69	64.78	6600.39	252.13	1016.70

表 3-6 上海市不同优势树种（组）森林生态系统服务功能物质量评估结果（2016 年）

优势树种（组）	调节水量（10^4立方米/年）	保育土壤				固碳释氧		林木积累营养物质			净化大气环境						
		固土(10^4吨/年)	固氮（10^2吨/年）	固磷（10^2吨/年）	固钾(10^2吨/年)	固碳（10^4吨/年）	释氧(10^4吨/年)	氮（10^2吨/年）	磷（10^2吨/年）	钾（10^2吨/年）	提供负离子（10^{24}个/年）	吸收二氧化硫（10^4千克/年）	吸收氟化物（10^4千克/年）	吸收氮氧化物（10^4千克/年）	滞纳TSP（吨/年）	滞纳$PM_{2.5}$（吨/年）	滞纳PM_{10}（吨/年）
松类	297.18	3.11	0.20	0.07	3.43	0.58	1.39	0.38	0.19	0.79	0.075	15.15	1.27	0.77	86.00	4.16	17.56
杉类	338.83	8.98	0.89	0.31	14.09	2.84	6.91	1.88	0.96	4.07	0.166	43.68	3.66	2.23	198.29	7.53	32.44
硬阔类	2367.79	53.43	4.33	1.50	71.38	5.86	13.45	2.68	10.99	15.71	0.607	150.46	16.72	10.18	993.53	34.53	147.42
软阔类	2849.75	28.18	2.28	0.79	37.65	4.94	12.04	2.40	0.87	8.60	0.545	79.35	8.82	5.37	501.88	17.49	74.64
针叶混交林	52.46	1.06	0.14	0.03	1.68	0.09	0.19	0.04	0.09	0.16	0.022	8.19	0.37	0.23	17.29	0.65	2.85
阔叶混交林	2921.86	46.40	5.94	1.44	73.91	19.00	48.82	10.01	21.70	42.38	0.674	139.06	15.45	9.41	1057.34	44.00	190.75
针阔混交林	760.74	13.51	1.73	0.42	21.53	2.48	5.84	1.20	2.59	5.49	0.272	71.62	4.64	2.82	298.34	11.75	50.48
竹林	709.44	9.30	1.13	0.46	13.88	2.38	5.95	0.16	0.06	2.81	0.066	22.20	0.75	1.75	158.20	6.26	26.66
果树类	2614.84	35.47	3.62	0.96	46.00	4.10	9.51	1.89	7.77	11.11	0.074	45.25	2.91	6.76	607.76	24.25	102.97
灌木林	3039.92	39.35	4.01	1.06	51.03	3.46	7.58	1.15	0.46	2.49	0.112	95.13	3.23	7.50	823.86	32.10	136.22
樟木林	3791.27	85.55	8.47	2.91	134.23	9.38	21.54	4.29	17.59	25.16	1.390	240.91	26.77	16.31	1872.56	63.65	268.67
水杉林	513.47	13.61	1.09	0.36	18.18	4.31	10.48	2.85	1.45	6.16	0.481	66.20	5.54	3.38	330.33	12.45	52.81
合计	20257.55	337.95	33.83	10.31	486.99	59.42	143.70	28.93	64.72	124.93	4.484	977.20	90.13	66.71	6945.38	258.82	1103.47

3-5、表 3-6 及图 3-63 至图 3-79 可以看出，2015、2016 年上海市各优势树种（组）间森林生态系统服务功能物质量的分配格局呈明显的规律性，且差距较大。

一、涵养水源

2015 年调节水量最高的 3 种优势树种（组）为樟木林、灌木林和果树类，占全市总量的 49.84%；最低的 3 种优势树种（组）为松类、杉类和针叶混交林，仅占 3.17%。2016 年调节水量最高的 3 种优势树种（组）为樟木林、灌木林和阔叶混交林，占全市总量的 48.15%；最低的 3 种优势树种（组）为杉类、松类和针叶混交林，仅占 3.40%（图 3-63）。与 2015 年相比，2016 年各优势树种（组）调节水量增加最多的为软阔类和阔叶混交林，分别增加了 501.15 万立方米、332.73 万立方米，增幅为 21.34%、12.85%；这主要是因为 2016 年全市软阔类和阔叶混交林的林地面积增加量在各优势树种（组）中最多，分别增加了 1574.18 公顷、1786.31 公顷，增幅为 21.34%、12.85%。而 2016 年果树类的林地面积减少量在各优势树种（组）中最多，达 1381.98 公顷，这可能导致了果树类调节水量的贡献大大减少。从 2016 年上海市森林资源监测成果数据中可以看出，樟木林、灌木林和阔叶混交林大部分分布在浦东新区、崇明区、青浦区和松江区，占全市以上优势树种（组）资源面积的 54.23%，且占以上这 4 个区所有优势树种（组）总面积的 43.64%。同时，以上 3 个优势树种（组）调节水量相当于 2015 年全市水资源总量（67.00 亿立方米）的 1.46%，这表明樟木林、灌木林和阔叶混交林的涵养水源功能对于上海市水源资源安全起着非常重要的作用。浦东

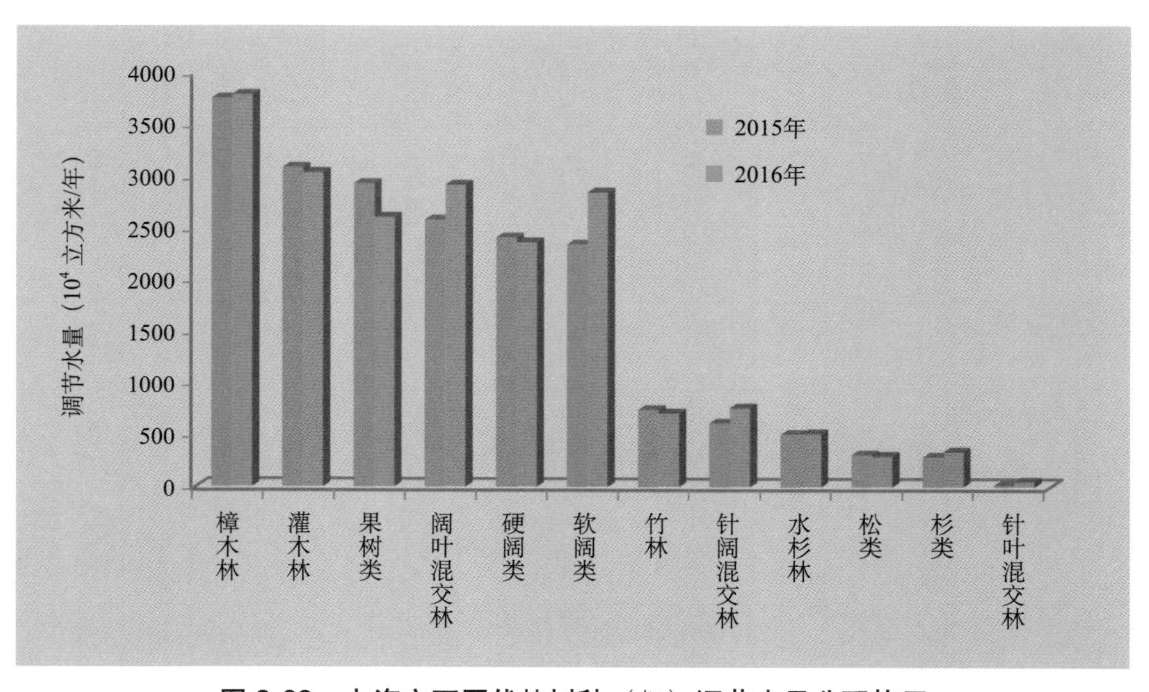

图 3-63　上海市不同优势树种（组）调节水量分配格局

新区和崇明区位于长江入海口，青浦区内有以淀山湖为代表的湖泊群，松江区又处在黄浦江上游。上海市许多重要的湿地、自然保护区和国家森林公园也处于以上 4 个区域，湿地资源总量占全市湿地资源总量的 92.66%（上海湿地，2014），对上海市具有重要的水源涵养价值。森林生态系统的涵养水源功能可以保障水库和湿地的水资源供给，为人们的生产生活安全提供一道绿色屏障。

二、保育土壤

2015、2016 年固土量最高的 3 种优势树种（组）均为樟木林、硬阔类和阔叶混交林，分别占全市总量的 54.86%、54.85%；最低的 3 种优势树种（组）均为杉类、松类和针叶混交林，仅占 3.45%、3.89%（图 3-64）。与 2015 年相比，2016 年固土量增加最多的为阔叶混交林和软阔类，分别增加了 5.28 万吨、4.96 万吨，增幅为 12.84%、21.36%。从 2015、2016 年上海市森林资源监测成果数据中可以看出，樟木林、硬阔类和阔叶混交林主要分布在崇明区和浦东新区。土壤侵蚀与水土流失现在已成为人们共同关注的生态环境问题，一方面不仅导致表层土壤随地表径流流失，切割蚕食地表，径流携带的泥沙又会淤积阻塞江河湖泊，抬高河床，增加洪涝隐患。因此，樟木林、硬阔类和阔叶混交林固土功能的作用体现在防治上海长江入海口水土流失方面，也为生态效益科学化补偿提供了技术支撑。另外，樟木林、硬阔类和阔叶混交林的固土功能还最大限度提高了水库的使用寿命，保障了上海地区的用水安全。

2015、2016 年保肥量最高的 3 种优势树种（组）为樟木林、硬阔类和阔叶混交林，分

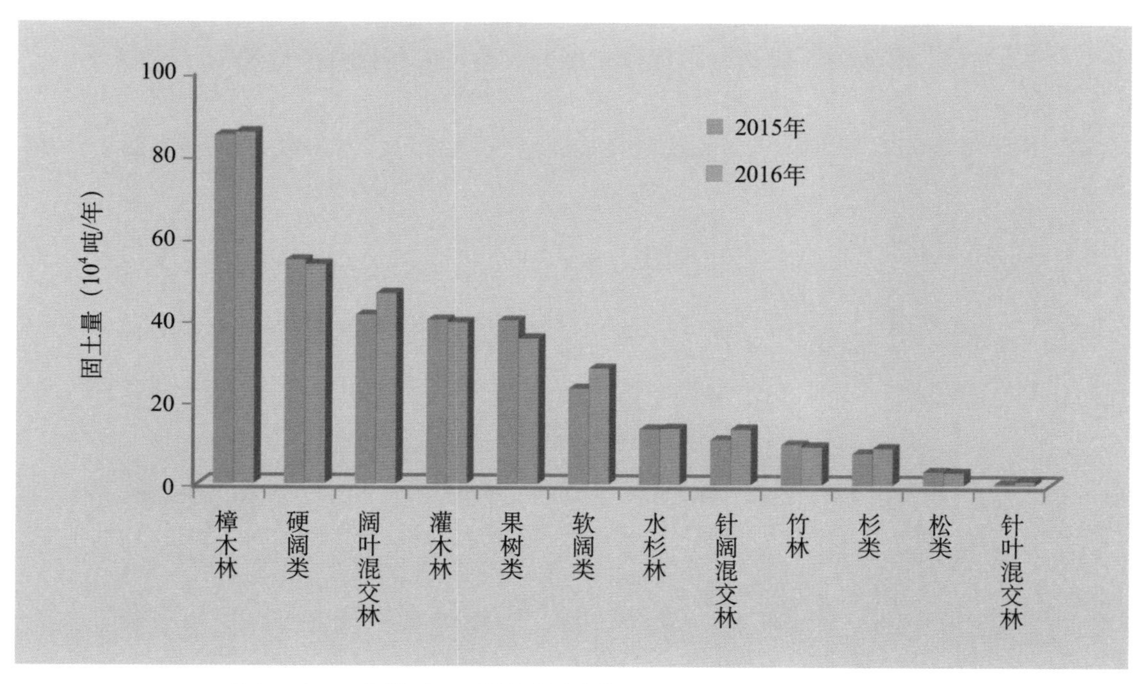

图 3-64　上海市不同优势树种（组）固土量分配格局

别占全市总量的55.04%、57.26%；最低的3种优势树种（组）为杉类、松类和针叶混交林，仅占的3.56%、3.92%（图3-65至图3-67）。与2015年相比，2016年保肥量增加最多的为樟木林和阔叶混交林，分别增加了2309吨、926吨，增幅为18.84%、12.85%。伴随着土壤的侵蚀，大量的土壤养分也随之被带走，一旦进入水库或者湿地，极有可能引发水体的富营养化，导致更为严重的生态灾难。同时，由于土壤侵蚀所带来的土壤贫瘠化，会使人们加大肥料使用量，继而带来严重的面源污染，使其进入一种恶性循环。所以，森林生态系统的保育土壤功能对于保障生态环境安全具有非常重要的作用。综合来看，在上海市所有优势树种（组）中，樟木林、硬阔类和阔叶混交林的保育土壤作用最大。

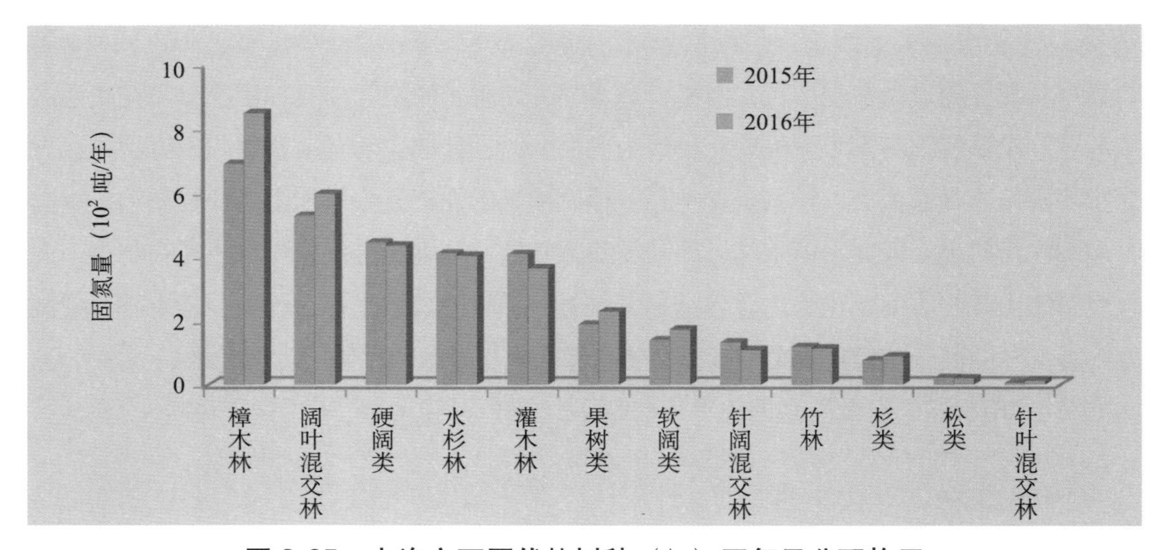

图3-65 上海市不同优势树种（组）固氮量分配格局

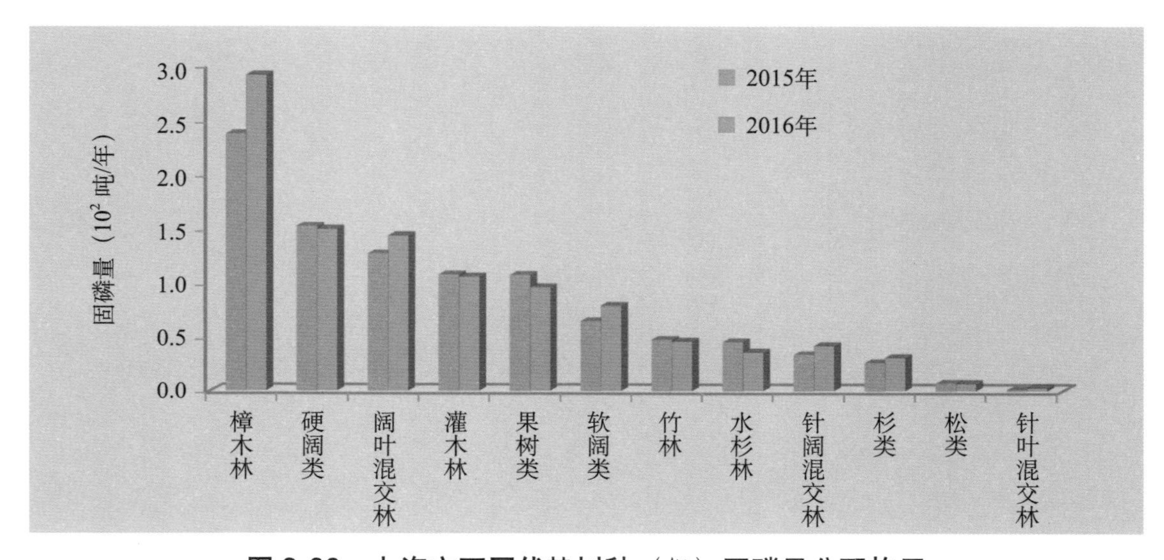

图3-66 上海市不同优势树种（组）固磷量分配格局

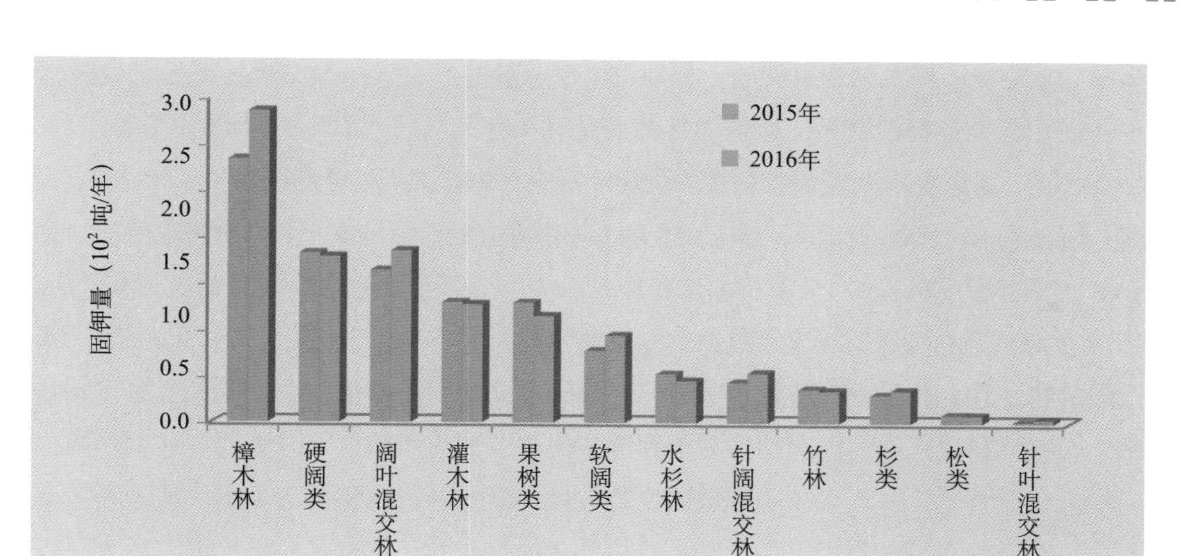

图 3-67 上海市不同优势树种（组）固钾量分配格局

三、固碳释氧

2015、2016 年固碳量最高的 3 种优势树种（组）为阔叶混交林、樟木林和硬阔类，分别占全市总量的 57.21%、57.62%；2015 年固碳量最低的 3 种优势树种（组）为针阔混交林、松类和针叶混交林，仅占 4.73%，而 2016 年最低的 3 种优势树种（组）为竹林、松类和针叶混交林，仅占 5.13%（图 3-68）。与 2015 年相比，2016 年固碳量增加最多的为阔叶混交林和软阔类，分别增加了 2.16 万吨、0.86 万吨，增幅为 12.83%、21.08%，其中，阔叶混交林的固碳增加量占全市固碳增加总量的 67%。2015、2016 年释氧量最高的 3 种优势树种（组）

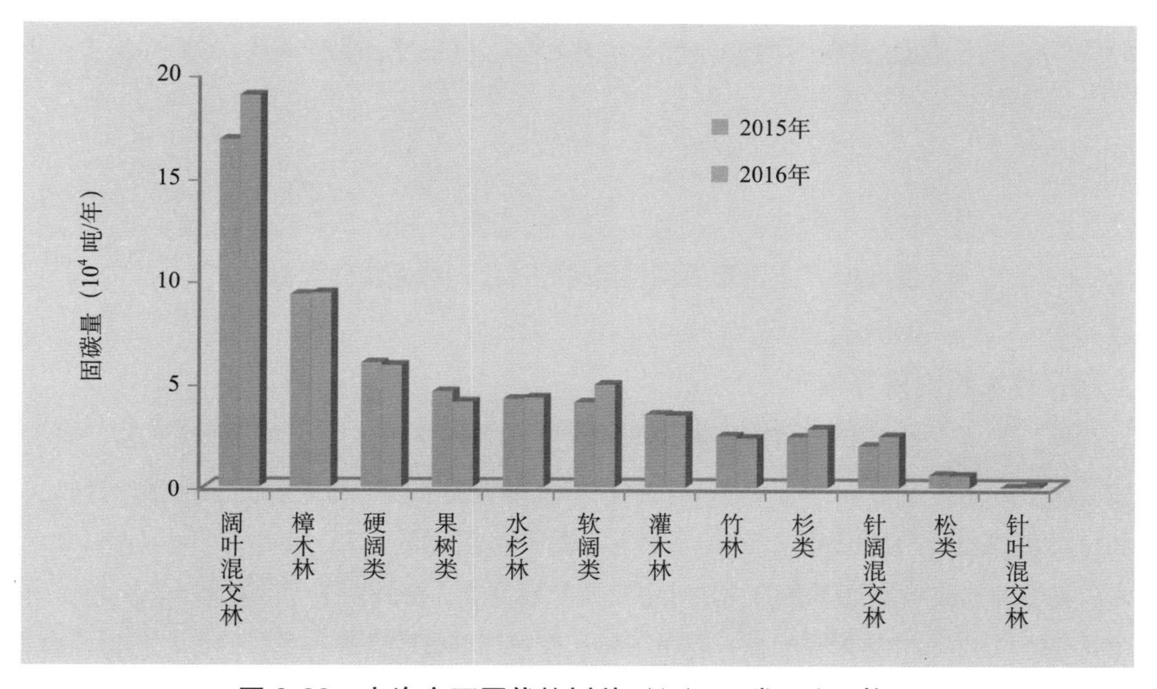

图 3-68 上海市不同优势树种（组）固碳量分配格局

均为阔叶混交林、樟木林和硬阔类，分别占全市总量的 57.86%、58.32%；最低的 3 种优势树种（组）均为针阔混交林、松类和针叶混交林，分别仅占 4.62%、5.16%（图 3-69）。与 2015 年相比，2016 年释氧量增加最多的为阔叶混交林和软阔类，分别增加了 5.56 万吨、2.12 万吨，增幅为 12.85%、21.37%。从 2015 年上海市森林资源监测成果数据中可以看出，全市 41.84% 的阔叶混交林、29.71% 的樟木林和 47.91% 的硬阔类分布在上海市崇明区和浦东新区，2016 年上海市森林资源监测成果数据中此比例分别为 38.97%、30.60%、49.70%，由于其分布区域的特殊性，使以上优势树种（组）在固碳方面的作用显得尤为突出。上海市阔叶混交林、樟木林和硬阔类的固碳功能对于削减空气中二氧化碳浓度十分重要，这可以为上海市内生态效益科学化补偿以及跨区域的生态效益科学化补偿提供基础依据。从研究结果可以看出，在上海市可以利用以上 3 种优势树种（组）作为造林绿化树种，可以最大限度地发挥其固碳功能，有力地调节空气中的二氧化碳浓度。

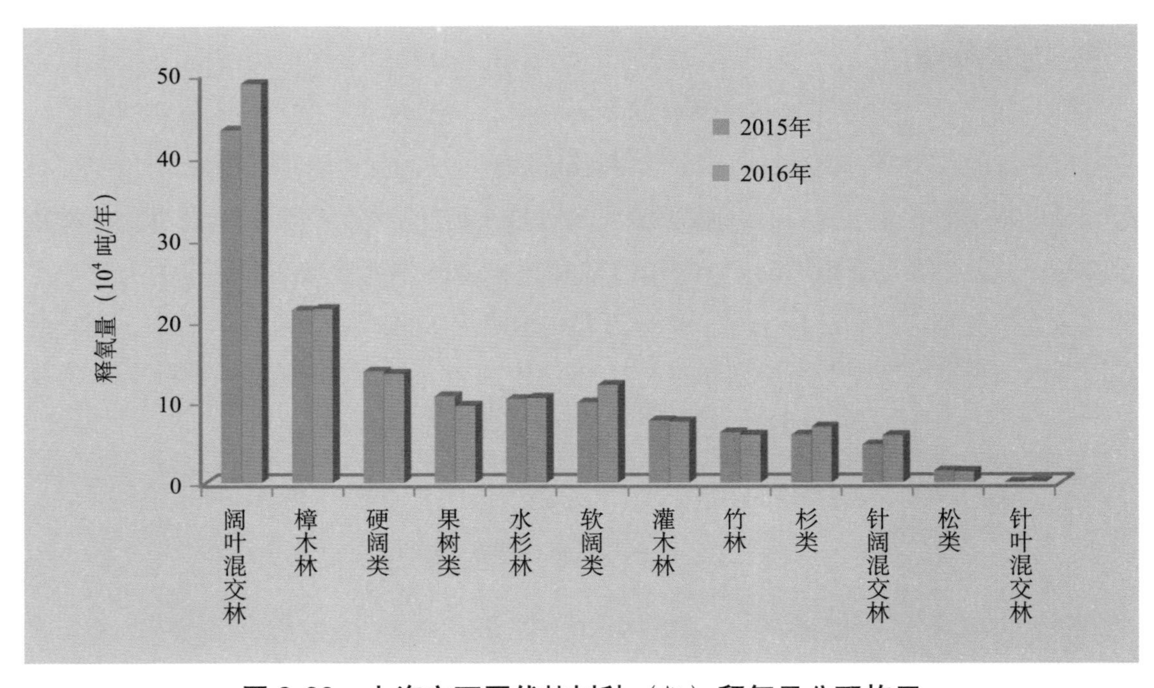

图 3-69 上海市不同优势树种（组）释氧量分配格局

四、林木积累营养物质

2015、2016 年林木积累营养物质最高的 3 种优势树种（组）均为阔叶混交林、樟木林和硬阔类，分别占全市总量的 68.40%、68.86%；最低的 3 种优势树种（组）均为竹林、松类和针叶混交林，分别仅占 2.27%、2.14%（图 3-70 至图 3-72）。与 2015 年相比，2016 年林木积累营养物质增加量最多的为阔叶混交林和软阔类，分别增加了 844 吨、208 吨，增幅为 12.86%、21.25%。林木在生长过程中不断从周围环境吸收营养物质，固定在植物体内中，成为全球生物化学循环不可缺少的环节。林木积累营养物质服务功能受限是维持自身生态

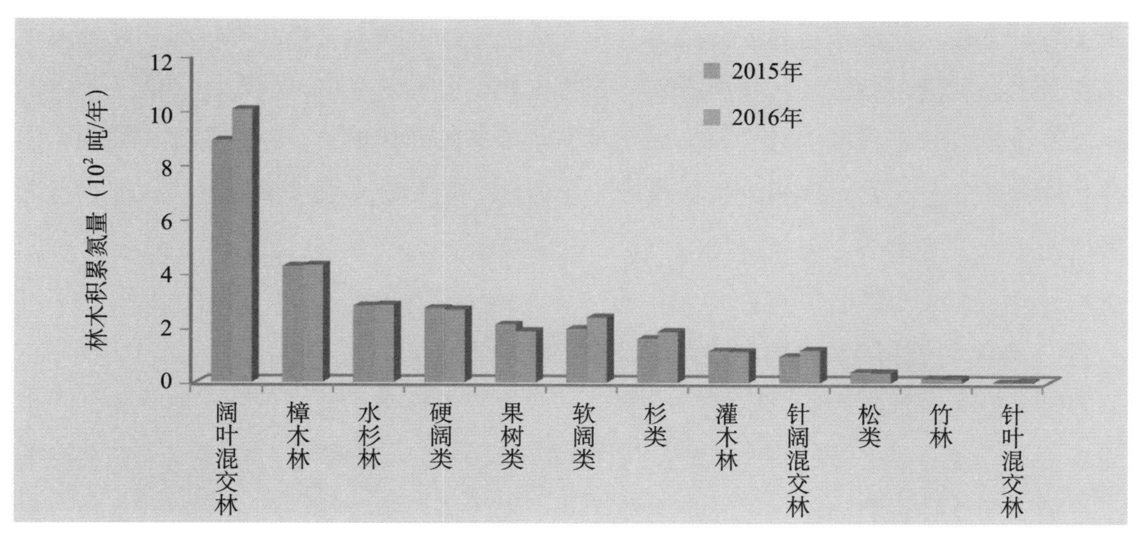

图 3-70 上海市不同优势树种（组）林木积累氮量分配格局

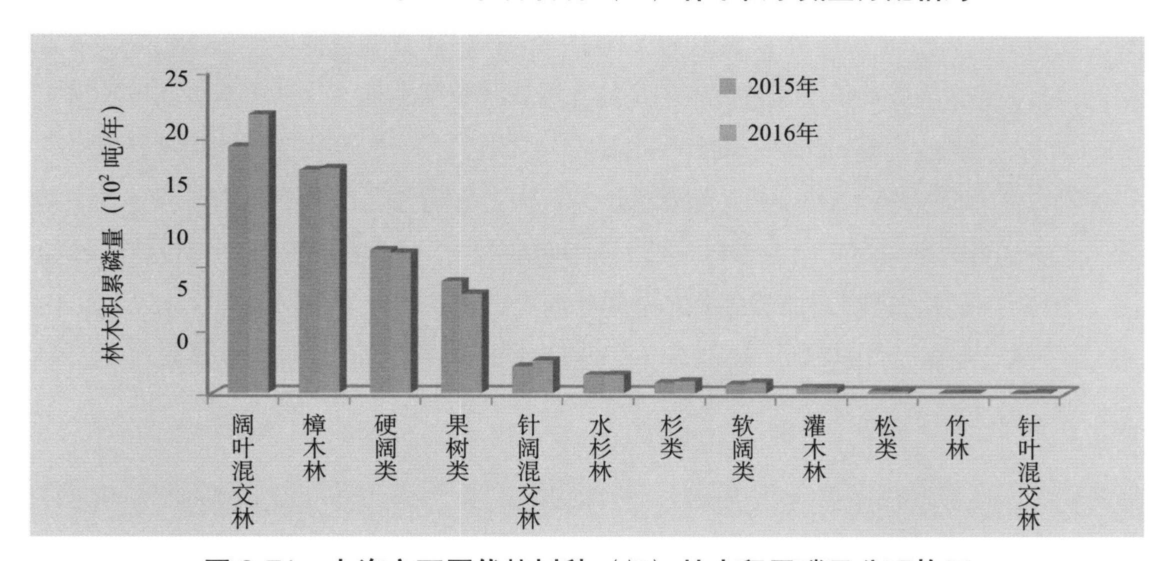

图 3-71 上海市不同优势树种（组）林木积累磷量分配格局

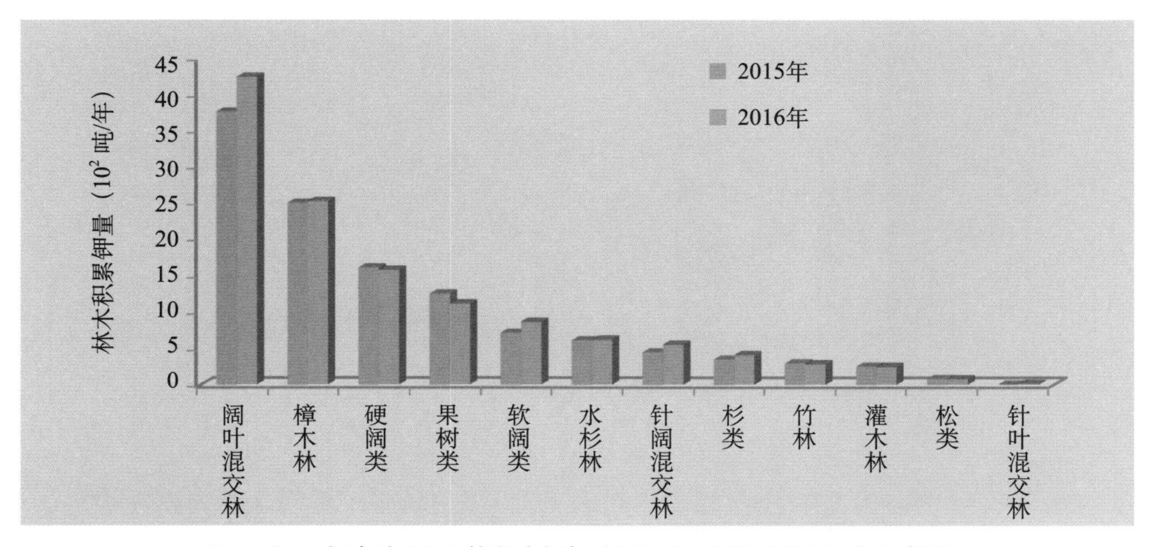

图 3-72 上海市不同优势树种（组）林木积累钾量分配格局

系统的养分平衡，其次才是为人类提供生态系统服务。阔叶混交林、樟木林和硬阔类主要分布在崇明区和浦东新区，从林木积累营养物质的过程可以看出，崇明区和浦东新区的森林生态系统可以一定程度上减少因为水土流失而带来的养分损失，在其生命周期内，使得固定在体内的养分元素再次进入生物地球化学循环，极大地降低水库和湿地水体富营养化的可能性。

五、净化大气环境

森林生态系统能够吸收、阻滤和分解空气中的二氧化碳、氮氧化物、氟化物、粉尘等物质，提供负离子等，有效净化空气，改善大气环境。本研究中，2015、2016 年提供负离子量最高的 3 种优势树种（组）均为樟木林、硬阔类和阔叶混交林，分别占全市总量的 59.03%、59.57%；2015 年提供负离子量最低的 3 种优势树种（组）为松类、竹林和针叶混交林，仅占 3.65%，而 2016 年最低的为果树类、竹林和针叶混交林，仅占 3.61%。与 2015 年相比,2016 年提供负离子增加量最多的是阔叶混交林和樟木林，分别增加了 0.11×10^{24} 个、0.09×10^{24} 个，增幅为 19.72%、6.84%（图 3-73）。2015、2016 年吸收污染物量最高的 3 种优势树种（组）均为樟木林、硬阔类和阔叶混交林，分别占全市总量的 56.18%、55.14%；最低的 3 种优势树种（组）均为竹林、松类和针叶混交林，仅占 4.36%、3.92%。与 2015 年相比，2016 年吸收污染物增加量最多的是阔叶混交林和软阔类，分别增加了 18.67 万千克、16.44 万千克，增幅为 12.85%、21.32%（图 3-74 至图 3-76）。2015 年滞尘量最高的 3 种优

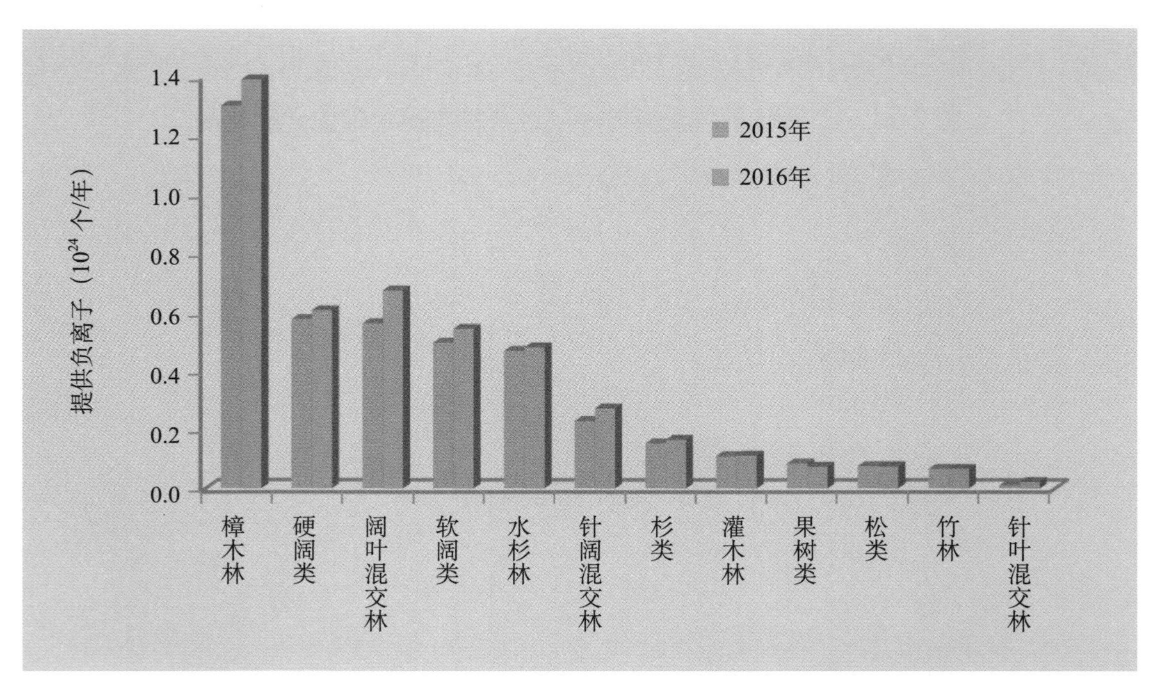

图 3-73 上海市不同优势树种（组）提供负离子量分配格局

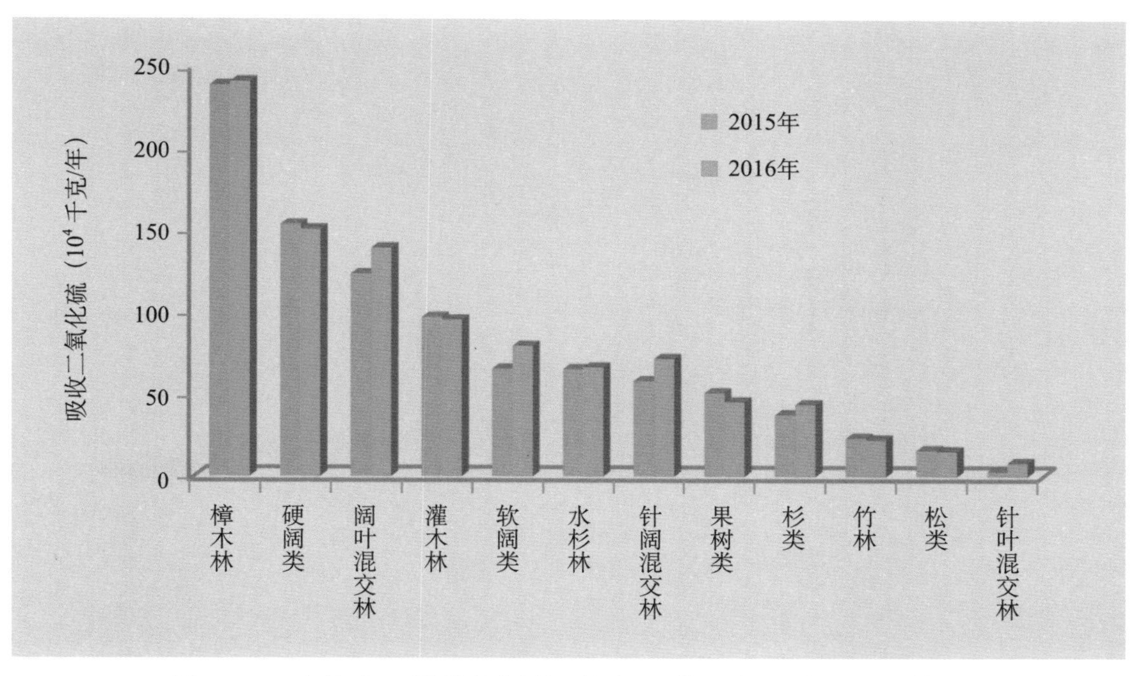

图 3-74　上海市不同优势树种（组）吸收二氧化硫量分配格局

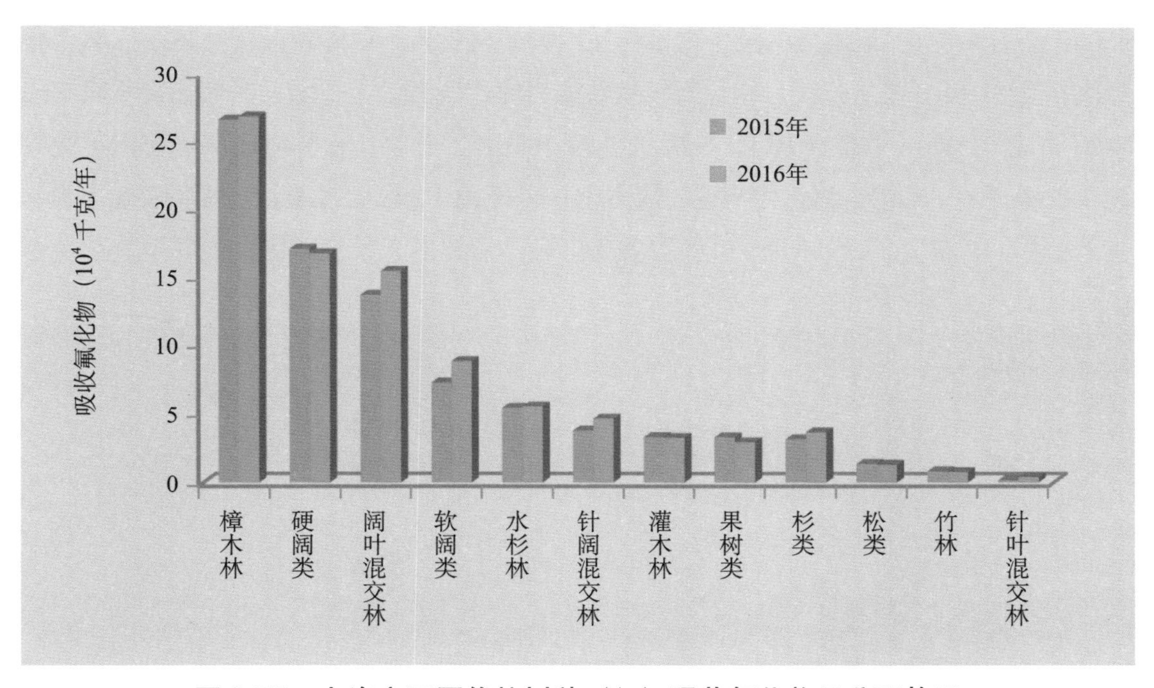

图 3-75　上海市不同优势树种（组）吸收氟化物量分配格局

势树种（组）为樟木林、硬阔类和灌木林，占全市总量的 54.30%；最低的 3 种优势树种（组）为杉类、松类和针叶混交林，仅占全市总量的 4.70%。而 2016 年滞尘量最高的 3 种优势树种（组）为樟木林、阔叶混交林和硬阔类，占全市总量的 55.63%；最低的 3 种优势树种（组）为竹林、松类和针叶混交林，仅占 3.92%，与 2015 年相比，2016 年滞尘增加量最多的是阔叶混交林和软阔类，分别增加了 193.91 万吨、126.01 万吨，增幅为 22.46%、33.52%

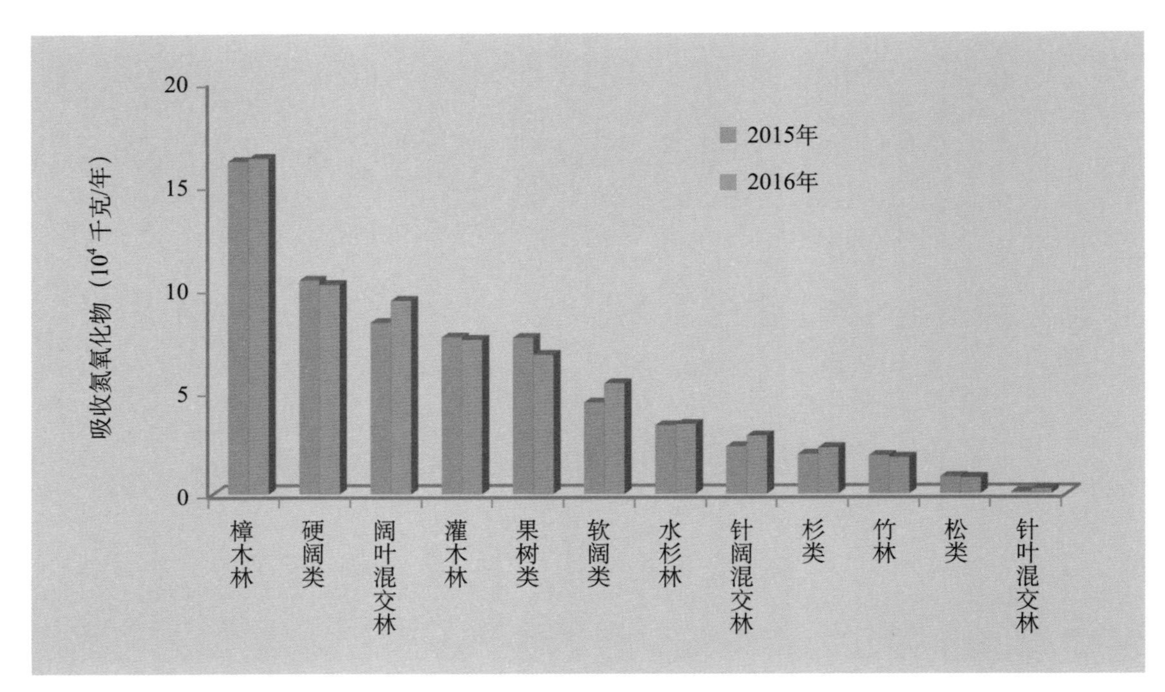

图 3-76 上海市不同优势树种（组）吸收氮氧化物量分配格局

(图 3-77 至图 3-79)。根据《中国生物多样性国情研究报告》(1998)，阔叶树对二氧化硫的年吸收量为 88.65 千克 / 公顷，氟化物年吸收能力为 4.65 千克 / 公顷，氮氧化物年吸收能力为 6.00 千克 / 公顷，年滞尘 10.11 千克 / 公顷；针叶林、杉类、松林对二氧化硫的年吸收能力为 215.60 千克 / 公顷，氟化物年吸收能力为 0.50 千克 / 公顷，氮氧化物年吸收能力为 6.00 千克 / 公顷，年滞尘 33.20 千克 / 公顷。由此可见，森林生态系统净化大气环境效益与营造

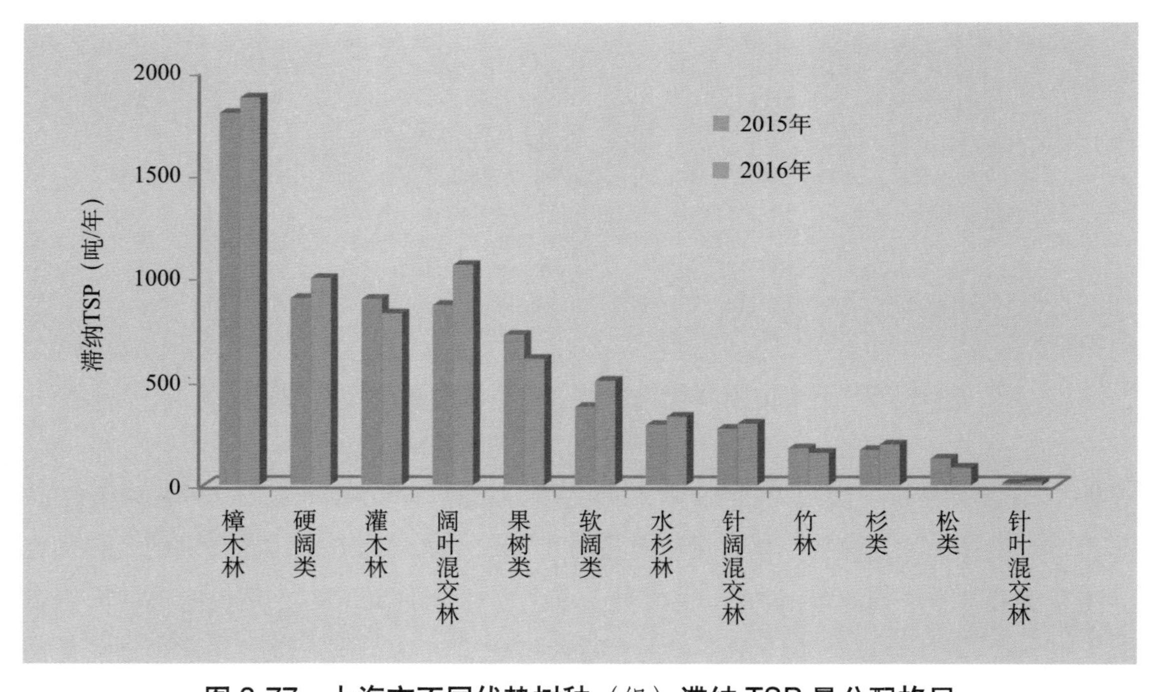

图 3-77 上海市不同优势树种（组）滞纳 TSP 量分配格局

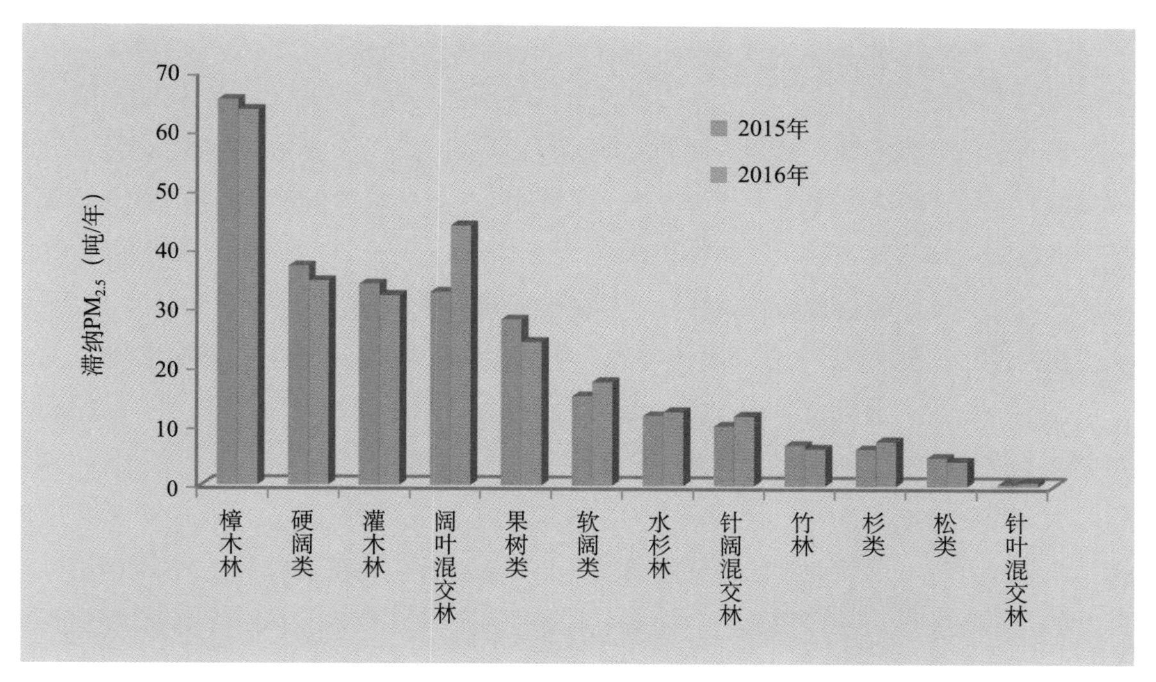

图 3-78　上海市不同优势树种（组）滞纳 $PM_{2.5}$ 分配格局

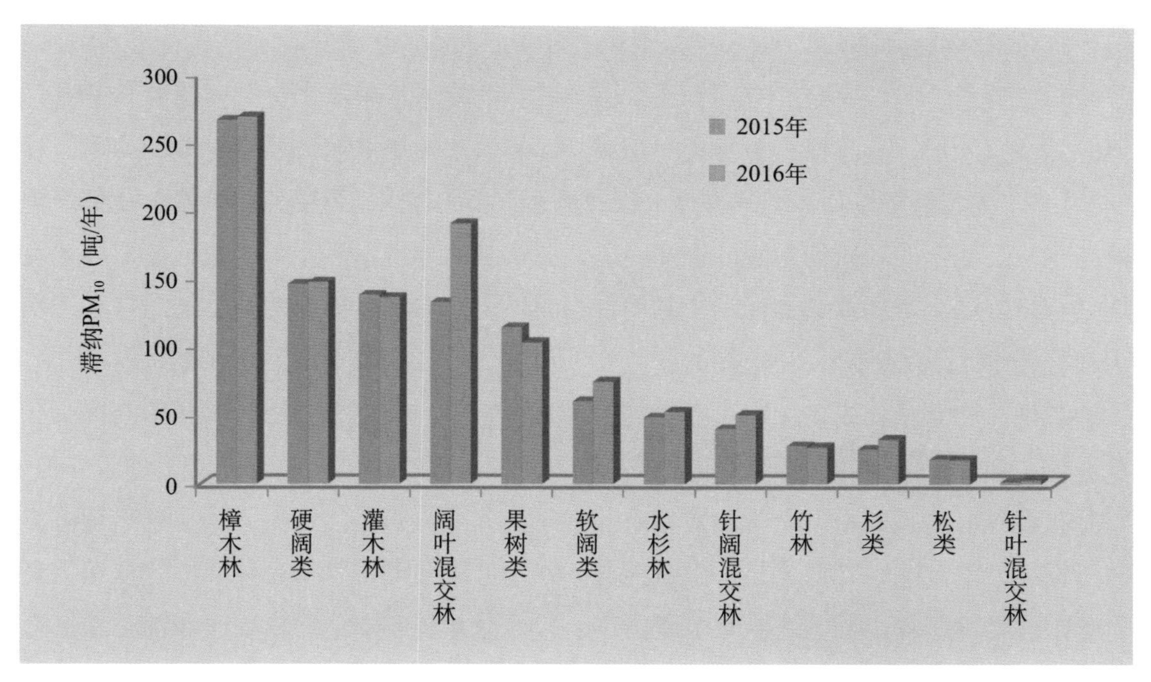

图 3-79　上海市不同优势树种（组）滞纳 PM_{10} 分配格局

树种类型密切相关。上海市针叶混交林和针阔混交林每公顷年吸收二氧化硫、氟化物的能力均优于阔叶林；松类、针阔混交林的年滞尘能力优于硬阔类和软阔类；而不同优势树种（组）间年吸收氮氧化物的能力差异不大。随着森林生态旅游的兴起及人们保健意识的增强，空气负离子作为一种重要的森林旅游资源已越来越受到人们的重视。樟木林、硬阔类和阔叶混交林生态系统所产生的空气负离子，对于提升上海市旅游区的旅游资源质量具有十分重要的作用。

通过以上结果可以看出，2015、2016 年各优势树种（组）森林生态系统服务功能物质量排序前几位的为樟木林、硬阔类和阔叶混交林，最后几位为松类、针叶混交林。前面章节就得出，2015、2016 年上海森林资源年度监测数据中，各优势树种（组）面积所占比例，排序前 3 位的同样为樟木林、硬阔类和阔叶混交林，而排序后 2 位的亦为松类和针叶混交林。继而可以得知，各优势树种（组）森林生态系统服务功能物质量的大小与其面积呈紧密的正相关性。一般来讲，上海市乔木林的各项生态系统服务高于果树类和灌木林。

从以上分析可以看出，2015、2016 年各优势树种（组）间的各项森林生态系统服务功能均大体上呈现樟木林、硬阔类、阔叶混交林、灌木林和果树类位于前列。王亚萍（2009）在研究上海市城市植被净第一性生产力中发现，不同植被类型的单位面积 NPP 差异明显，表现为常绿针叶林 > 落叶针叶林 > 落叶灌木 > 常绿阔叶林 > 落叶阔叶林 > 常绿针叶林 > 落叶针叶林 > 常绿灌丛 > 落叶灌丛 > 竹灌丛；常绿阔叶林和落叶阔叶林对上海城市植被全年 NPP 的贡献最多，二者占 78.4%。董秀凯等（2003）在吉林露水河林业局森林生态系统服务研究中发现，阔叶林的水源涵养功能高于针叶树种，这与本评估得出的结果相一致。主要是因为阔叶林林分枝叶稠密，叶面相对粗糙，叶片斜向上、叶质坚挺，能截持较多的水分，且叶片含水量低，吸持水分的空间较大，因为林分的持水率很高。另外，阔叶林下有一层较厚的枯枝落叶层，具有保护土壤免受雨滴冲击和增加土壤腐殖质及有机质的作用（赖日文，2014）。凋落物层在森林涵养水源中起着极其重要的作用，既能截持降水，使地表免受雨滴冲击，又能阻滞径流和地表冲刷。同时，凋落物的分解形成土壤腐殖，能显著地改善土壤结构，提高土壤的渗透性能。王勤等（2003）研究发现，针叶林凋落物的持水率明显低于阔叶林和针阔混交林。

通过两年的评估发现，上海市各优势树种（组）中，樟木林、硬阔类和阔叶混交林的各项森林生态系统服务功能基本上强于其他优势树种（组），以上均为本区域的地带性植被，且与分布面积有直接关系。上海市属于中亚热带向北亚热带过渡区域，为北亚热带海洋性季风气候，四季分明，日照充足，雨量充沛。春季温暖湿润，夏季炎热多雨，秋季天高气爽，冬季较寒冷干燥少雨雪，全年雨量适中，季节分配比较均匀。崇明区和浦东新区森林面积较大，林分蓄积量高，生物多样性高；以上 3 种优势树种（组）38% 左右的资源面积分布在崇明区和浦东新区，这两个区域的森林资源状况，保证了其森林生态系统服务功能的正常发挥。从 2016 年上海市森林资源监测成果数据中可以得出，樟木林、硬阔类和阔叶混交林的面积占全市所有优势树种（组）总面积的 53.81%，蓄积量所占比例 64.21%。由以上数据可以看出，樟木林、硬阔类和阔叶混交林的森林资源面积占据了上海市森林资源的一半以上，所以其森林生态系统服务功能较强。另外，由其面积和蓄积量所占比例还可以看出，此 3 个优势树种（组）的林分质量基本强于其他优势树种（组），这也是其森林生态系

统服务功能较强的主要原因。

关于林龄结构对于生态系统服务的影响，从上海市森林资源监测成果数据中可以得出，上海市幼龄林和中龄林的面积所占比重最大，达 85.66%（2015）、85.34%（2016），蓄积量也最大，达 68.43%（2015）、69.39%（2016）。樟木林、硬阔类和阔叶混交林的幼龄林和中龄林的面积占全市森林总面积的比重为 58.53%（2015）、57.81%（2016）。中龄林和幼龄林处于快速成长期，在适宜的生长条件下，相对于成熟林或过熟林，具有更高的固碳速率。由此可以说明，以上 3 种优势树种（组）正处于林木生长速度最快的阶段，林木的高生长速率带来了较强的森林生态系统服务功能。

同时，樟木林、硬阔类和阔叶混交林 38% 左右的资源面积分布在崇明区和浦东新区。根据相关统计，崇明区和浦东新区拥有自然保护区 3 个，其中 2 个为国家级自然保护区，总面积 124075 公顷，占全市土地总面积的 19.57%（上海绿化市容行业年鉴，2016）；同时拥有 8 个重要湿地区域，其中国家及国际级重要湿地 4 个；两个区域的湿地面积占了全市土地总面积的 51.62%（上海湿地，2014）。这足以说明，崇明区和浦东新区是上海市非常重要的生物基因库，丰富的森林资源和生物多样性使得其提供的森林生态系统服务也更为显著。

本研究中，将森林滞纳 PM_{10}、$PM_{2.5}$ 从滞尘功能中分离出来，进行了独立的评估。从研究结果中可以看出，针叶林吸附与滞纳污染物的能力普遍较强，这使得针叶林净化大气环境能力较强。一般来说，叶片蜡质含量较高的树种，滞尘能力低；叶片表面粗糙的树种，滞尘能力较强（高翔伟等，2016）。本研究中，单位面积滞纳 PM_{10} 和 $PM_{2.5}$ 最高的为松类，松类叶片的比表面积较大，使其吸滞 PM_{10} 和 $PM_{2.5}$ 的能力较强。

本研究得出，乔木林的生态系统服务功能基本高于果树类和灌木林。有研究表明，乔木林的地表被大量的枯落物层覆盖，同时还具有良好的林下植被层和土壤状况，最终使其具有良好的水源涵养能力。乔木林具有较强的涵养水源功能，也就意味着其土壤侵蚀量较低，保育土壤功能也较强。陈雅敏等（2012）统计了 1993~2011 年之间我国发表的大量关于不同植被净初级生产力的文献得出，乔木林的 NPP 远大于灌丛。同时，林木积累营养物质和净化大气环境生态效益的发挥与林分的净初级生产力（林木生命活动强弱）密切相关（吴楚材等，2001；国家林业局，2015）。综上所述，乔木林具有较强的森林生态功能。另外，乔木林具有更加庞大的地下根系系统，大量根系的周转，大大增加了土壤中有机质的含量（康洁，2013）。

综上所述，2015、2016 年上海市各优势树种（组）的森林生态系统服务功能中，以樟木林、硬阔类和阔叶混交林 3 个优势树种（组）最强，这主要是受到了森林资源数量（面积和蓄积量）和林龄结构等因素的影响。另外，其所处地理位置也是影响森林生态系统服务功能的主要因素之一。其次，一般来说，上海市乔木林的各项生态系统服务高于果树类和灌木林，这主要是与其各自的生境及生物学特性有关。

第四章 上海市森林生态系统服务功能价值量评估

第一节 上海市森林生态系统服务功能价值量评估总结果

价值量评估是指从货币价值量的角度对生态系统提供的服务进行定量评估。根据本研究评估指标体系及其计算方法，得出2015、2016年上海市森林生态系统服务功能总价值分别为117.43亿元/年、125.80亿元/年，每公顷森林提供的价值量分别为12.32万元、12.75万元（2015、2016年上海森林资源总面积分别为95284公顷、98687公顷）。2016年森林生态系统服务价值总量比2015年增加了8.37亿元，增幅7.13%。所评估的8项森林生态系统功能价值量及所占比例见表4-1。两年的评估，在8项森林生态系统服务功能价值的贡献之中（图4-1和图4-2），从大到小顺序为：森林游憩、净化大气环境、固碳释氧、涵养水源、生物多样性保护、保育土壤、林木积累营养物质和森林防护。森林游憩、净化大气环境、固碳释氧和涵养水源所占比例均较高，4项功能之和占森林生态系统服务功能总价值的85.69%（2015年）、85.44%（2016年）。上海市各项森林生态系统服务功能价值量所占总价值量的比例能够充分体现出上海城市森林生态系统及其森林资源结构的特点。

表4-1 上海市森林生态系统服务功能价值量评估结果（2015~2016）

年份 \ 功能项		涵养水源	保育土壤	固碳释氧	林木积累营养物质	净化大气环境	森林防护	生物多样性保护	森林游憩	合计
2015	价值量(10^8元/年)	20.29	4.08	23.32	2.14	26.20	0.13	10.46	30.81	117.43
	比例(%)	17.28	3.47	19.86	1.82	22.31	0.11	8.91	26.24	100
2016	价值量(10^8元/年)	21.56	4.44	25.47	2.31	27.72	0.11	11.45	32.74	125.80
	比例(%)	17.14	3.53	20.24	1.84	22.03	0.09	9.10	26.03	100

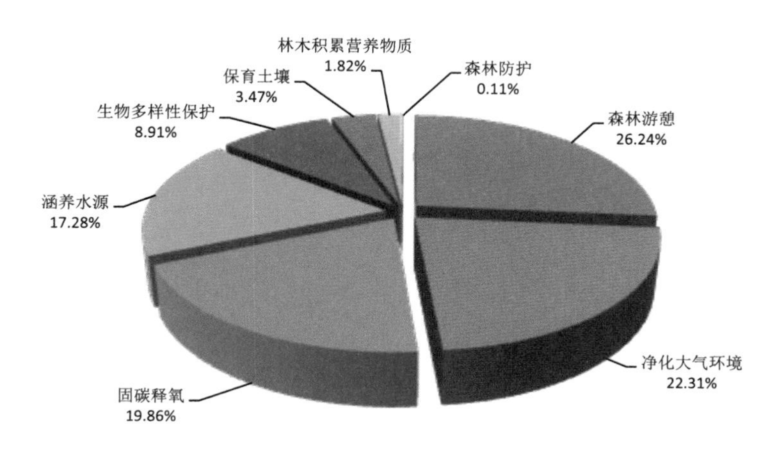

图 4-1 上海市森林生态系统服务各功能项价值量比例（2015 年）

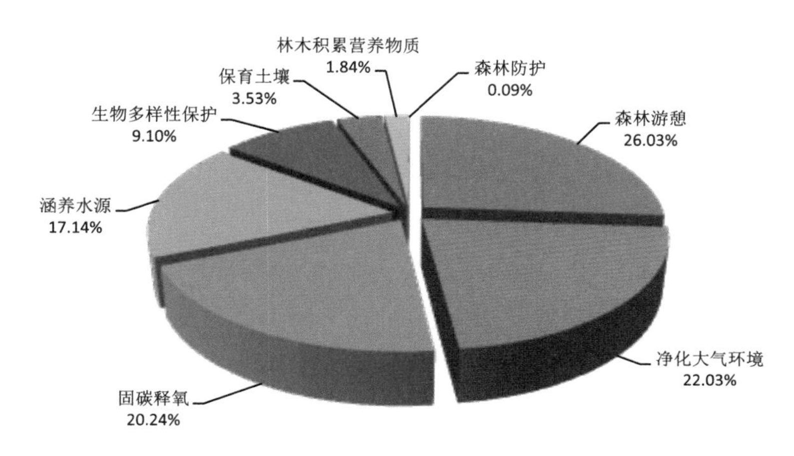

图 4-2 上海市森林生态系统服务各功能项价值量比例（2016 年）

在 2015、2016 年上海市森林生态系统所提供的各项服务功能中，均以森林游憩功能的价值量所占比例最高，超过了 1/5；上海市森林生态系统的森林游憩功能对于促进上海经济的发展和保障人们健康舒适的生活环境起到了非常重要的作用。上海是我国最大的经济商业城市，楼房密布，土地紧缺，人口密度超过 3800 人 / 平方千米。随着人们生活水平的提高，上海居民对游憩活动的要求不断增加，越来越追求更高质量的生活，不仅要求外出旅行、度假等远距离的旅游活动，更希望拥有就近的活动场所，为日常休闲及周末游憩提供服务，城市森林游憩服务功能的重要意义也愈来愈凸现（吴泽民，2006）。近些年，上海大力发展以公园、城市景观绿地、街头开放绿地为主的公共绿化体系，几乎每个街道都建有一座 500 平方米以上的街道公园，大量的森林公园和绿地星罗棋布地分布在城市的各个角落。经统计，2015 年全市拥有城市公园 165 个，公园面积 2407.24 公顷，全年公园游人量 22208.00 万人次（上海绿化市容行业年鉴，2016）。全市范围内拥有国家级森林公园 4 个，大型公园绿地若干；还有规划建设的 21 个郊野公园，总面积约 400 平方千米，已建成并对外开放的郊野公园有5个，极大地丰富和满足了市民对户外运动、休闲游憩的需要。所以，上海市的森林游憩功能价值较为显著。森林游憩功能更贴近于市民生活，给人们带来了巨大的生态效益和经济效益，在上海森林生态系统服务功能价值中体现的最为明显。

其次，净化大气环境功能价值量占全市森林生态系统服务功能总价值量的比例也均超过了1/5；城市森林具有遮阳庇荫、滞尘、吸收空气污染物和缓解城市“热岛”的作用，对净化大气环境和改善城市生态环境具有重要意义。上海森林资源面积虽然不大，破碎化程度又高，但森林生态系统净化大气环境的主体功能却十分明显，这体现出了森林对于城市环境净化而言意义极其重要。也说明了上海的造林工作成效显著，未来还应大力加快城市林业的发展，为城市居民和上海的可持续发展创造更多的生态福祉。

再次，固碳释氧功能价值量占全市森林生态系统服务功能总价值量的比例均在20%左右，且2016年较2015年提高了0.38个百分点。根据2015、2016年上海市森林资源监测成果数据，幼龄林和中龄林的面积较大。幼龄林面积所占比例由53.66%（2015年）降低到51.68%（2016年），蓄积量由34.32%（2015年）降低到33.58%（2016年）；而中龄林面积所占比例由32.00%（2015年）提升到33.66%（2016年），蓄积量由34.11%（2015年）提升到35.81%（2016年）。这表明上海市森林的质量在逐年提升，中、幼龄林的快速生长为上海提供了更多的固碳释氧价值。因为中、幼龄林处于树木快速成长期，在适宜的生长条件下，相对于成熟林或过熟林，具有更长的固碳期，积累的固碳量会更多（国家林业局，2015）。因此，上海市森林生态系统固碳释氧功能潜力较大。

最后，水源涵养功能的价值比重也很高，均17%左右。上海市森林生态系统的水源涵养功能对于维持上海市用水安全起到了非常重要的作用。上海地处长江流域和太湖流域的下游，水网密布、河湖众多，是典型的平原河网地区，境内主要河流有黄浦江、苏州河等；而且又处在长江入海口，具有丰富的水资源。近年来，上海市在黄浦江及其支流、市区镇、各级河道两侧大力实施人工造林，使得上海市森林的涵养水源功能价值量较为显著。

由以上分析可见，森林游憩、净化大气环境、固碳释氧和涵养水源是上海森林生态系统服务功能的主体功能，为上海市的可持续发展提供着巨大的生态价值。

第二节　上海市各区森林生态系统服务功能价值量评估结果

一、上海市各区森林生态系统服务功能价值量结果分析

上海市各区森林生态系统服务功能价值量见表4-2和表4-3。

上海市各区森林生态系统服务功能价值量的空间分布格局如图4-3至图4-50所示。2015、2016年上海市各区森林生态系统服务功能价值量的分布呈现明显的规律性。

表 4-2 上海市各区森林生态系统服务功能价值量评估结果（2015 年）

序号	各区	合计（10^4元/年）	涵养水源（10^4元/年）	保育土壤（10^4元/年）	固碳释氧（10^4元/年）	林木积累营养物质（10^4元/年）	净化大气环境（10^4元/年）								生物多样性保护（10^4元/年）	森林防护（10^4元/年）	森林游憩（10^4元/年）
							功能合计	提供负离子	吸收二氧化硫	吸收氟化物	吸收氮氧化物	滞纳TSP	滞纳$PM_{2.5}$	滞纳PM_{10}			
1	中心城区	234035.07	7575.27	1574.28	7968.26	744.72	14280.37	98.26	152.92	2.26	9.89	14017.04	13854.00	158.97	4121.64	0.00	197770.53
2	浦东新区	220001.92	38126.33	7597.91	39629.40	3757.63	52357.64	372.01	665.05	10.49	48.07	51262.02	50667.69	577.62	20028.85	81.86	58422.30
3	崇明区	215008.82	52787.29	10420.25	65902.74	5790.18	49468.32	559.15	938.94	14.70	66.12	47889.41	47337.70	537.35	27554.53	578.52	2506.99
4	松江区	100377.65	18598.52	3860.95	24235.10	2244.04	32992.80	216.57	369.98	5.95	24.57	32375.73	32002.76	362.10	10239.26	22.94	8184.04
5	奉贤区	79352.64	18217.09	3707.05	18806.53	1764.43	20580.97	166.04	326.03	5.08	23.54	20060.28	19833.20	221.85	9807.92	352.99	6115.66
6	青浦区	75552.75	17473.82	3593.77	18365.13	1738.26	22356.04	209.43	339.35	5.54	23.12	21778.60	21526.85	244.82	9633.68	17.73	2374.32
7	宝山区	74671.86	10070.44	2041.62	14420.09	1337.42	17184.90	125.04	190.57	3.13	12.76	16853.40	16662.09	186.13	5317.58	96.15	24203.66
8	嘉定区	64148.01	12745.25	2623.96	16788.00	1568.43	21568.28	163.30	251.32	4.20	16.70	21132.76	20891.87	233.74	6956.92	58.22	1838.95
9	金山区	55623.41	15056.64	2877.35	14191.27	1192.61	13242.00	139.08	250.18	3.74	18.15	12830.85	12687.98	138.60	7563.22	38.32	1462.00
10	闵行区	55561.11	12243.39	2519.23	12939.12	1265.35	17986.83	163.40	240.64	4.05	16.23	17562.51	17363.82	193.51	3382.06	3.70	5221.43
合计		1174333.25	202894.05	40816.37	233245.64	21403.08	262018.15	2212.28	3724.98	59.14	259.15	255762.60	252827.96	2854.66	104605.66	1250.43	308099.87

表 4-3　上海市各区森林生态系统服务功能价值量评估结果（2016 年）

序号	各区	合计 (10^4元/年)	涵养水源 (10^4元/年)	保育土壤 (10^4元/年)	固碳释氧 (10^4元/年)	林木积累营养物质 (10^4元/年)	净化大气环境								生物多样性保护 (10^4元/年)	森林防护 (10^4元/年)	森林游憩 (10^4元/年)
							功能合计 (10^4元/年)	提供负离子 (10^4元/年)	吸收二氧化硫 (10^4元/年)	吸收氟化物 (10^4元/年)	吸收氮氧化物 (10^4元/年)	滞纳TSP (10^4元/年)	滞纳$PM_{2.5}$ (10^4元/年)	滞纳PM_{10} (10^4元/年)			
1	中心城区	254944.32	7805.46	1707.23	8405.25	785.81	15161.53	106.05	158.12	2.34	10.20	14884.82	14711.24	169.30	4250.10	0.00	216828.94
2	浦东新区	231902.41	39263.09	8105.71	42157.79	3972.11	55320.77	425.86	704.51	11.34	49.80	54129.26	53499.88	611.36	20750.02	69.96	62262.96
3	崇明区	229648.58	56058.35	11102.04	71123.72	6126.16	52210.72	624.45	1043.40	16.23	70.56	50456.08	49823.35	618.07	29398.56	466.10	3162.93
4	松江区	105763.25	19805.58	4229.84	26162.38	2409.04	35034.06	240.78	394.56	6.38	26.09	34366.25	33954.87	400.16	10873.39	22.32	7226.64
5	青浦区	85858.17	19822.89	4166.18	23002.86	2121.16	23548.64	241.49	384.51	6.26	25.79	22890.59	22622.14	260.86	10746.50	18.06	2431.88
6	奉贤区	84415.14	19210.77	3994.66	20176.51	1878.47	21731.32	183.58	344.04	5.35	24.66	21173.69	20924.62	243.39	10275.36	366.11	6781.94
7	宝山区	73119.15	10692.34	2233.87	15528.85	1437.29	18358.09	137.49	204.32	3.36	13.53	17999.39	17742.38	251.18	5638.93	101.93	19127.85
8	嘉定区	68580.80	13630.97	2894.25	18039.26	1668.40	22910.44	177.36	263.50	4.40	17.54	22447.64	22178.21	262.09	7305.95	58.53	2073.00
9	闵行区	62343.07	12839.42	2791.81	13617.97	1322.55	18869.80	185.96	252.45	4.24	16.90	18410.25	18188.96	214.35	7041.38	8.33	5851.81
10	金山区	61462.07	16461.01	3198.01	16449.76	1375.77	14103.70	158.28	273.75	4.11	19.63	13647.93	13485.13	158.14	8177.18	36.96	1659.68
合计		1258036.96	215589.88	44423.60	254664.35	23096.76	277249.07	2481.30	4023.16	64.01	274.70	270405.90	267130.78	3188.90	114457.37	1148.30	327407.63

涵养水源：2015 年涵养水源功能价值量最高的 3 个区为崇明区、浦东新区和松江区，占全市涵养水源总价值量的 53.98%；2016 年最高的 3 个区为崇明区、浦东新区和青浦区，占全市涵养水源总价值量的 53.41%；而两次评估，最低的 3 个区均为闵行区、宝山区和中心城区，分别占 14.73%、14.54%（图 4-3 至图 4-5）。与 2015 年相比，2016 年全市涵养水

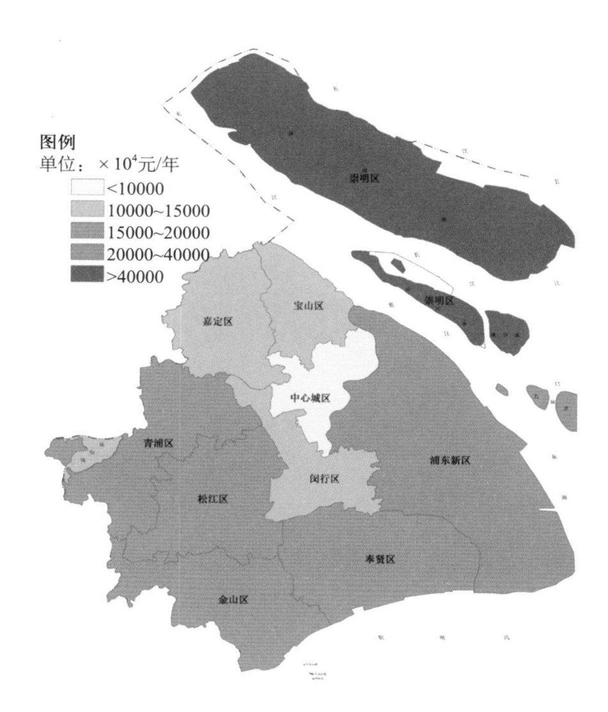

图 4-3 上海市各区森林涵养水源功能价值空间分布（2015 年）

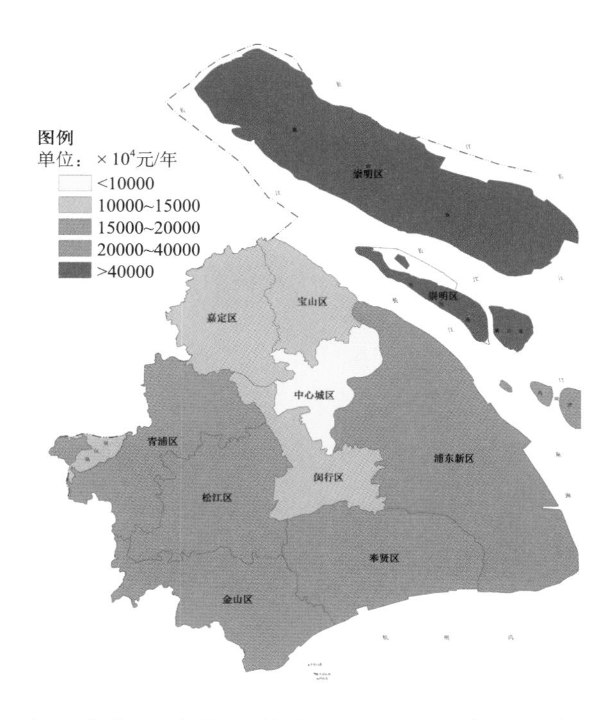

图 4-4 上海市各区森林涵养水源功能价值空间分布（2016 年）

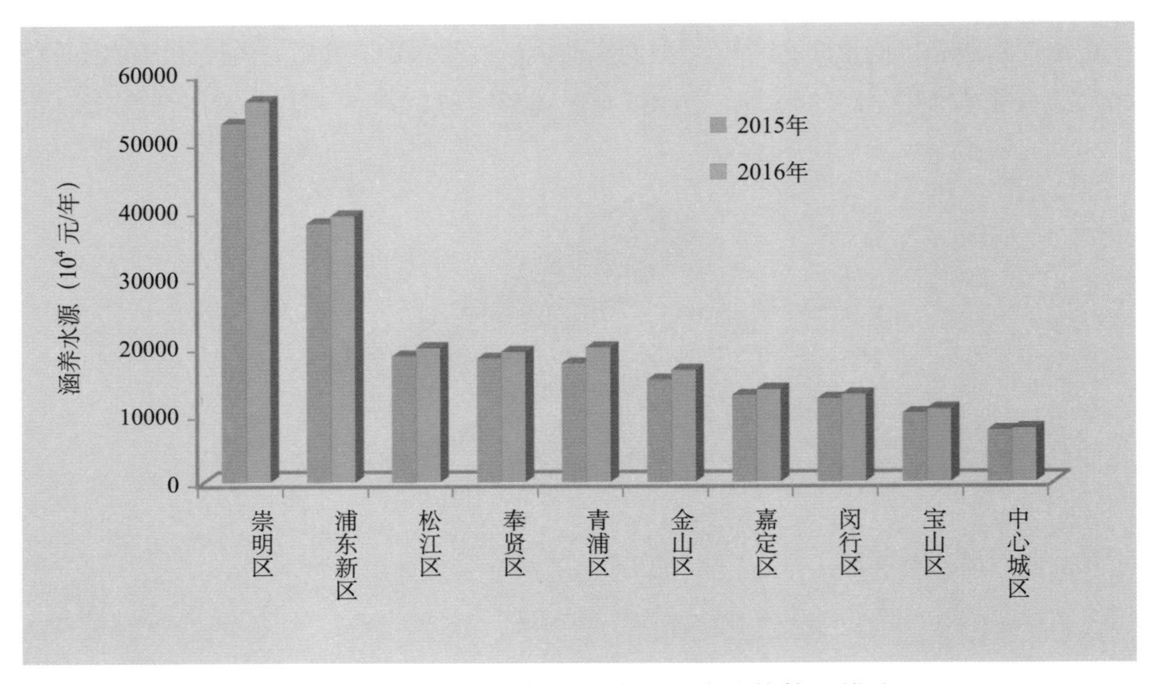

图 4-5　上海市各区森林涵养水源功能价值量排序

源价值增加了 12695.83 万元，增幅 6.26%；其中，增加量最多的为崇明区和青浦区，分别增加了 3271.06 万元、2349.07 万元，增幅为 6.20%、13.44%。一般而言，建设水利设施用以拦截水流、增加贮备是人们采用最多的工程方法，但是建设水利等基础设施存在许多缺点，例如：占用大量的土地，改变了其土地利用方式；水利等基础设施存在使用年限等。所以，森林生态系统就像一个"绿色、安全、永久"的水利设施，只要不遭到破坏，其涵养水源功能是持续增长的，同时还能带来其他方面的生态功能，如防止水土流失、吸收二氧化碳、保护生物多样性等。

保育土壤：2015、2016 年保育土壤功能价值量最高的 3 个区均为崇明区、浦东新区和松江区，分别占全市保育土壤总价值的 53.60%、52.76%；最低的 3 个区为闵行区、宝山区和中心城区，占 15.03%、15.16%（图 4-6 至图 4-8）。与 2015 年相比，2016 年全市保育土壤价值增加了 3607.23 万元，增幅 8.84%；其中，增加量最多的为崇明区和青浦区，分别增加了 681.79 万元、572.41 万元，增幅为 6.54%、15.93%。崇明区、浦东新区和松江区森林生态系统保育土壤功能对于降低上海市水土流失、保障黄浦江流域和沿海地区的生态环境安全具有重要作用。

固碳释氧：2015、2016 年固碳释氧功能价值量最高的 3 个区均为崇明区、浦东新区和松江区，分别占全市固碳释氧总价值量的 55.64%、54.76%；最低的 3 个区为宝山区、闵行

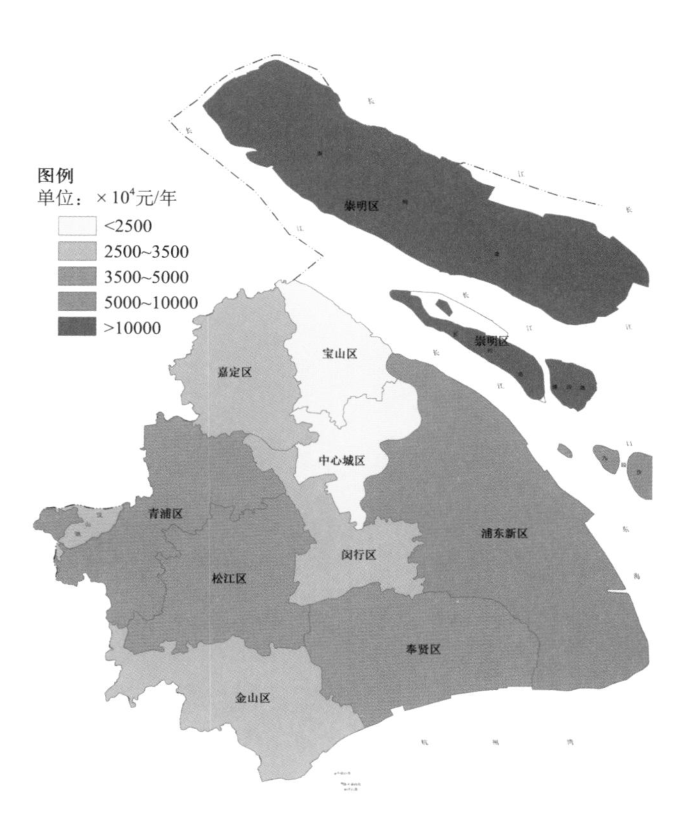

图 4-6　上海市各区森林保育土壤功能价值空间分布（2015 年）

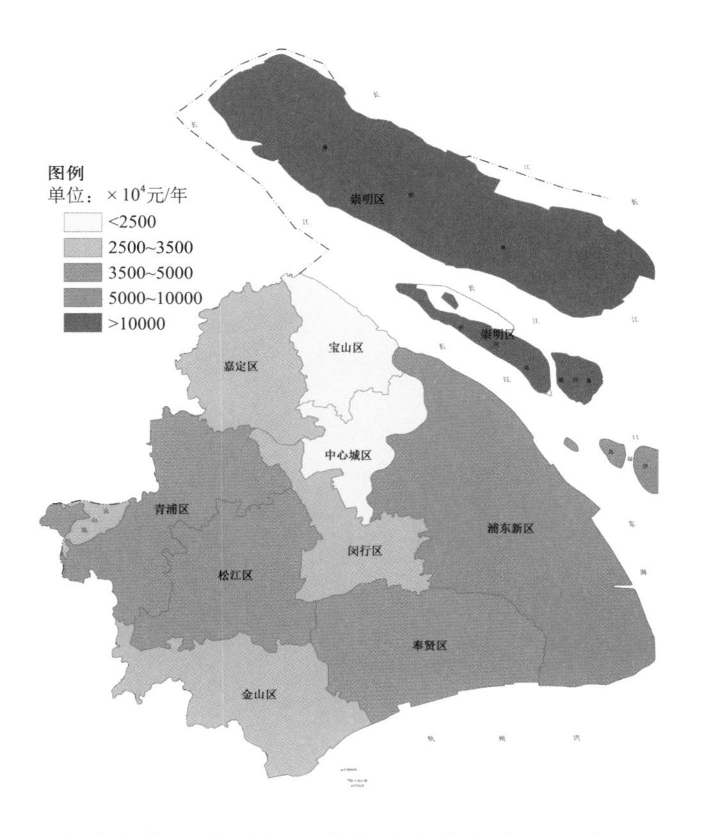

图 4-7　上海市各区森林保育土壤功能价值空间分布（2016 年）

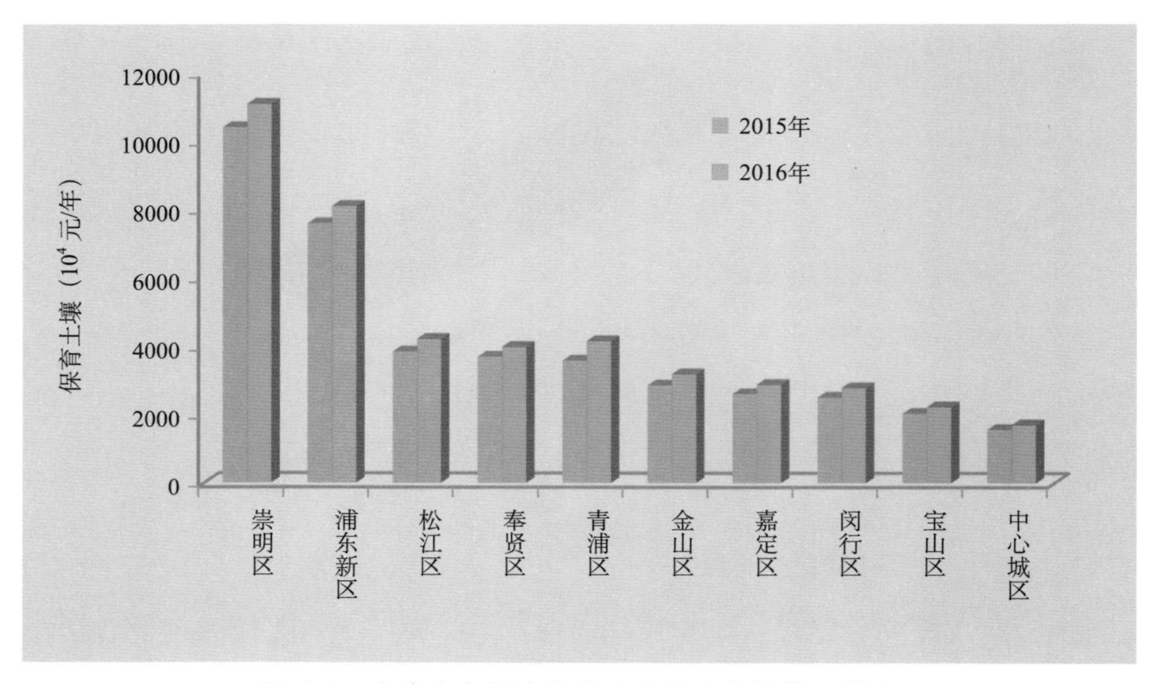

图 4-8　上海市各区森林保育土壤功能价值量排序

区和中心城区，分别占 15.05%、14.75%（图 4-9 至图 4-11）。与 2015 年相比，2016 年全市固碳释氧价值增加了 21418.71 万元，增幅 9.18%；其中，增加量最多的为崇明区和青浦区，分别增加了 5220.98 万元、4637.73 万元，增幅为 7.92%、25.25%。程施（2011）所研究的

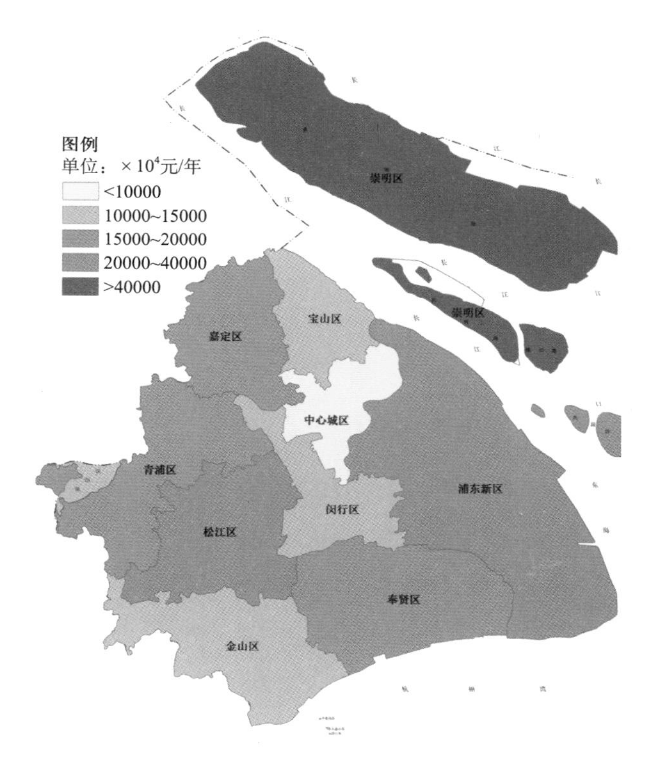

图 4-9　上海市各区森林固碳释氧功能价值空间分布（2015 年）

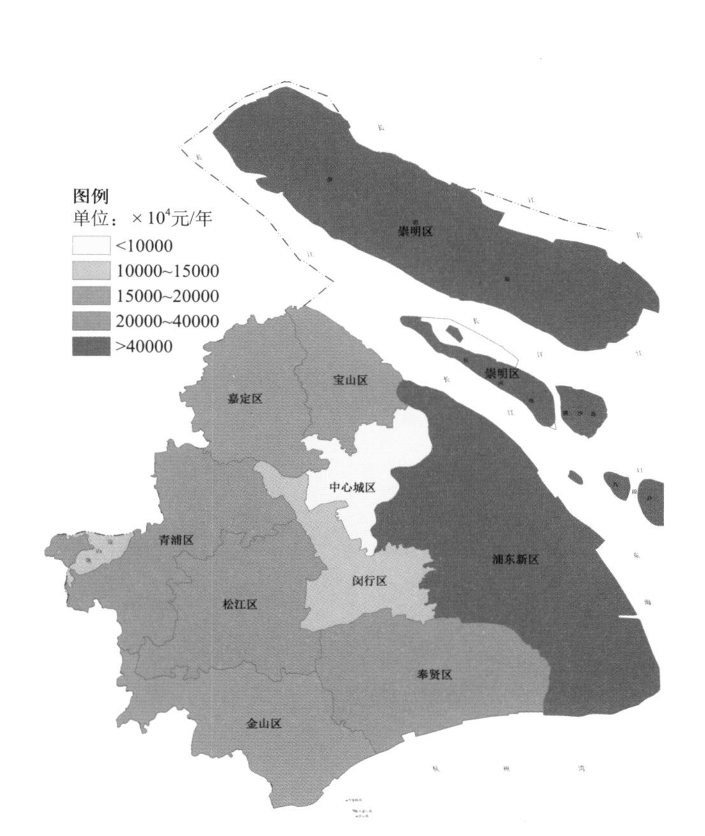

图 4-10 上海市各区森林固碳释氧功能价值空间分布（2016 年）

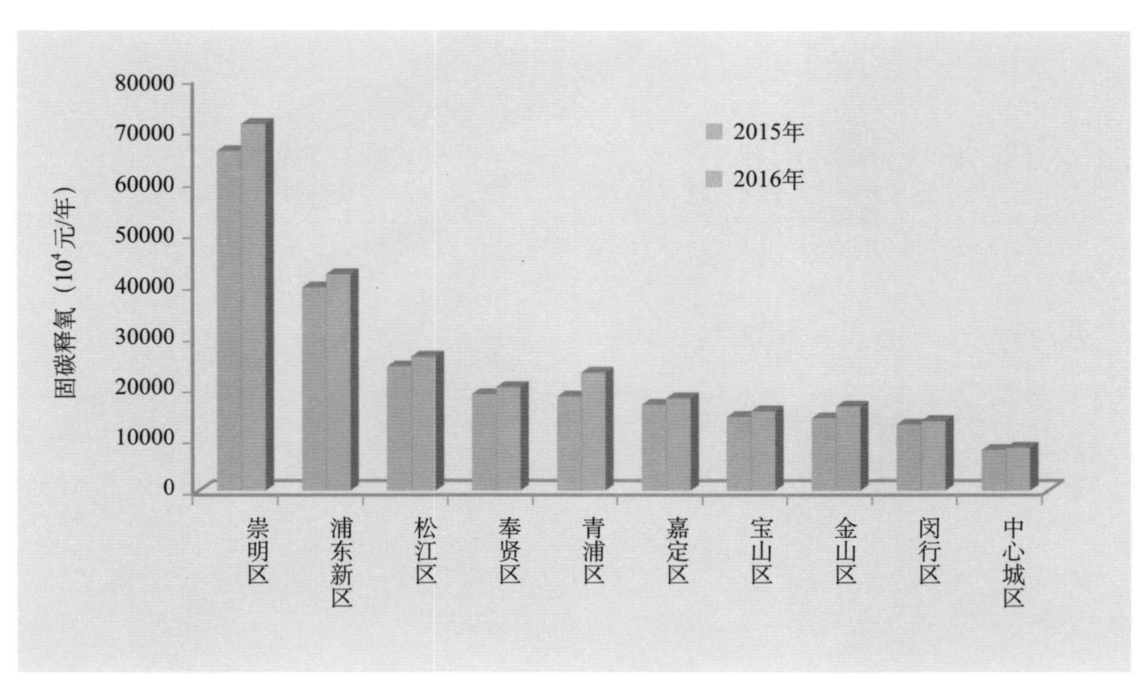

图 4-11 上海市各区森林固碳释氧功能价值量排序

中国工业部门二氧化碳减排成本中得到，2008 年上海市二氧化碳边际减排成本为 56.31 万元 / 吨，则 2015、2016 年崇明区、浦东新区和松江区森林生态系统所固定的二氧化碳（合计为 31.15 万吨）如果需要通过工业减排的方式来实现，那么经计算，其减排费用分别为 1754.06 亿元、3345.94 亿元，接近 2015 年上海市 GDP 总量的 7%、13%。由此可以看出，森林绿色碳库所创造的固碳价值远远大于其投资成本。

林木积累营养物质：2015、2016 年林木积累营养物质功能价值量最高的 3 个区均为崇明区、浦东新区和松江区，分别占全市林木积累营养物质总价值的 55.09%、54.15%；最低的 3 个区为闵行区、金山区和中心城区，分别占 14.96%、15.08%（图 4-12 至图 4-14）。与 2015 年相比，2016 年全市林木积累营养物质价值增加了 1693.69 万元，增幅 7.91%；其中，增加量最多的为青浦区和崇明区，分别增加了 382.90 万元、335.98 万元，增幅为 22.03%、5.80%。林木在生长过程中不断从周围环境吸收营养物质，固定在植物体中，成为全球生物化学循环不可缺少的环节。林木积累营养物质服务功能首先是维持自身生态系统的养分平衡，其次才是为人类提供生态系统服务。林木积累营养物质功能可以使土壤中部分养分元素暂时的保存在植物体内，在之后的生命循环周期内再归还到土壤中，这样可以暂时降低

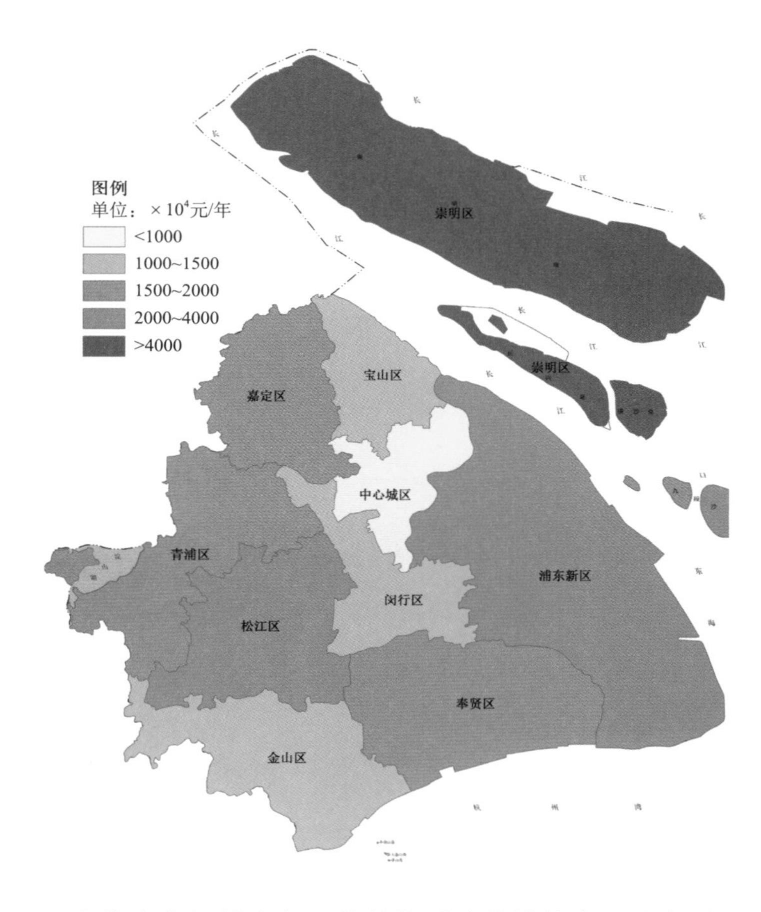

图 4-12　上海市各区林木积累营养物质功能价值空间分布（2015 年）

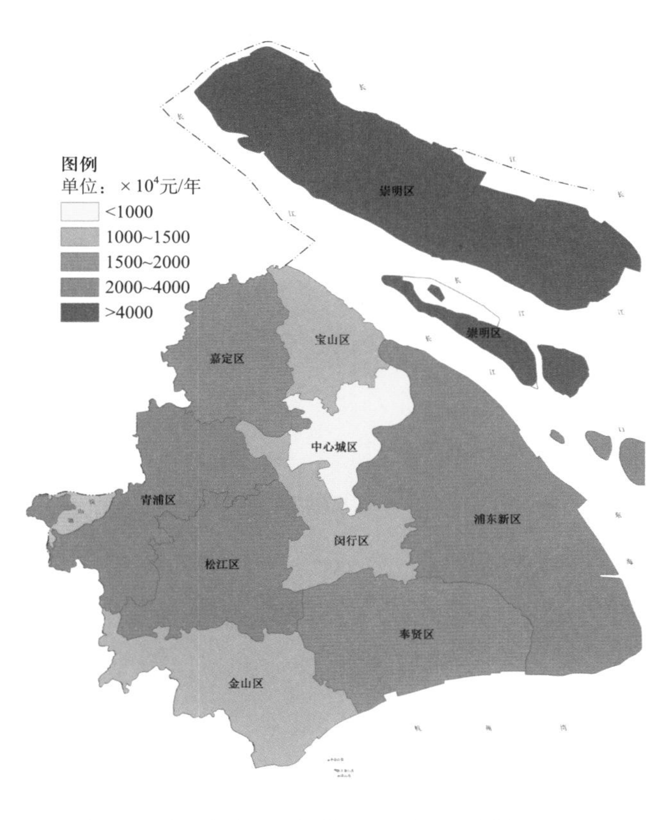

图 4-13 上海市各区林木积累营养物质功能价值空间分布（2016 年）

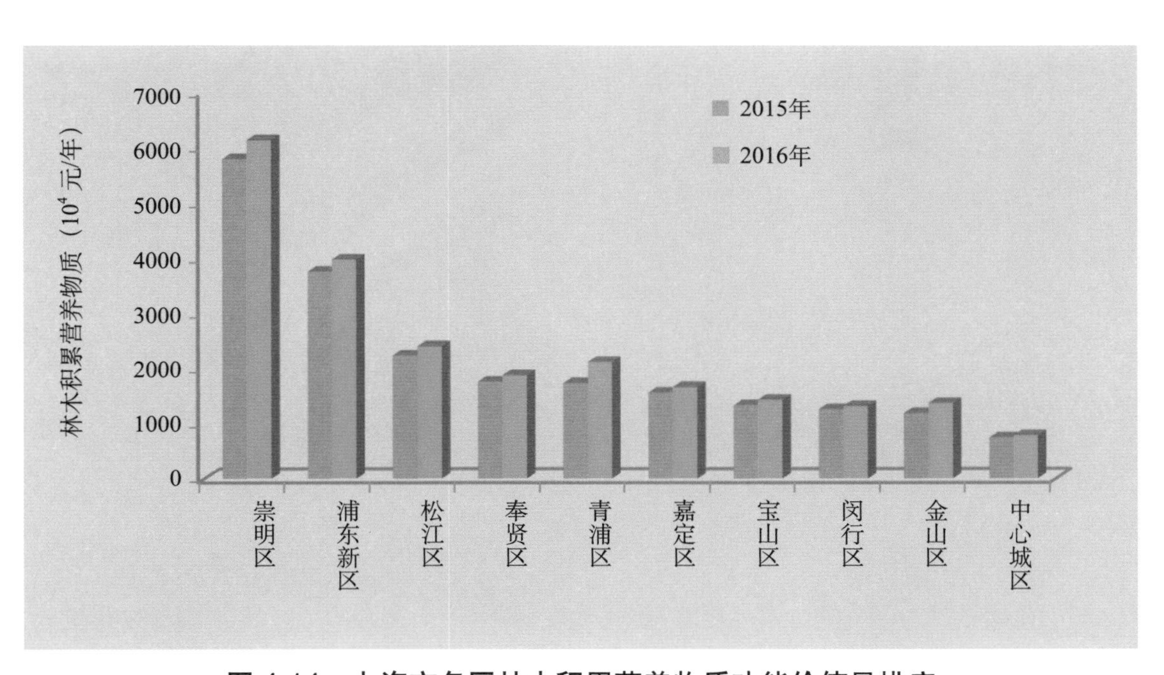

图 4-14 上海市各区林木积累营养物质功能价值量排序

因为水土流失而带来的养分元素的损失。一旦土壤养分元素损失就会造成土壤贫瘠化，若再想保持土壤原有的肥力水平，就需要通过人为的方式向土壤中输入养分（任军等，2016；董秀凯等，2017）。

净化大气环境：2015、2016 年净化大气环境功能价值量最高的 3 个区均为浦东新区、崇明区和松江区，分别占全市净化大气环境总价值的 51.46%、51.42%；最低的 3 个区也均为宝山区、中心城区和金山区，分别占 17.07%、17.18%(图 4-15 至图 4-38)。与 2015 年相比，2016 年全市净化大气环境价值增加了 15230.92 万元，增幅 5.81%；其中，增加量最多的为浦东新区和崇明区，分别增加了 2963.13 万元、2742.40 万元，增幅为 5.66%、5.54%。森林生态系统净化大气环境功能即为林木通过自身的生长过程，从空气中吸收污染气体，在体内经过一系列的转化过程，将吸收的污染气体降解后排出体外或者储存在体内；另一方面，林木通过林冠层作用，加速颗粒物的沉降或者吸附滞纳在叶片表面，进而起到净化大气环境的作用，极大地降低了空气污染物对于人体的危害（任军等，2016）。

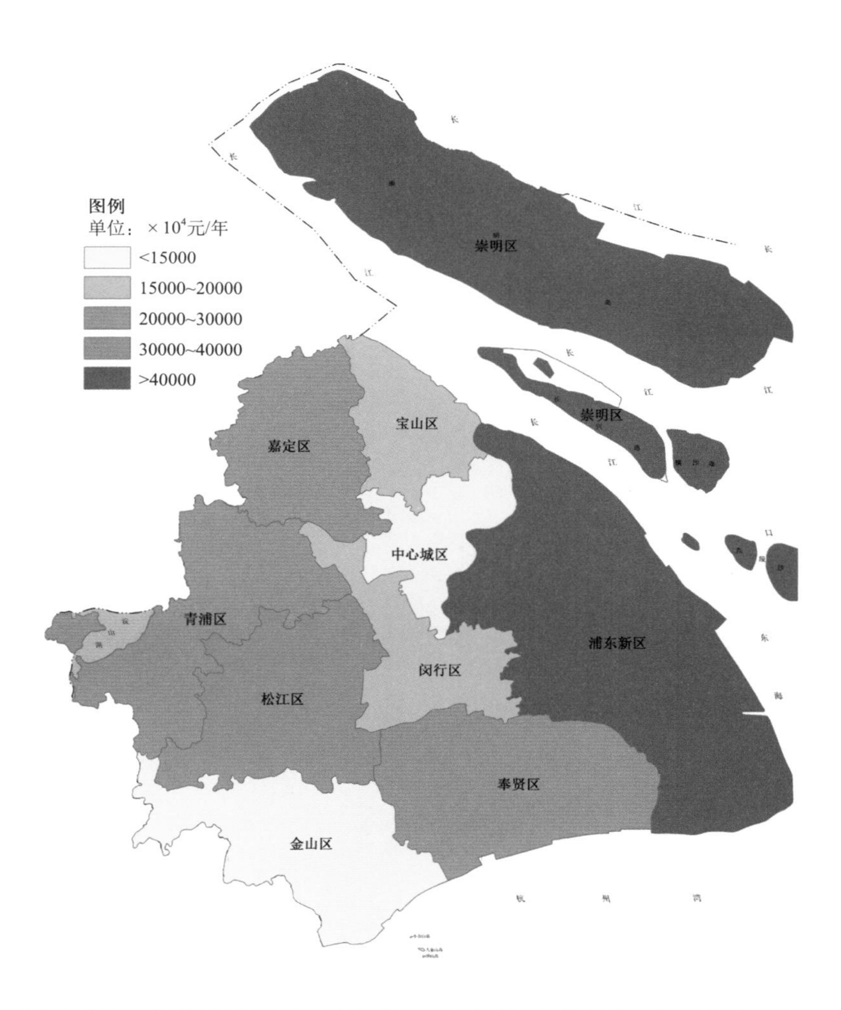

图 4-15 上海市各区森林净化大气环境功能价值空间分布（2015 年）

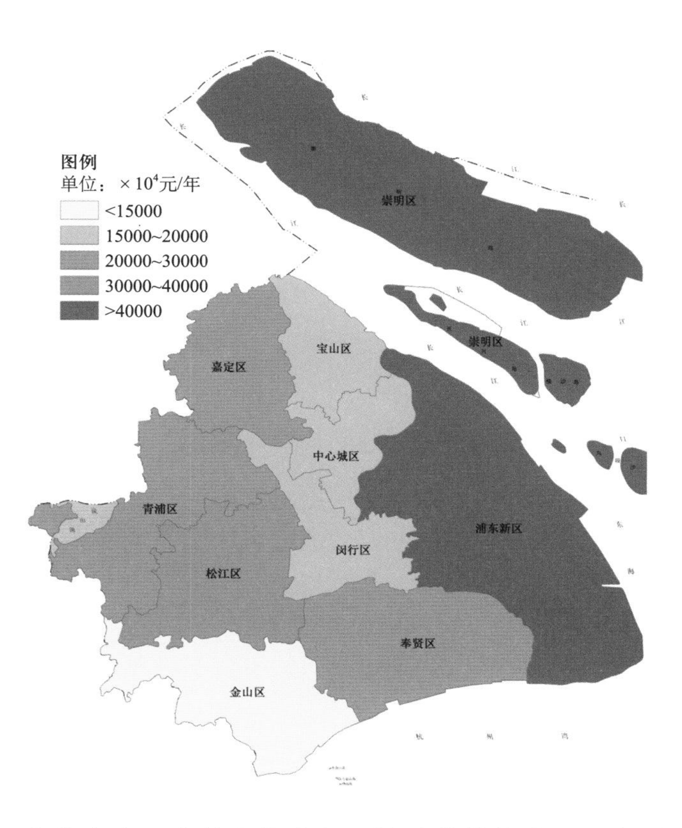

图 4-16　上海市各区森林净化大气环境功能价值空间分布（2016 年）

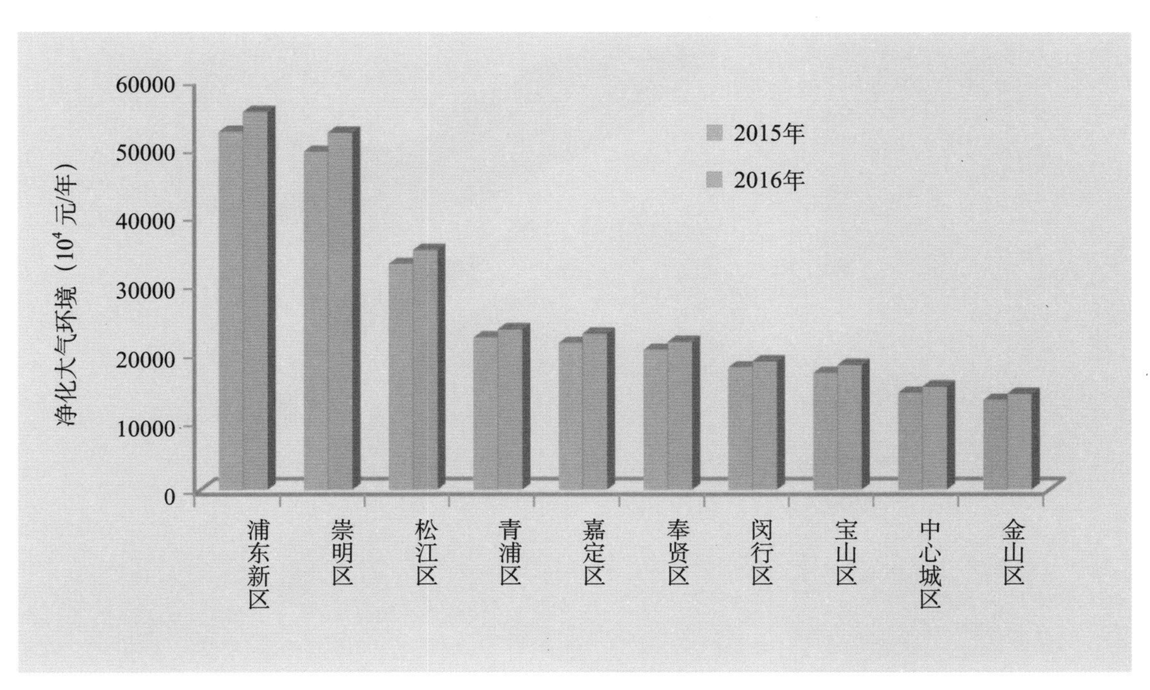

图 4-17　上海市各区森林净化大气环境功能价值量排序

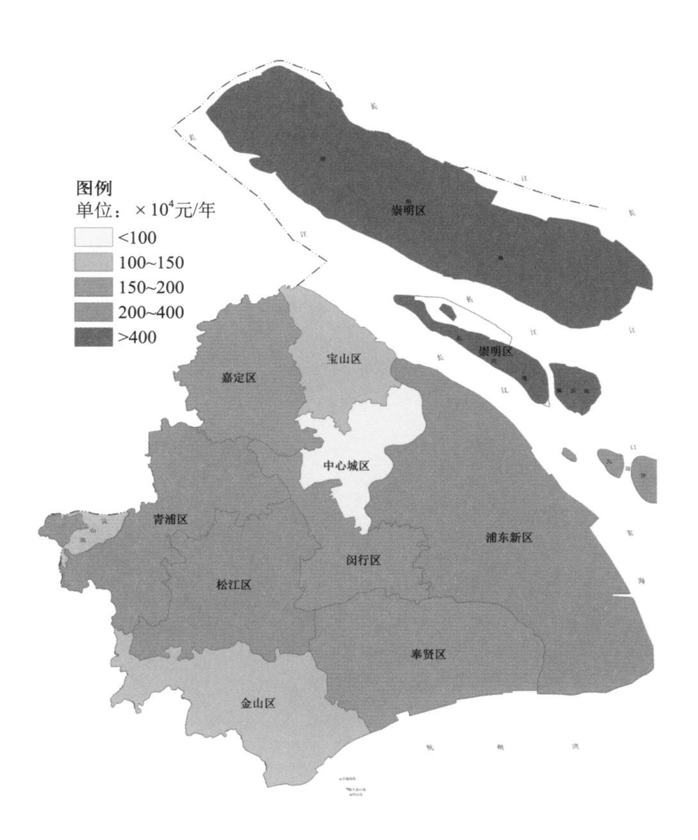

图 4-18　上海市各区森林提供负离子功能价值空间分布（2015 年）

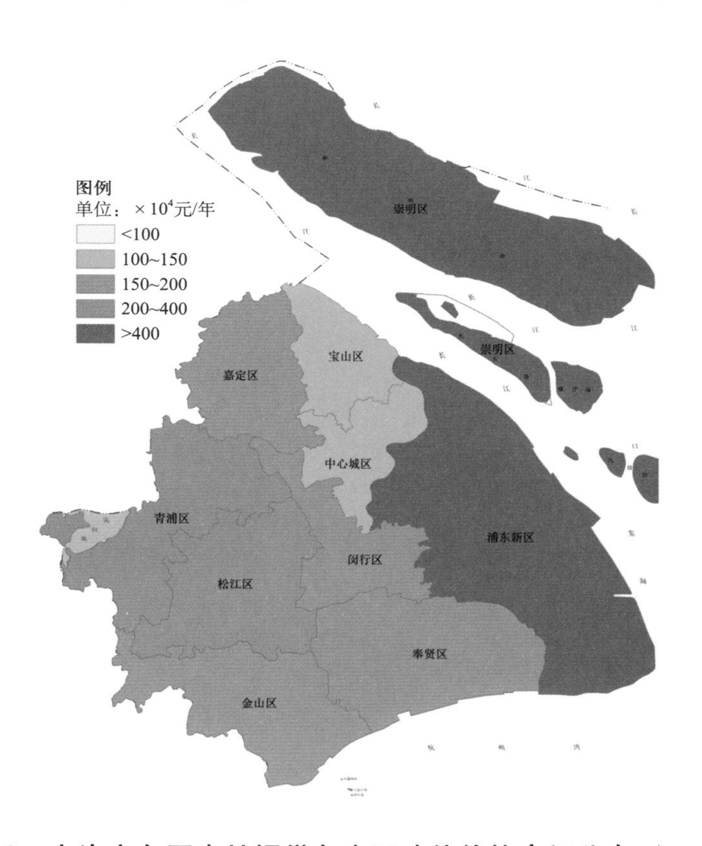

图 4-19　上海市各区森林提供负离子功能价值空间分布（2016 年）

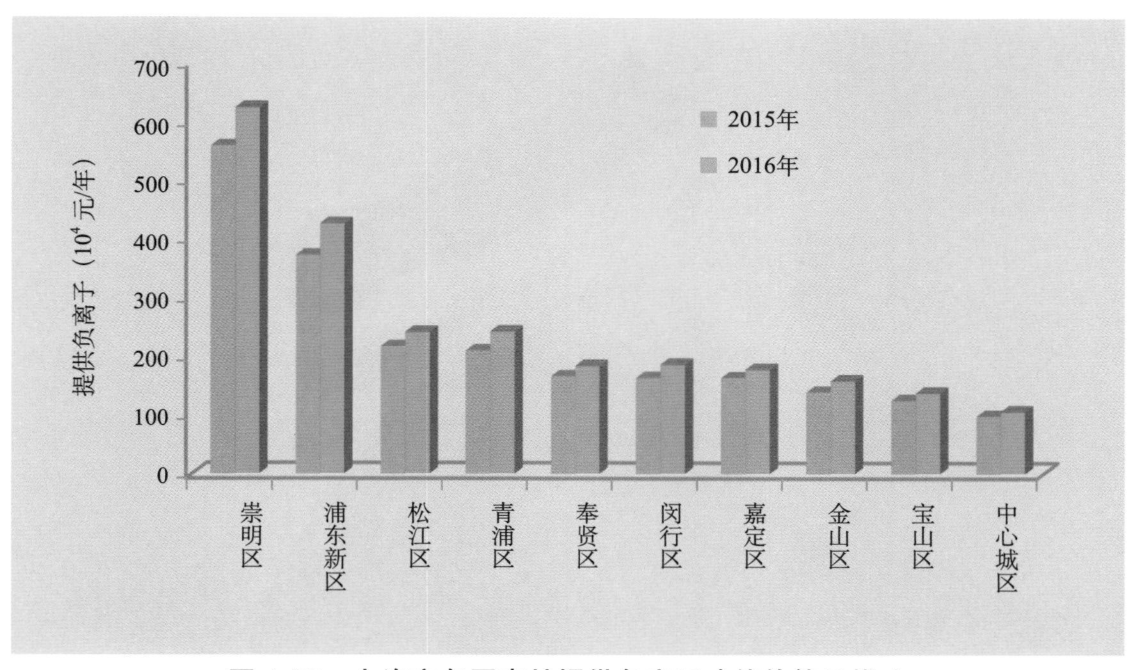

图 4-20　上海市各区森林提供负离子功能价值量排序

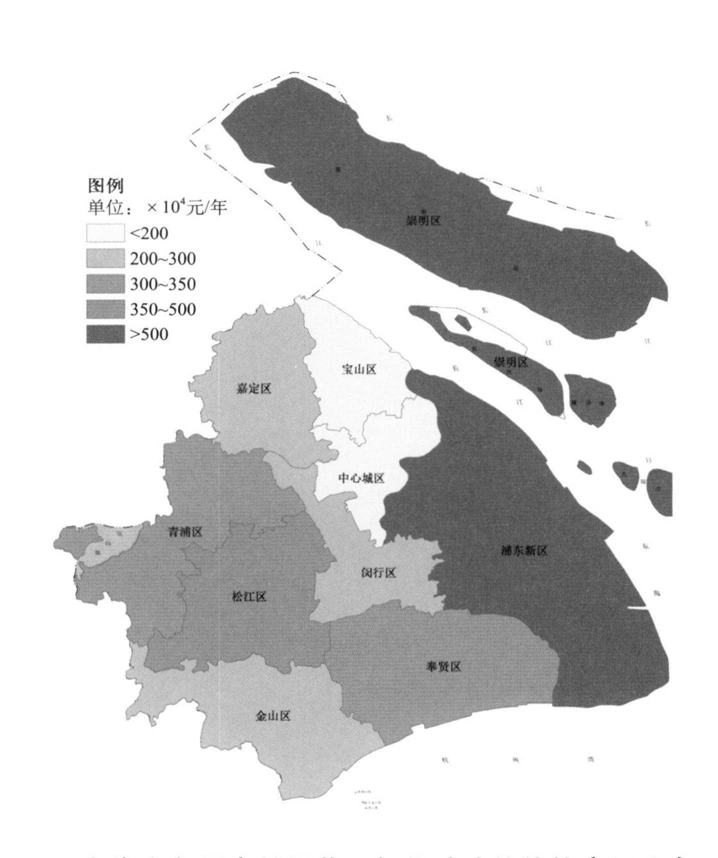

图 4-21　上海市各区森林吸收二氧化硫功能价值空间分布（2015 年）

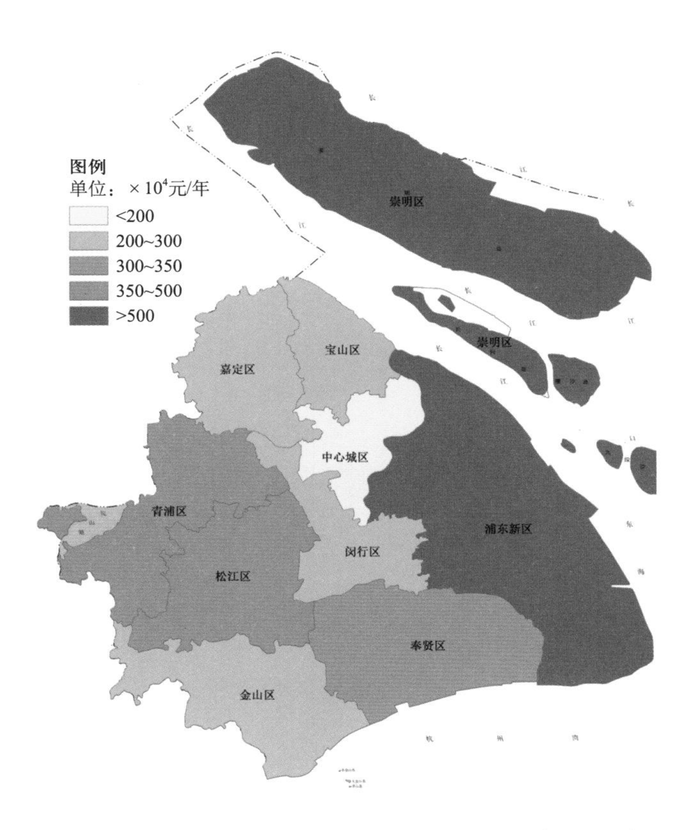

图 4-22 上海市各区森林吸收二氧化硫功能价值空间分布（2016 年）

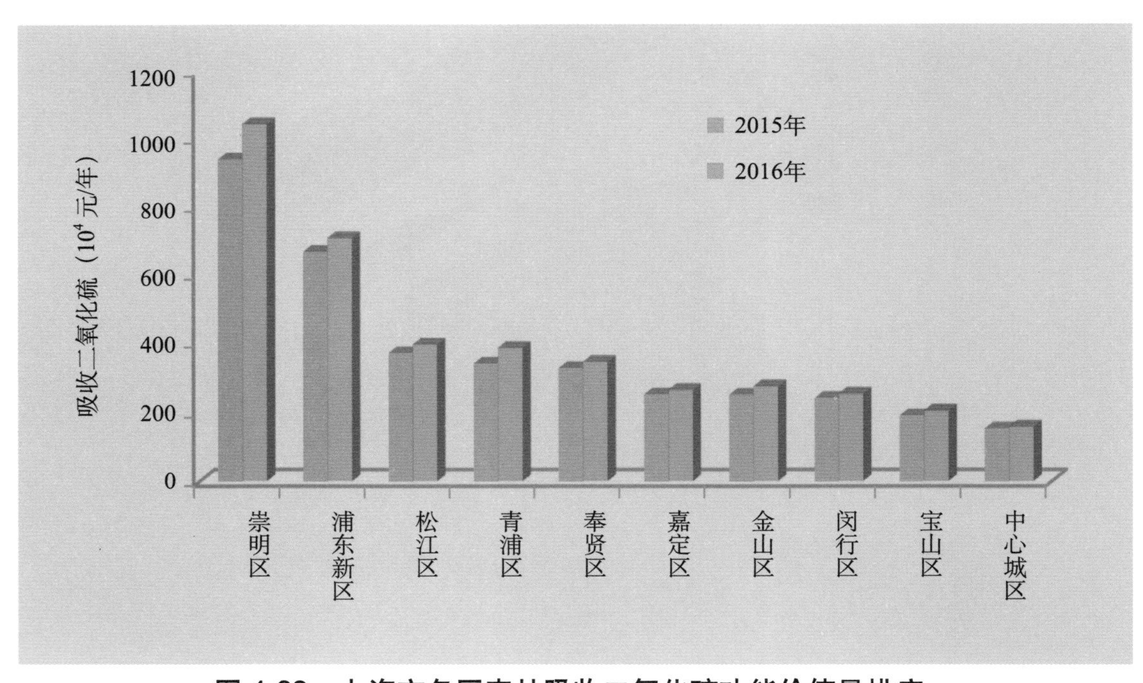

图 4-23 上海市各区森林吸收二氧化硫功能价值量排序

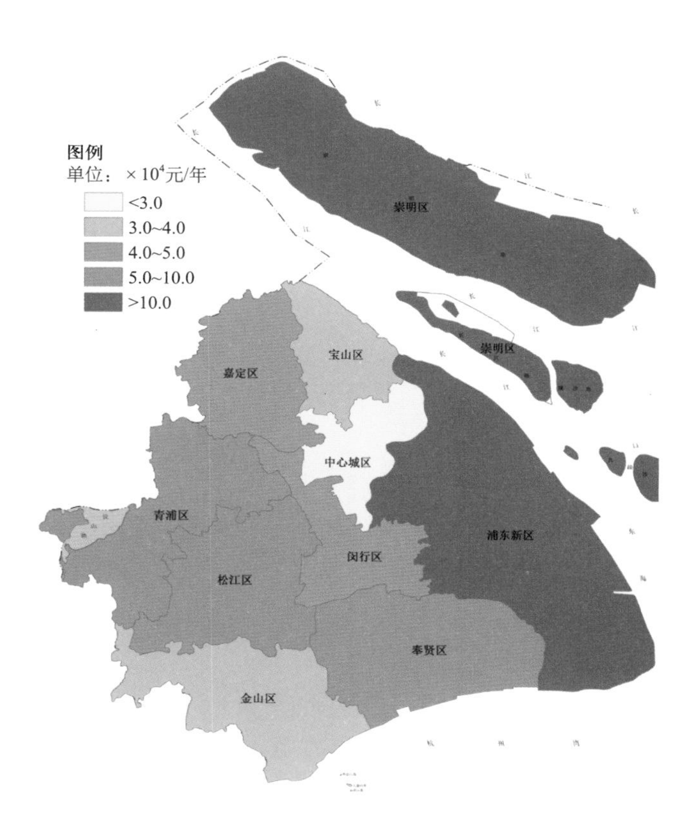

图 4-24　上海市各区森林吸收氟化物功能价值空间分布（2015 年）

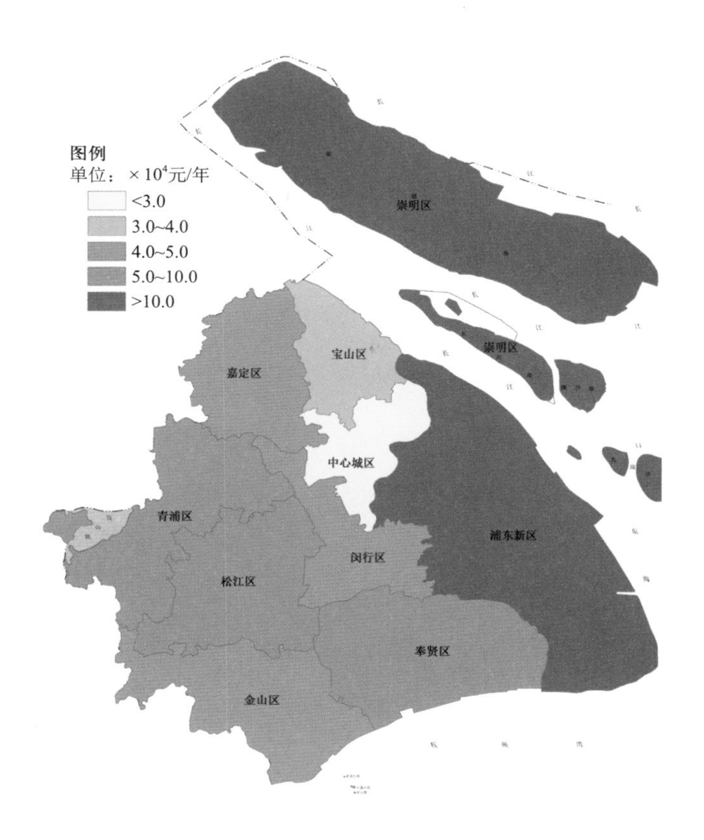

图 4-25　上海市各区森林吸收氟化物功能价值空间分布（2016 年）

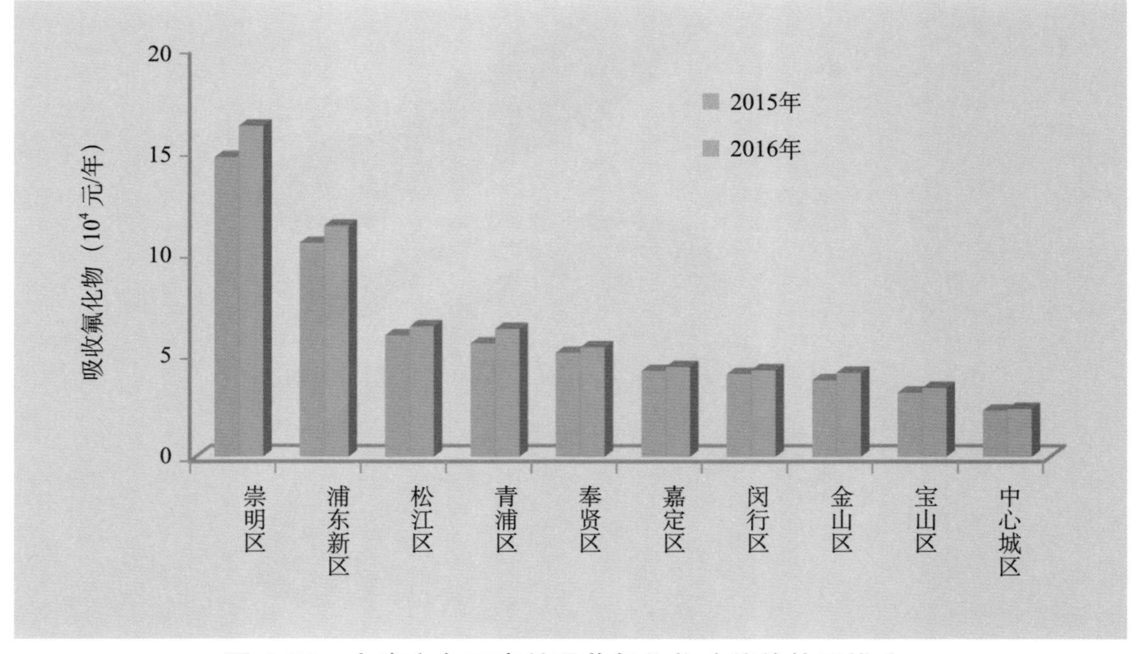

图 4-26　上海市各区森林吸收氟化物功能价值量排序

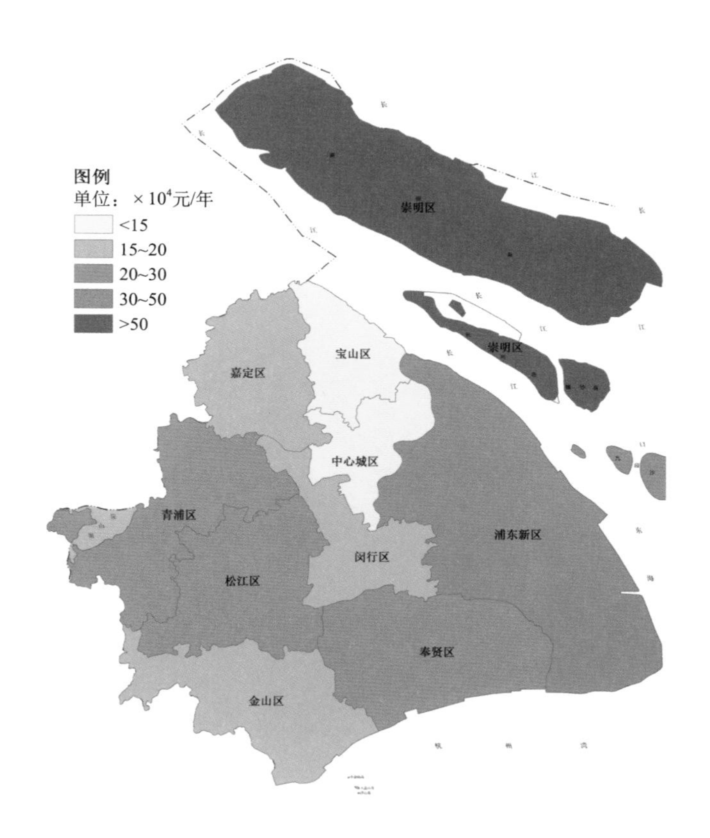

图 4-27　上海市各区森林吸收氮氧化物功能价值空间分布（2015 年）

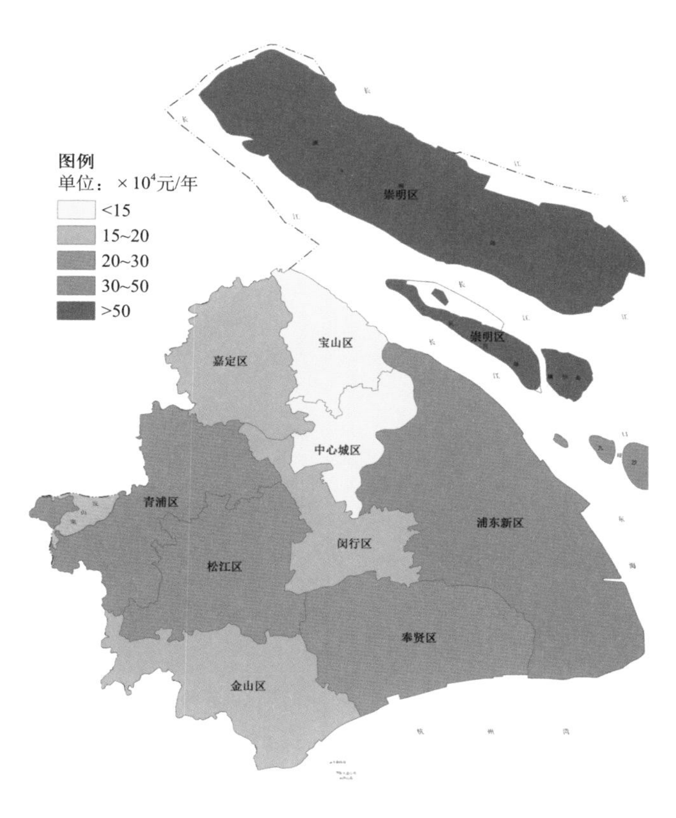

图 4-28 上海市各区森林吸收氮氧化物功能价值空间分布（2016 年）

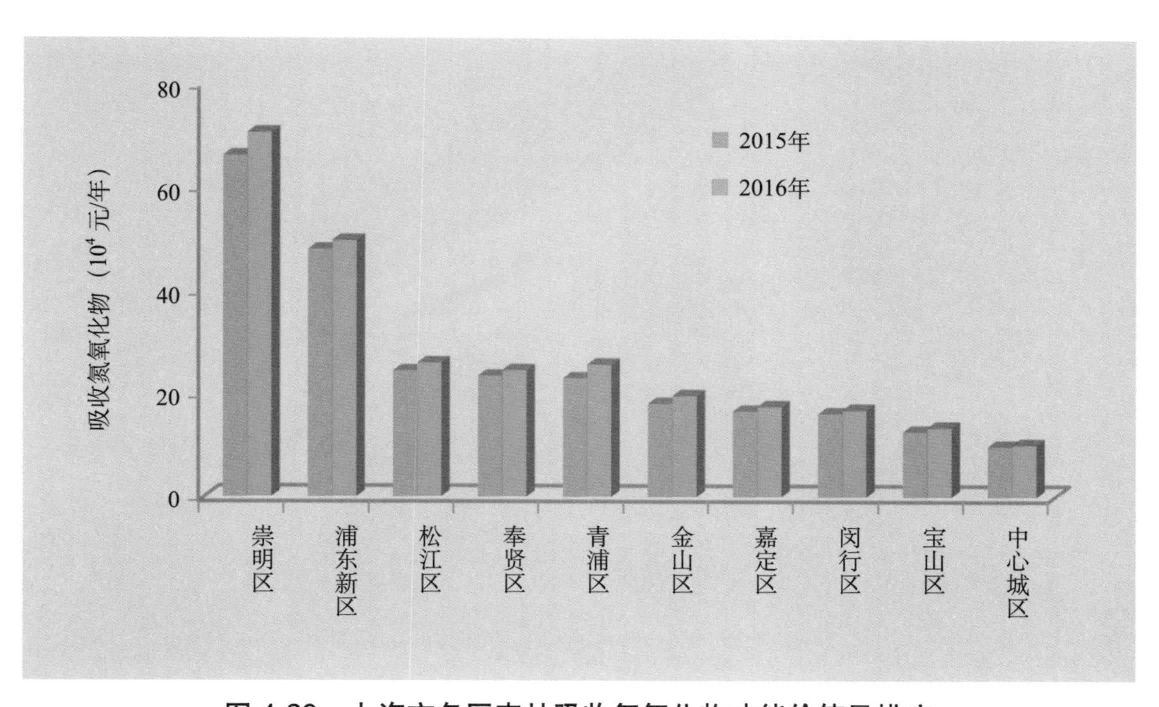

图 4-29 上海市各区森林吸收氮氧化物功能价值量排序

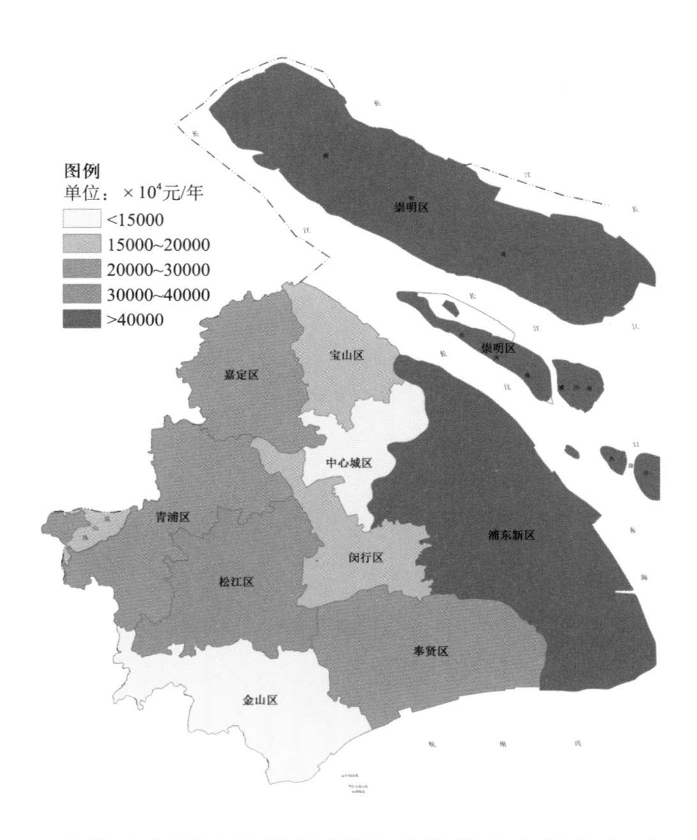

图 4-30 上海市各区森林滞纳 TSP 功能价值空间分布（2015 年）

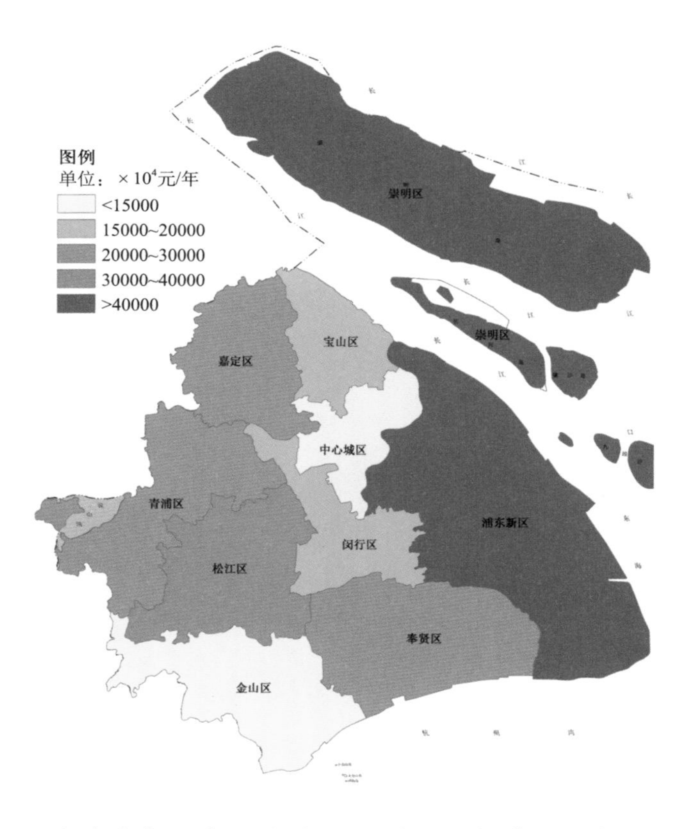

图 4-31 上海市各区森林滞纳 TSP 功能价值空间分布（2016 年）

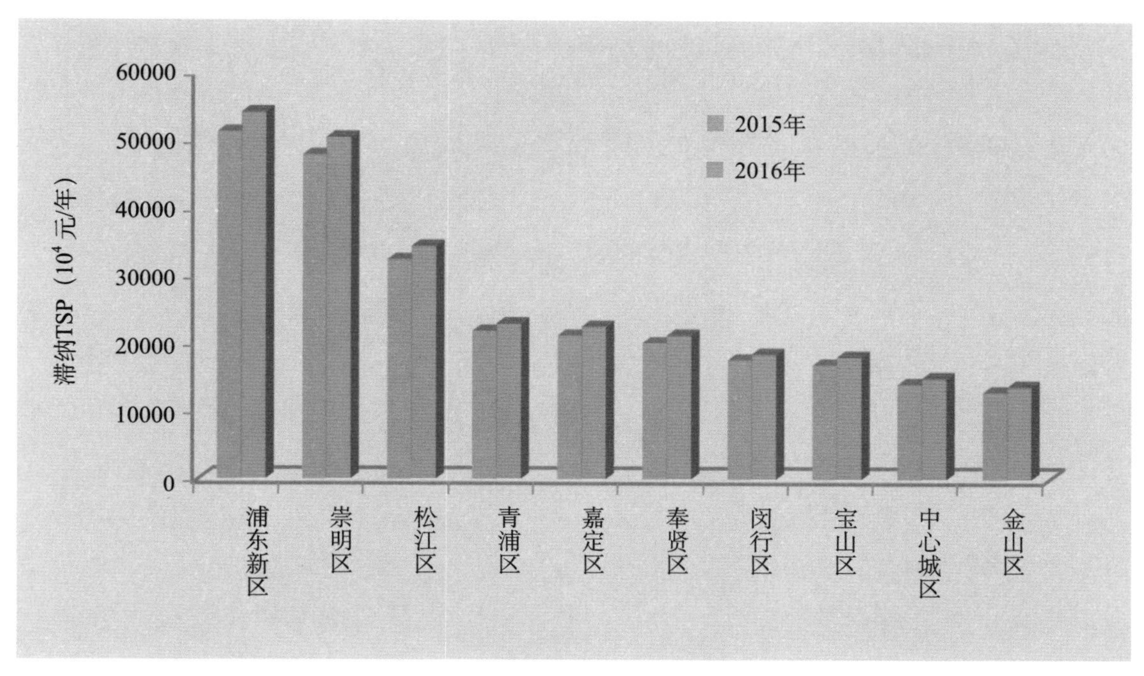

图 4-32 上海市各区森林滞纳 TSP 功能价值量排序

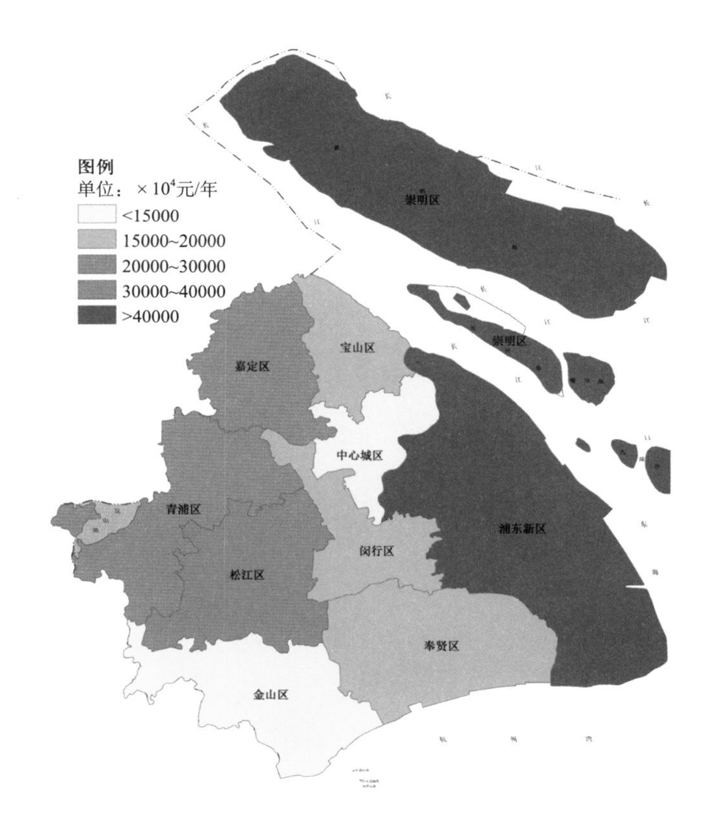

图 4-33 上海市各区森林滞纳 $PM_{2.5}$ 功能价值空间分布（2015 年）

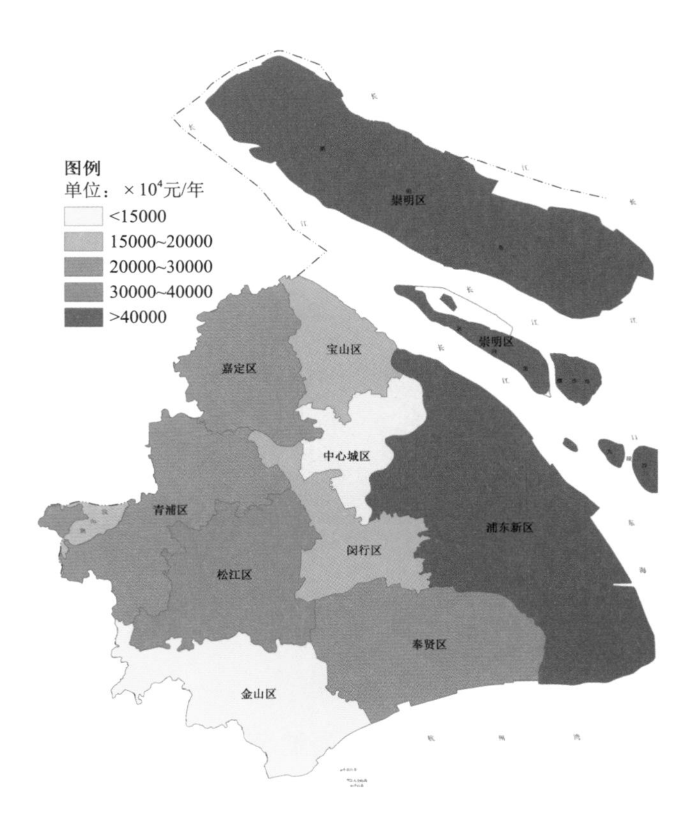

图 4-34 上海市各区森林滞纳 $PM_{2.5}$ 功能价值空间分布（2016 年）

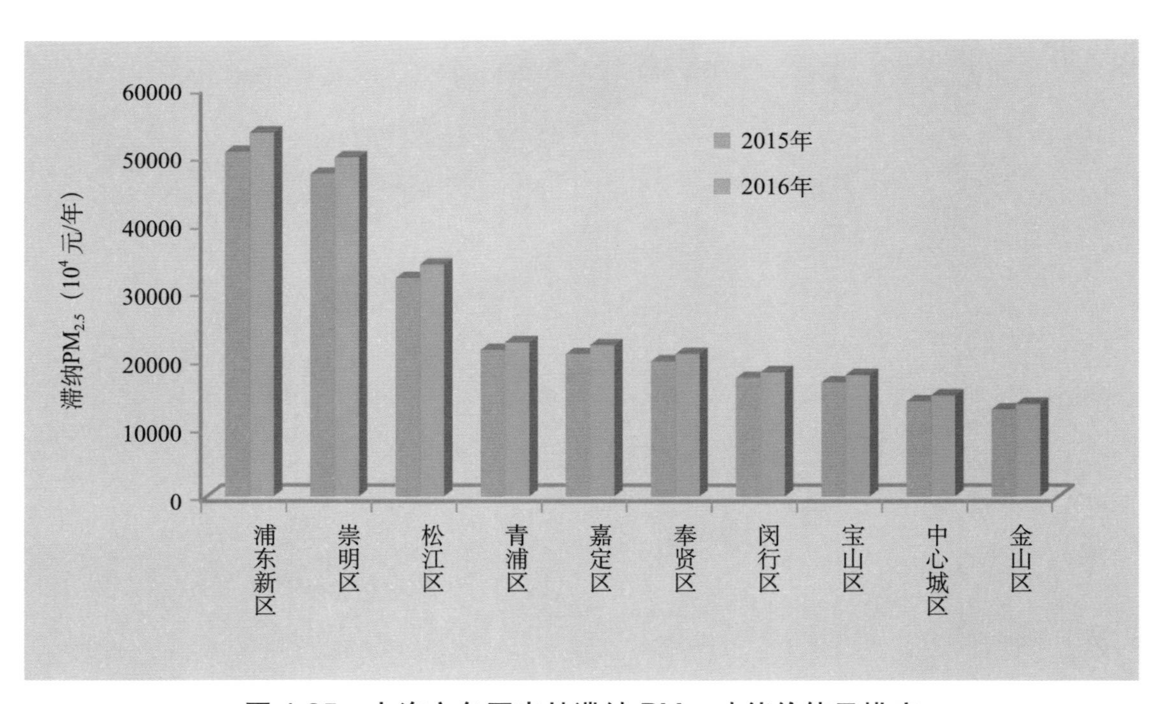

图 4-35 上海市各区森林滞纳 $PM_{2.5}$ 功能价值量排序

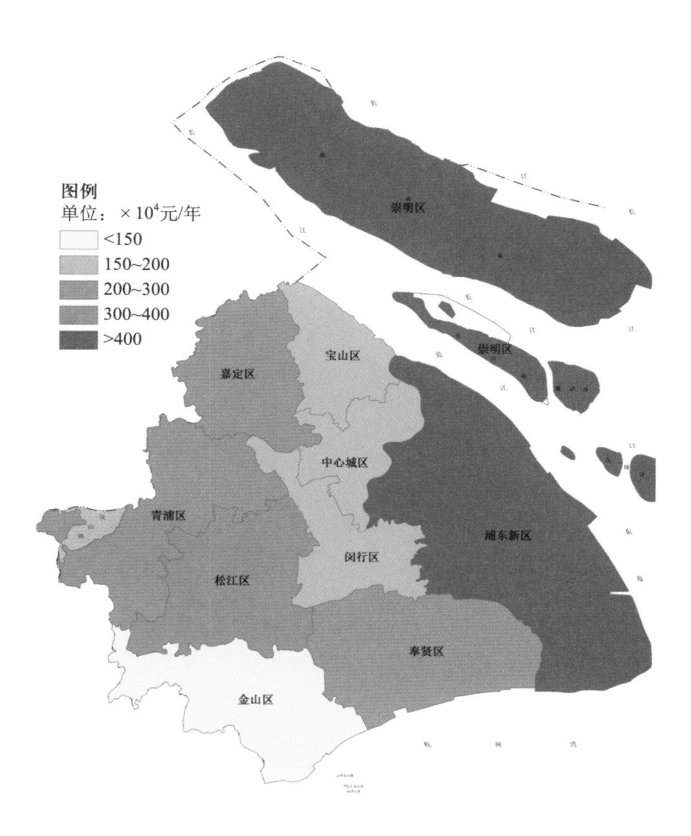

图 4-36 上海市各区森林滞纳 PM_{10} 功能价值空间分布（2015 年）

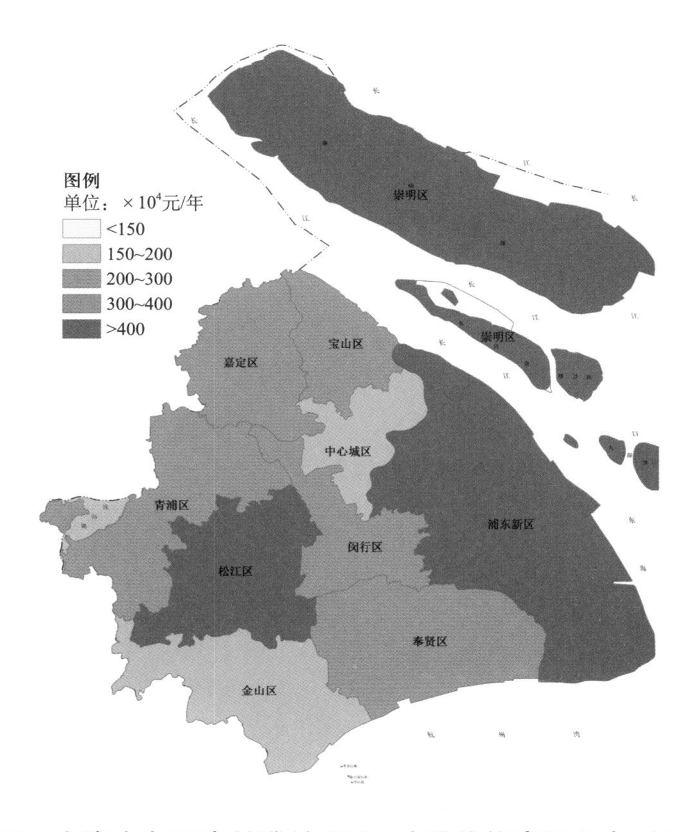

图 4-37 上海市各区森林滞纳 PM_{10} 功能价值空间分布（2016 年）

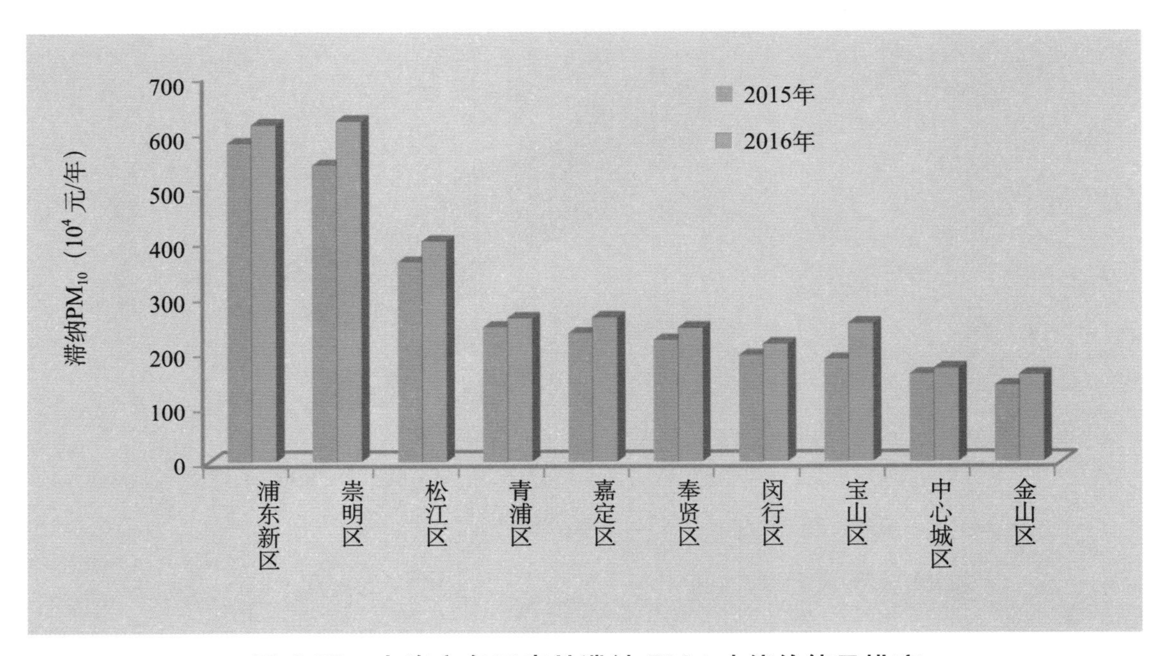

图 4-38 上海市各区森林滞纳 PM_{10} 功能价值量排序

生物多样性保护：2015、2016 年生物多样性保护功能价值量最高的 3 个区均为崇明区、浦东新区和松江区，分别占全市生物多样性保护总价值量的 55.28%、53.31%；最低的 3 个区为宝山区、中心城区和闵行区，分别占 12.26%、14.79%（图 4-39 至图 4-41）。与 2015 年

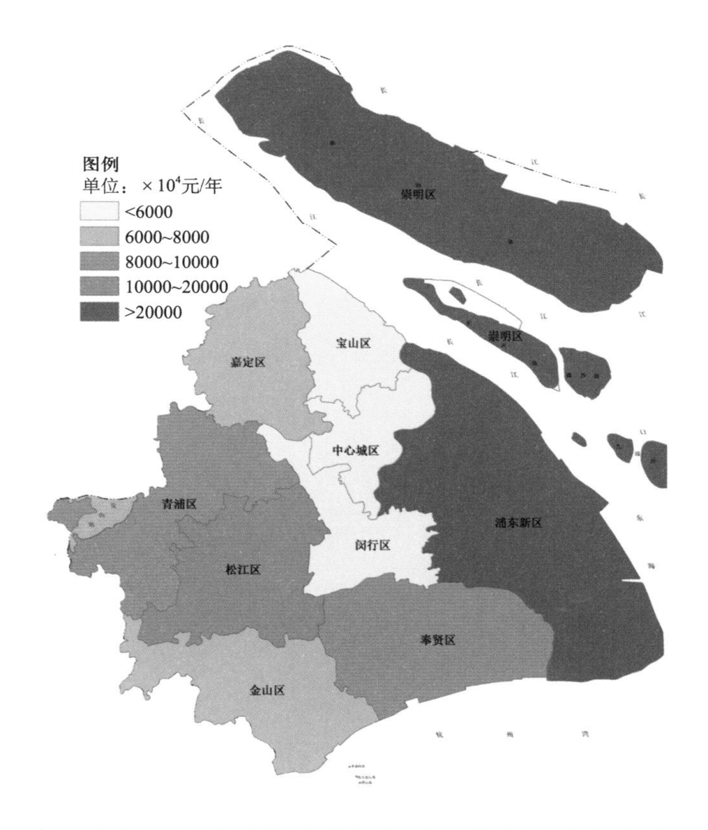

图 4-39 上海市各区森林生物多样性保护功能价值空间分布（2015 年）

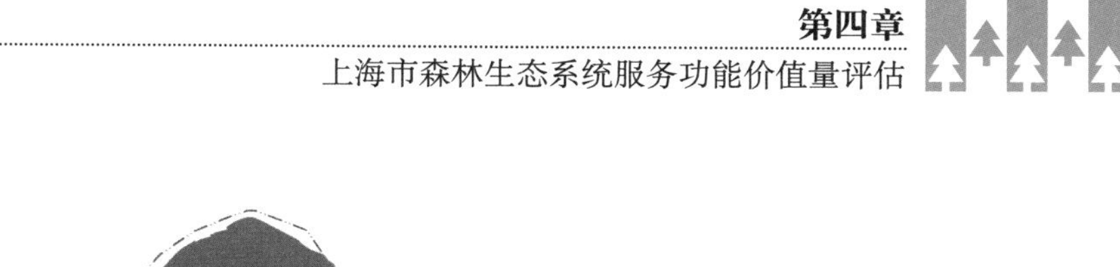

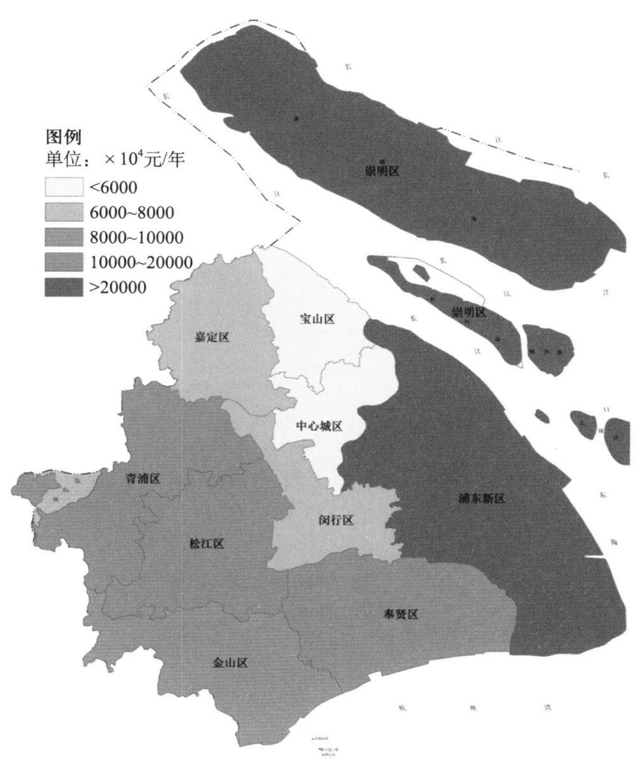

图 4-40　上海市各区森林生物多样性保护功能价值空间分布（2016 年）

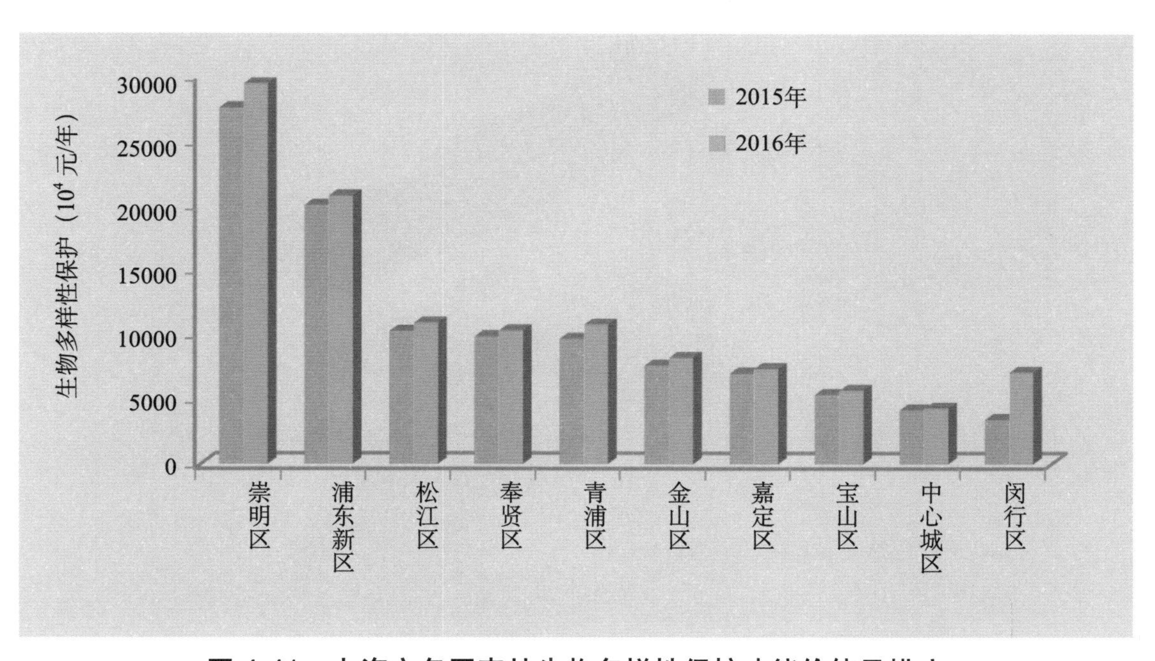

图 4-41　上海市各区森林生物多样性保护功能价值量排序

相比，2016 年全市生物多样性保护价值增加了 9851.71 万元，增幅 9.42%；其中，增加量最多的为闵行区和崇明区，分别增加了 3659.32 万元、1844.03 万元，增幅为 108.20%、6.69%。崇明区的生物多样性十分丰富，湿地资源占全市湿地总面积的 54.19%，列全市第一。境内有崇明东滩国际重要湿地、长江口中华鲟自然保护区国际重要湿地、崇明岛国家重要湿地、长兴岛和横沙岛国家重要湿地、崇明东滩鸟类国家级自然保护区、长江口中华鲟市级自然保护区、崇明西沙湿地公园和崇明东滩湿地公园，是全市自然湿地保存最好、生物多样性最丰富的地区（上海湿地，2014）。崇明东滩的地理位置十分特殊，是世界上为数不多的野生鸟类集居、栖息地之一，途径和停留此处的鸟类十分丰富，崇明东滩已成为具有国际意义的重要生态敏感区。所以，崇明区的生物多样性保护功能价值量全市较高。近年来，崇明区正在大力加快“生态岛”的建设，加大了生物多样性保护力度，提高了其森林生态系统生物多样性保护价值。

森林防护：2015、2016 年森林防护功能价值量最高的 3 个区为崇明区、奉贤区和宝山区，分别占全市森林防护总价值量的 82.18%、81.35%；最低的 3 个区为青浦区、闵行区和中心城区，分别占 1.71%、2.30%（图 4-42 至图 4-44）。与 2015 年相比，2016 年全市森林防护价值降低了 102.13 万元，降幅 8.17%；其中，减少量最多的为崇明区和浦东新区，分别减少了 112.42 万元、11.90 万元，降幅为 19.43%、14.54%。森林防护功能价值减少主要原因

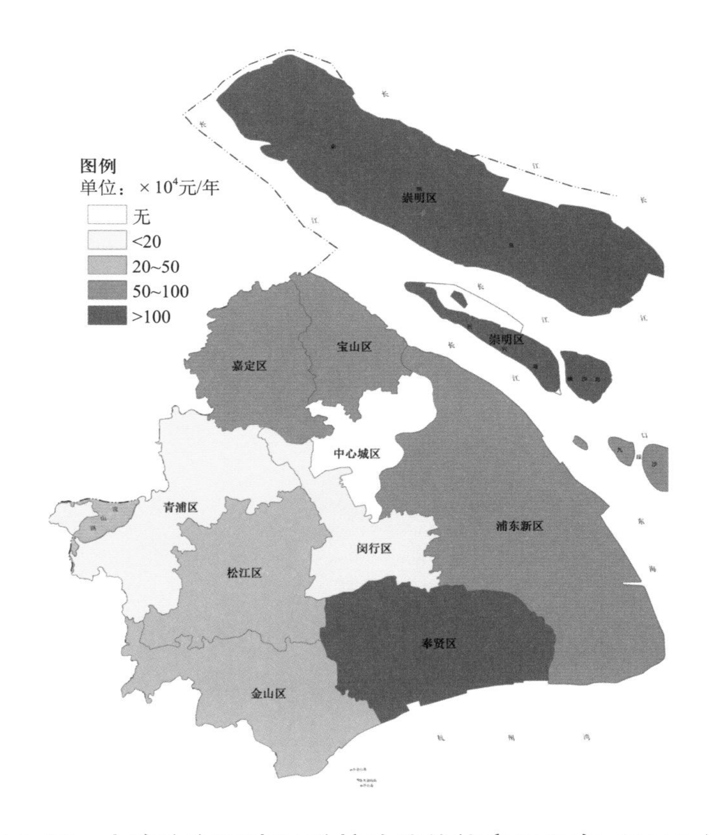

图 4-42　上海市各区森林防护功能价值空间分布（2015 年）

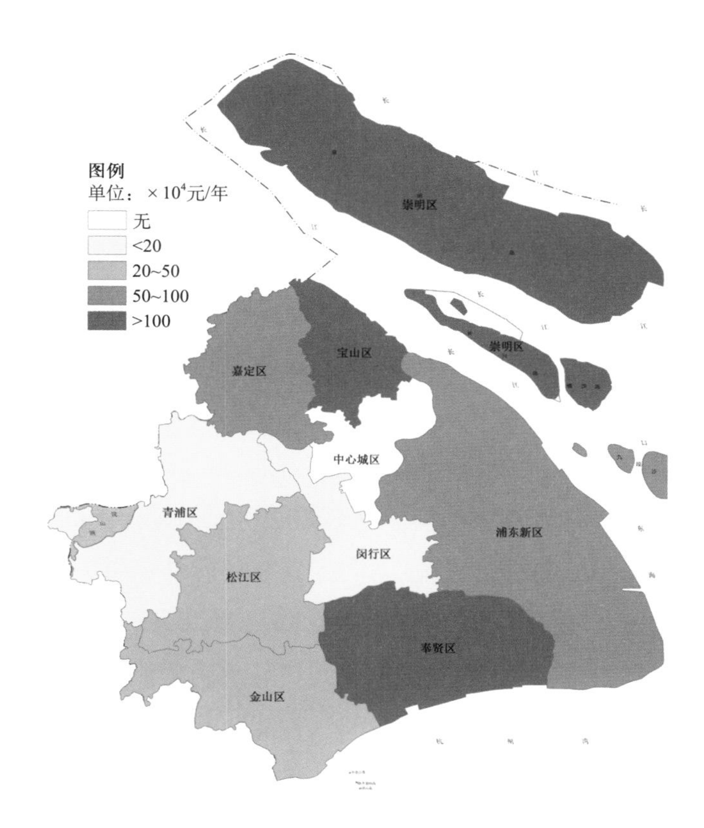

图 4-43 上海市各区森林防护功能价值空间分布（2016 年）

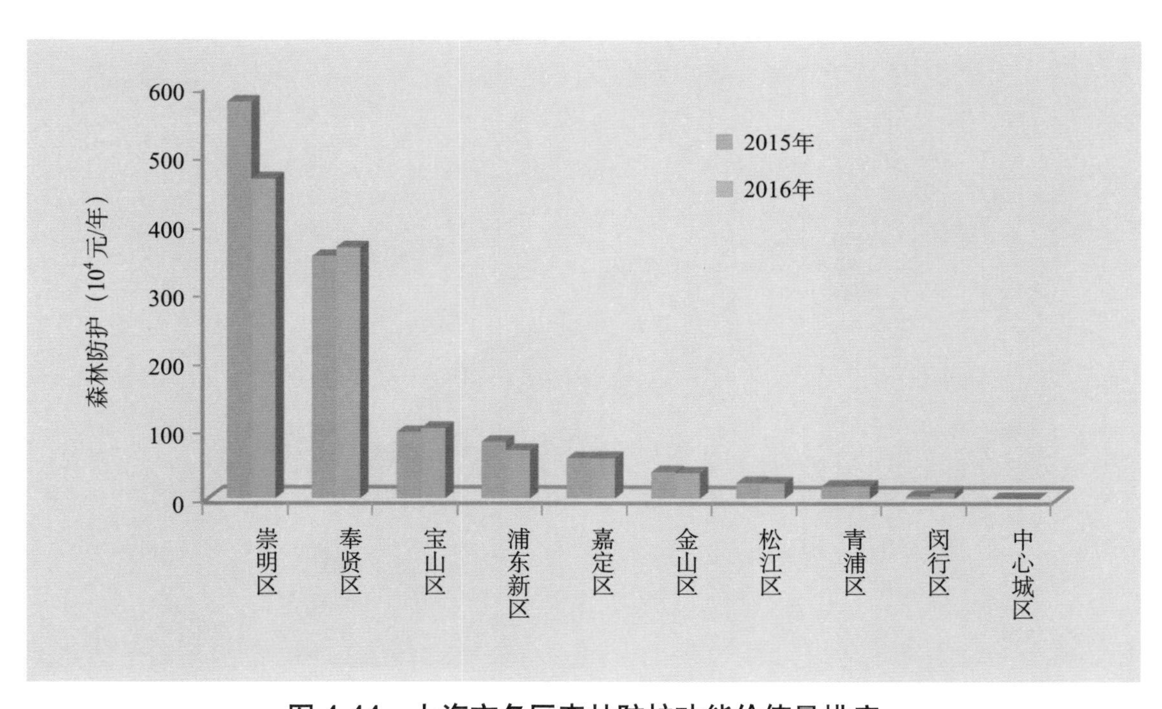

图 4-44 上海市各区森林防护功能价值量排序

是部分农田防护林调整为商品林，因林种调整导致农田防护林面积减少。虽然森林农田防护功能价值远远低于其他生态功能，但是上海市森林生态系统对于农田防护发挥着不可或缺的作用，大大提高了农民收入，为解决“三农”问题提供了坚实的基础。

森林游憩：2015、2016 年森林游憩功能价值量最高的 3 个区均为中心城区、浦东新区和宝山区，分别占全市森林游憩总价值量的 91.01%、91.09%；最低的 3 个区也均为青浦区、嘉定区和金山区，仅占 1.84%、1.88%。与 2015 年相比，2016 年全市森林游憩价值增加了 19307.75 万元，增幅 6.27%；增加量最多的为中心城区和浦东新区，分别增加了 19058.41 万元、3840.66 万元，增幅为 9.64%、6.57%；其中，中心城区森林游憩价值增加量占全市森林游憩增加总量的 98.71%，可见中心城区森林游憩在全市中的最优势地位，也表明中心城区的居民对森林游憩的需求正逐年增高。森林游憩价值增幅最大的为崇明区，达 26.16%，说明崇明区森林旅游建设工作初有成效，崇明区森林游憩功能开发潜力较大。森林游憩价值减少量最多的是宝山区，减少了 5075.81 万元，降幅为 20.97%（图 4-45 至图 4-47）。上海市中心城区的森林绿地对游憩功能的贡献最大，并且游憩功能的价值量随离中心城区距离的增加而呈下降趋势，边远的金山区、嘉定区、青浦区和崇明区是游憩价值最低的区。主要是因为上海中心城区的经济十分发达，城区居民对森林游憩的需求很高。据相关数据统

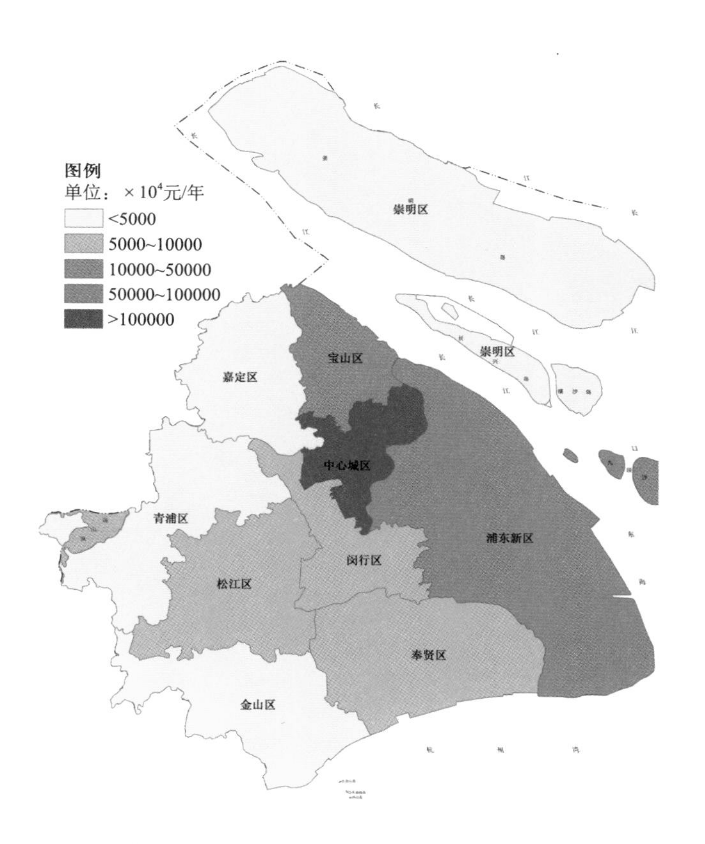

图 4-45　上海市各区森林游憩功能价值空间分布（2015 年）

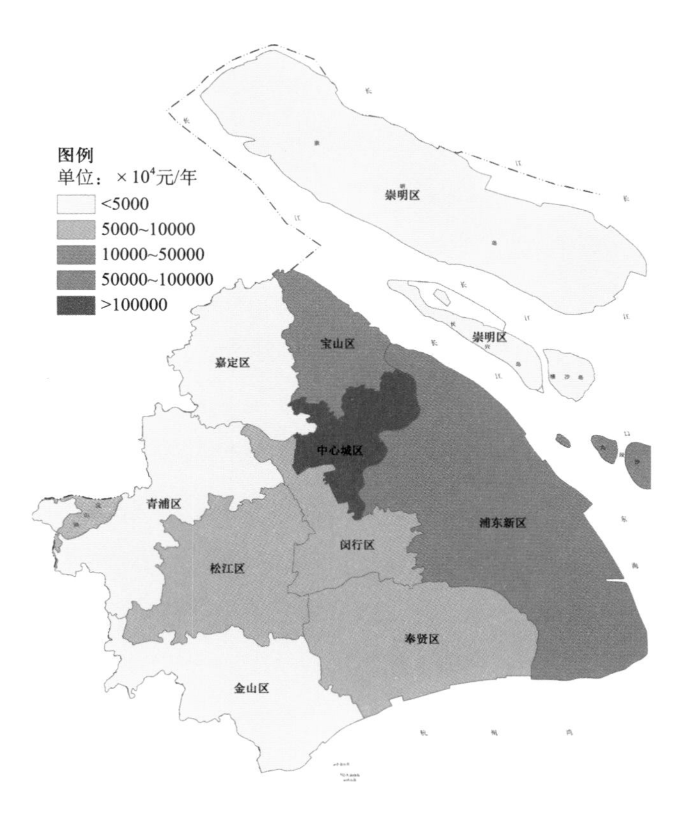

图 4-46 上海市各区森林游憩功能价值空间分布（2016 年）

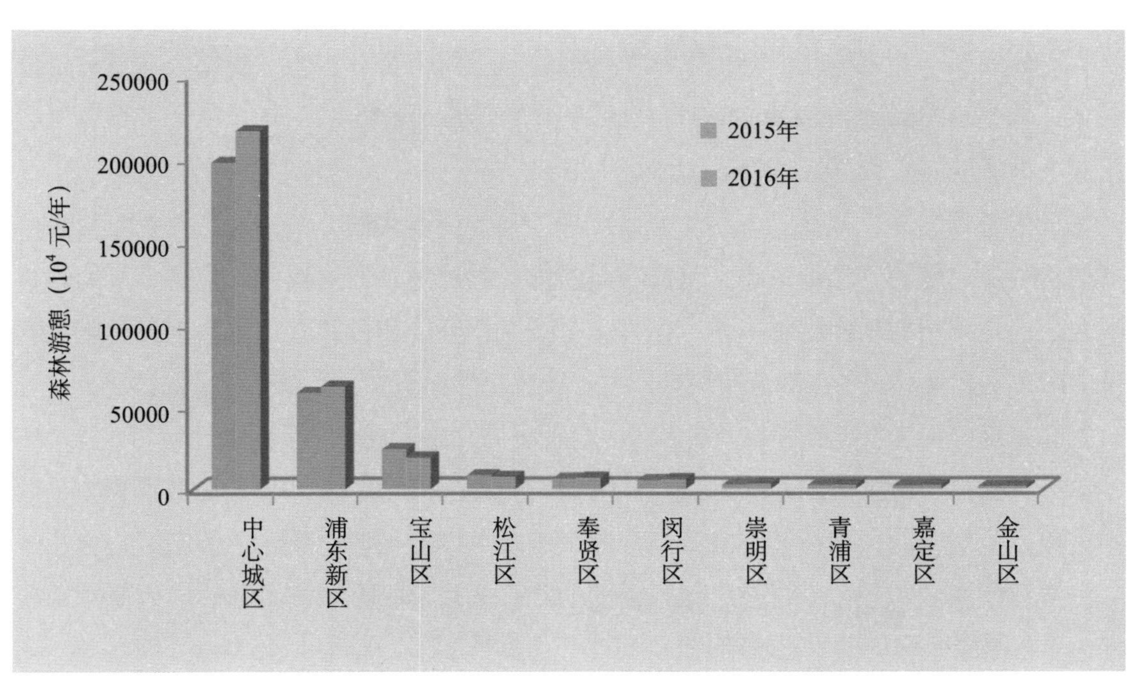

图 4-47 上海市各区森林游憩功能价值量排序

计，2015 年年末中心城区的常住人口 692.54 万人，占全市常住人口总数的 28.67%，人口密度为 23929 人 / 平方千米，是全市平均人口密度的 6 倍以上（上海市统计局，2016）。2015 年全市旅游总收入为 3505.24 亿元（上海市统计局，2016），中心城区的森林游憩价值占全市旅游总收入的 0.56%(2015)、0.94%(2016)。2015 年中心城区人均森林游憩收入为 286 元，是全市人均森林游憩收入（82 元）的 3.5 倍；而 2016 年中心城区人均森林游憩收入为 313 元，是全市人均森林游憩收入（136 元）的 2.3 倍。由表 4-4 也可以看出，无论从城市公园数量、公园面积还是游客人数，中心城区均列全市第一，其次为浦东新区；另外，中心城区人口密集，2015 年的常住人口数为全市最高，本研究计算得到的 2015、2016 年中心城区游憩价值也均为全市最高，其占中心城区总价值量的比例分别为 64.19%、66.23%，但人均公园绿地面积仅 3.88 平方米 / 人，为全市最低。由此可知，中心城区的居民对公园绿地的需求十分强烈，中心城区的森林游憩十分重要。城市的森林和绿地为居民的放松休闲、亲近自然、健身锻炼等提供了场所，特别是人口密集的中心城区，居民们对公园绿地有极高的需求。所以，加快城区绿化建设，提高城区居民人均公园绿地面积，增强各森林绿地的社会服务功能，是提升居民生活质量和健康水平的重要举措。

二、上海市各区森林生态系统服务功能价值量分布格局分析

从表 4-2、表 4-3 和图 4-48 至图 4-50 可以看出，2015、2016 年评估，中心城区、浦东新区和崇明区位于上海市森林生态系统服务功能总价值的前三位，分别占全市总价值的 56.97%、56.59%；而嘉定区、金山区和闵行区位于上海市森林生态系统服务功能总价值的后三位，分别占全市总价值的 14.93%、15.29%。与 2015 年相比，2016 年全市森林生态系统服务总价值增加了 83703.72 万元，增幅 7.13%。

各区的每项功能以及总的森林生态系统服务功能价值量的分布格局，与上海市各区森林资源自身的属性有直接的关系。上海市是我国最大的经济商业城市，虽然全市的森林面积不大，人均公园绿地面积也不高，但是森林在全市经济建设和人民生活中占有重要的地位。上海市森林资源在各区的分布差异较大，郊区森林面积大，而城区森林面积小。

上海市森林生态系统服务功能在各区的分布格局存在着规律性：

第一，除中心城区外，9 个郊区森林生态系统服务功能的大小顺序与森林面积大小顺序大体一致，呈紧密的正相关性。由第二章知，2015、2016 年浦东新区、崇明区和松江区的森林资源面积在全市各区中排前三位，由此所产生的森林生态系统服务功能价值量也在前列，为全市带来了巨大的生态价值。

第二，中心城区森林资源面积大小在全市的排序与其森林生态系统服务功能大小排序并不一致。中心城区森林资源总量虽然不大，但是森林生态系统服务功能价值却最高。2015 年中心城区森林生态系统服务总价值为 23.40 亿元；其中，森林游憩功能价值量为 19.78 亿

元，占 84.53%。同样，2016 年中心城区森林生态系统服务总价值为 25.49 亿元；其中，森林游憩功能价值量为 21.68 亿元，占 85.05%，比 2015 年高出 0.52 个百分点，这表明中心城区森林游憩价值占中心城区总价值的比重还在提升，森林游憩功能在中心城区中的重要作用也越来越凸显。这主要是由城市居民对绿地公园、休闲游憩的迫切需要和林地可达性、市民可亲近性所决定的。中心城区经济活跃、交通便利、人口密集，近邻城市森林是居民日常游憩活动的主体。人们在城市森林中的活动主要是日常性游憩，一般为邻里间的社交、散步、锻炼、观赏、休息或轻松的学习等（吴泽民等，2009），这些游憩活动可以释放生活压力，放松身体、愉悦心情；另外，居民主体主要是老人和儿童，所以森林公园的可达性也是要考虑的必要因素。统计资料显示，2015 年中心城区的城市公园有 88 个，占全市城市公园总数的 53%，全年游人数占全市的 76%（表 4-4），这足以体现出城市公园在中心城区的重要地位。所以，城市森林公园对满足市民日常游憩及维护城市生态环境具有重要意义，在未来的城市建设中，上海应进一步加大城区绿化，更好地发挥中心城区的生态效益。

表 4-4　2015 年上海市各区城市公园及游人数情况

区	公园数（个）	公园面积（公顷）	人均公园绿地面积（平方米/人）	全年游人数（10^4人次）
中心城区	88	796.55	3.88	16878.12
闵行区	10	119.02	9.31	473.79
宝山区	15	374.39	11.40	1426.16
嘉定区	6	106.06	8.50	379.48
浦东新区	26	560.44	11.68	2169.74
金山区	7	13.89	7.94	134.38
松江区	5	239.09	6.21	410.58
青浦区	3	143.09	6.58	134.73
奉贤区	2	29.09	3.93	149.10
崇明区	3	25.61	4.82	51.92
全 市	165	2407.24	7.62	22208.00

数据来源：2016 年上海绿化市容行业年鉴。

第三，上海市各区森林生态系统服务价值量分布格局与其生态建设土地利用政策息息相关。根据《上海市土地利用总体规划（2006~2020）》，按照“中心城区功能提升、周边区空间整合、东西两翼战略发展、南北侧适当保护”的分层次战略，将上海划分为 6 个土地利用分区，通过明确各分区土地利用方向，实施差别化的土地利用政策和策略。即：①中心城区（外环线以内区域及宝山、嘉定、闵行等部分区域）：进一步增加城市公共绿地，增加

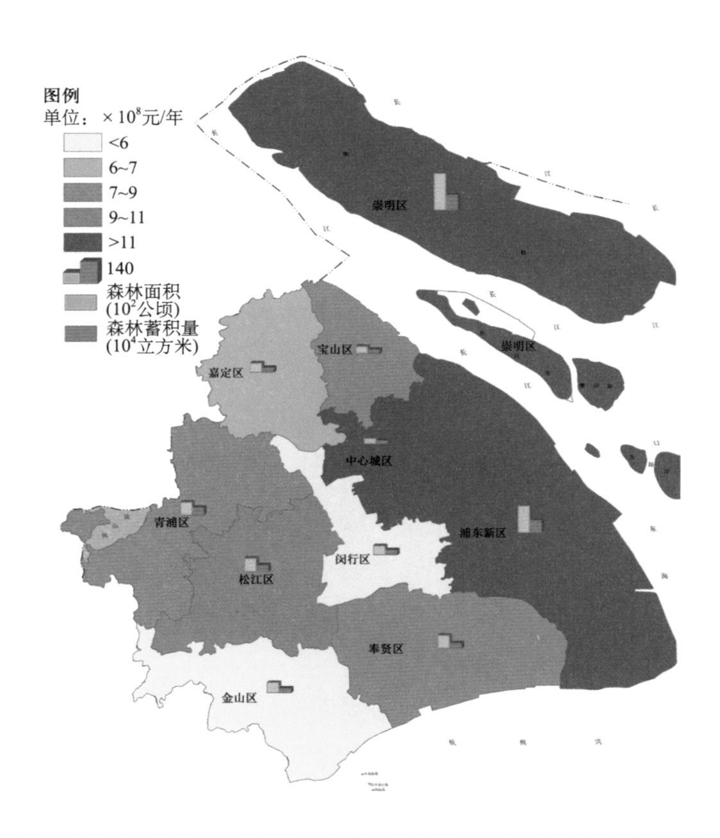

图 4-48 上海市各区森林生态系统服务功能总价值量的空间分布（2015 年）

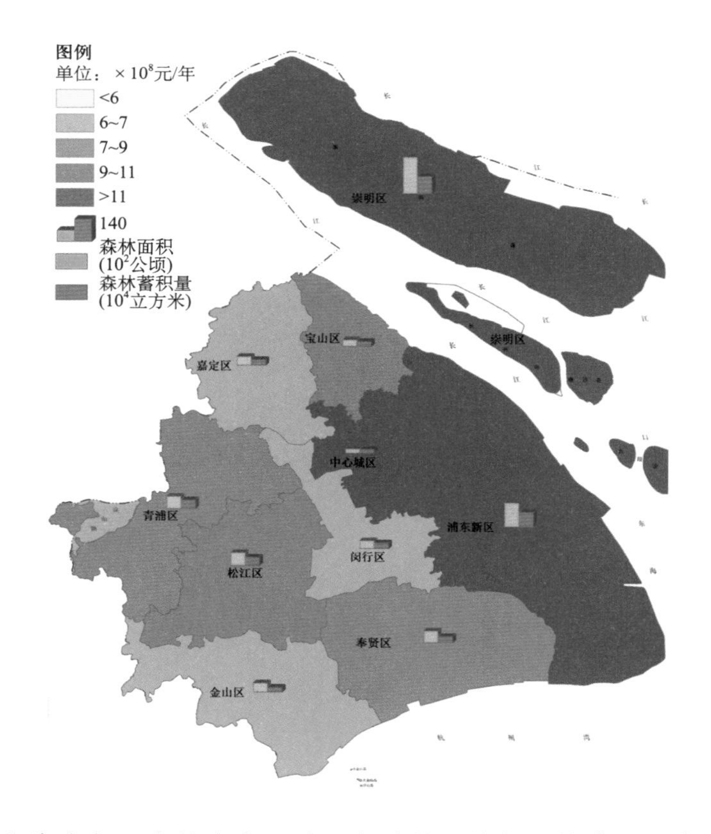

图 4-49 上海市各区森林生态系统服务功能总价值量的空间分布（2016 年）

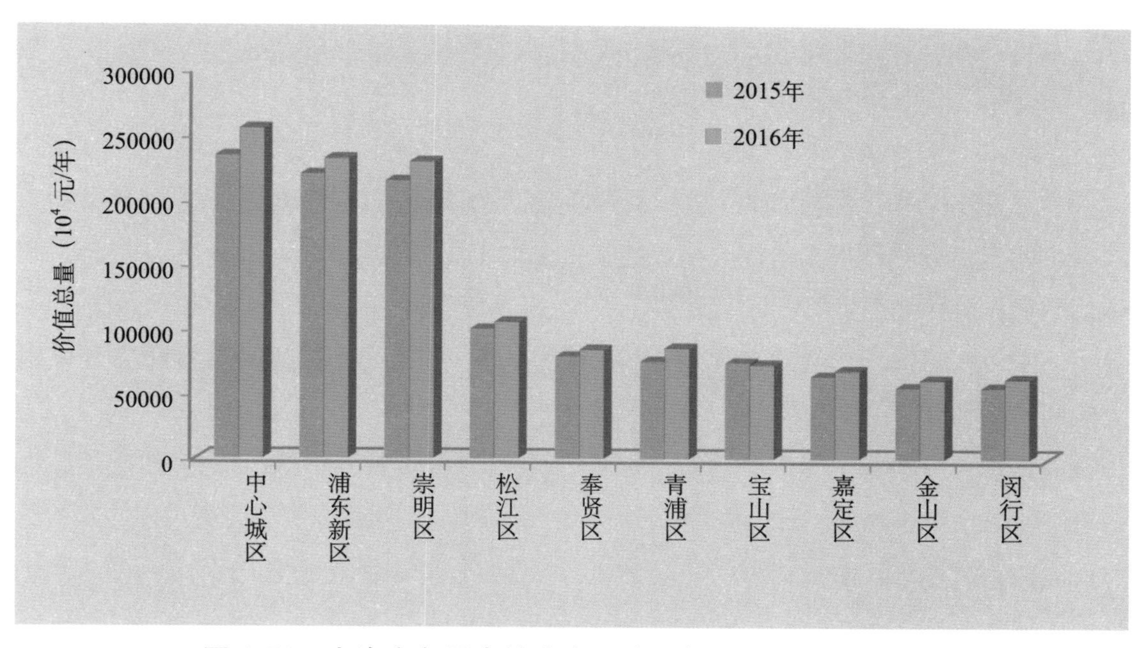

图 4-50　上海市各区森林生态系统服务功能总价值量排序

公共空间，切实转变土地利用方式。②中心城区及周边地区：建设旅游农业基地，构建城市绿色屏障；发挥郊野公园和基本农田的生态功能，有效隔离集中建设区域，提高区域环境质量。③浦东拓展地区：保护农用地和生态用地，发展都市现代农业，建设沿海防护林带，合理开发滩涂资源。④嘉青松虹地区：促进基本农田集中连片，建设黄浦江上游农业区，保护水源地及水源涵养林。⑤杭州湾北岸地区：以基本农田为“生态锚固”手段，保持生态走廊和生态保育区的生态用地格局；加强滩涂资源保护和适度开发利用，建设沿海防护林带和污染隔离带。⑥长江口三岛地区：加强推进崇明生态岛建设，保护优质耕地和基本农田，大力推进高效生态农业建设；推动青草沙水源地建设；加强滩涂资源保护和适度开发利用，保护崇明长江三角洲国家地质公园和自然保护区。所以，由于不同的土地利用状况对森林生态系统的保护和管理方式不同，势必会对其服务功能造成一定的影响。

第四，与人为干扰有关。中心城区、闵行区和宝山区等区为上海市经济活跃地带，高楼密布、人口密度大，基础设施完备，城市化度非常高，长期受人为活动干扰，许多植被破坏严重，土壤养分也不高，使得这些区域的森林生态系统服务较低（除中心城区森林游憩价值）；在崇明区，由于人口密度小，对森林的干扰程度低，植被保护程度较好，使其具有较高的森林生态服务（除森林游憩价值）。这说明人类活动干扰同样也是影响森林生态系统服务空间变异性的重要因素。

第三节　上海市不同优势树种（组）森林生态系统服务功能价值量评估结果

一、上海市不同优势树种（组）森林生态系统服务功能价值量评估结果分析

根据物质量评估结果，通过价格参数，将上海市不同优势树种（组）森林生态系统服务功能的物质量转化为价值量，结果如表 4-5、表 4-6 所示。从表 4-5、图 4-51 至图 4-64 可以看出，2015、2016 年上海市各优势树种（组）间森林生态系统服务功能价值量评估结果的分配格局呈明显的规律性，且差异较明显。

涵养水源：2015 年涵养水源功能价值量最高的 3 种优势树种（组）为樟木林、灌木林和果树类，占全市涵养水源总价值量的 51.48%；而 2016 年涵养水源价值量最高的 3 种优势树种（组）为樟木林、灌木林和阔叶混交林，占全市涵养水源总价值的 48.15%；两次评估最低的 3 种优势树种（组）均为松类、杉类和针叶混交林，分别占 3.27%、3.40%（图 4-51）。与 2015 年相比，2016 年涵养水源价值增加量最多的优势树种（组）为软阔类和阔叶混交林，分别增加了 6043.78 万元、4324.19 万元，增幅为 24.89%、16.15%；减少量最多的为果树类，减少了 2523.56 万元，降幅为 8.31%。统计资料显示：2015 年上海市水利、环境和公共设施管理业固定资产投资总额为 474.15 亿元（上海统计年鉴，2016）。2016 年樟木林、灌木林和阔叶混交林的水源涵养价值占 2015 年上海市水利、环境和公共设施管理业固定资产投资总额的 4.55%，比 2015 年高出 2.42 个百分点，由此看出上海市森林生态系统涵养水源功能的重要性。因为水利设施的建设需要占据一定面积的土地，往往会改变土地利用类型，无

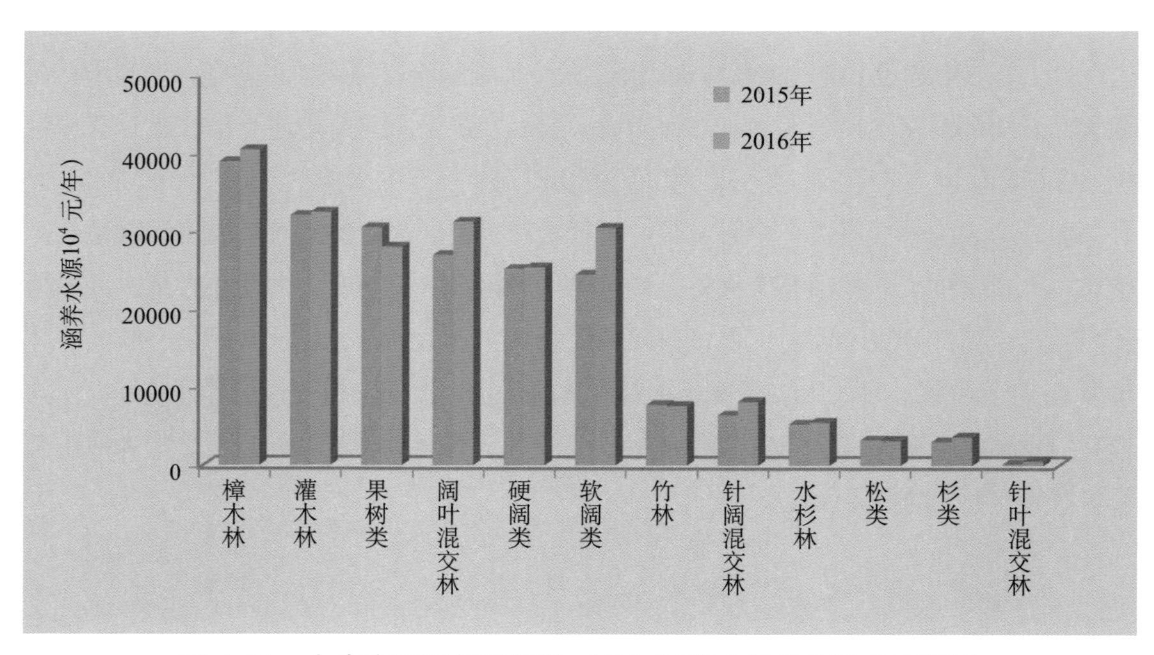

图 4-51　上海市不同优势树种（组）涵养水源价值量分配格局

论是占据的哪一类土地类型，均对社会造成不同程度的影响。另外，建设的水利设施还存在使用年限和一定危险性。随着使用年限的延伸，水利设施内会淤积大量的淤泥，降低了其使用寿命，并且还存在崩塌的危险，对人民群众的生产生活造成潜在的威胁。所以利用和提高森林生态系统涵养水源功能，可以减少相应的水利设施的建设，将以上危险性降到最低。

保育土壤：2015、2016 年保育土壤功能价值量最高的 3 种优势树种（组）均为樟木林、硬阔类和阔叶混交林，分别占全市保育土壤总价值的 52.90%、54.86%；最低的 3 种优势树种（组）均为杉类、松类和针叶混交林，仅占 3.39%、3.77%。与 2015 年相比，2016 年保育土壤价值增加量最多的优势树种（组）为樟木林和阔叶混交林，分别增加了 1823.29 万元、897.81 万元，增幅为 18.68%、16.15%（图 4-52）。保育土壤功能价值量较高的 3 个优势树种（组）38% 左右的资源面积分布在上海市崇明区和浦东新区，这两个区域位于长江入海口，属于沿海地带，水力侵蚀多发。众所周知，森林生态系统能够在一定程度上保持水土，防止水土流失。另外，还能减少随着径流进入湿地和海洋的养分含量，降低水体富营养化，保障上海沿海地带生态系统的安全。所以，崇明区和浦东新区的森林生态系统保育土壤功能对黄浦江下游及沿海地区的水土保持具有重要意义。

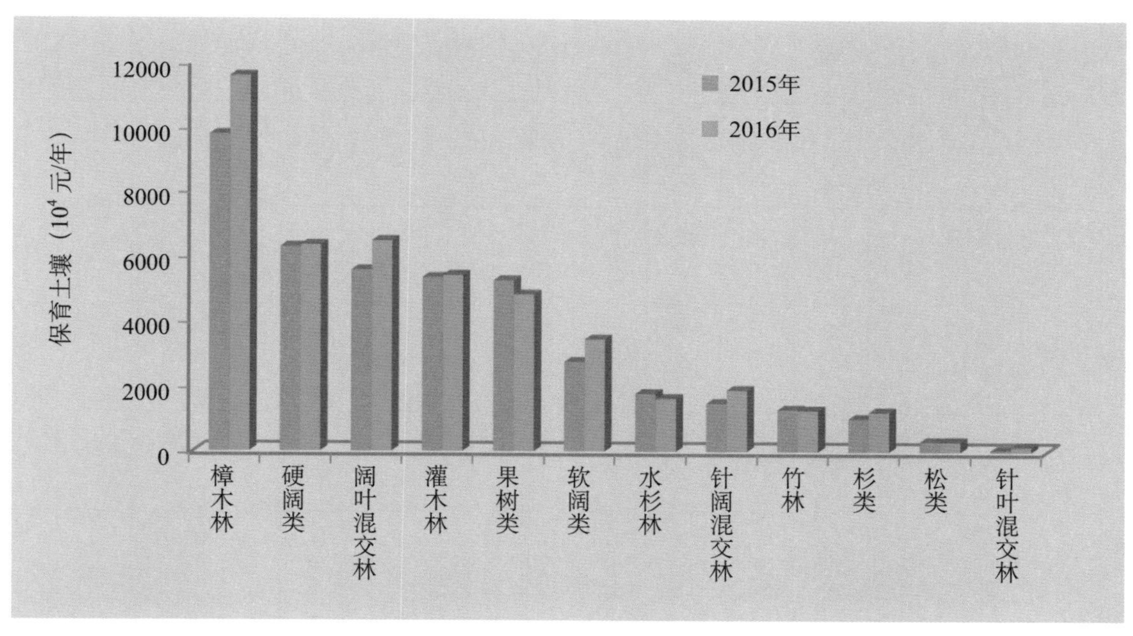

图 4-52　上海市不同优势树种（组）保育土壤价值量分配格局

固碳释氧：2015、2016 年固碳释氧功能价值量最高的 3 种优势树种（组）均为阔叶混交林、樟木林和硬阔类，分别占全市固碳释氧总价值的 57.72%、58.17%；最低的 3 种优势树种（组）均为针阔混交林、松类和针叶混交林，仅占 4.64%、5.19%。与 2015 年相比，2016 年固碳

表 4-5 上海市不同优势树种（组）森林生态系统服务功能价值量评估结果（2015 年）

序号	优势树种(组)	合计(10^4元/年)	涵养水源(10^4元/年)	保育土壤(10^4元/年)	固碳释氧(10^4元/年)	林木积累营养物质(10^4元/年)	净化大气环境(10^4元/年)								生物多样性保护(10^4元/年)	森林防护(10^4元/年)	森林游憩(10^4元/年)
							功能总计	提供负离子	吸收二氧化硫	吸收氟化物	吸收氮氧化物	滞纳TSP	滞纳$PM_{2.5}$	滞纳PM_{10}			
1	樟木林	184868.29	38853.05	9759.56	37171.70	4994.09	67999.52	647.61	955.08	18.31	64.64	66313.88	65544.76	747.12	26090.37	—	—
2	阔叶混交林	160051.31	26771.57	5558.41	73552.10	6738.99	33965.69	308.62	492.89	9.45	33.36	33121.37	32738.79	372.11	13464.55	—	—
3	硬阔类	113652.06	24982.83	6275.47	23901.71	3211.24	38504.49	287.17	614.12	11.77	41.56	37549.87	37129.67	409.52	16776.32	—	—
4	灌木林	98474.94	31927.59	5328.52	13556.36	414.37	34941.90	20.21	386.51	2.26	30.49	34502.43	34104.28	387.35	12306.20	—	—
5	果树类	97580.48	30351.81	5241.92	18548.94	2498.10	28680.52	15.74	203.20	2.25	30.37	28428.96	28100.85	319.39	12259.19	—	—
6	软阔类	67900.59	24284.54	2731.22	17056.58	809.49	15872.50	304.43	261.60	5.01	17.71	15283.75	15109.90	169.34	7146.26	—	—
7	水杉林	43663.87	5229.39	1770.01	17745.86	1053.05	12494.97	287.02	260.78	3.76	13.29	11930.12	11790.49	136.18	5370.59	—	—
8	针阔混交林	31062.19	6370.45	1480.13	8188.68	750.98	10578.43	140.20	232.03	2.59	9.15	10194.46	10078.70	112.41	3693.52	—	—
9	竹林	29900.37	7695.84	1287.61	10681.35	168.84	7100.44	54.76	93.16	0.55	7.35	6944.62	6865.48	76.95	2966.29	—	—
10	杉类	24473.86	3008.10	1018.19	10208.19	605.76	6544.22	93.71	150.02	2.17	7.65	6290.67	6218.26	70.30	3089.40	—	—
11	松类	12465.24	3217.99	312.40	2511.83	146.66	4969.65	46.32	63.46	0.92	3.24	4855.71	4804.08	50.02	1306.71	—	—
12	针叶混交林	889.74	200.89	52.93	122.35	11.49	365.82	6.49	12.13	0.10	0.34	346.76	342.70	3.97	136.26	—	—
合计		1174333.24	202894.05	40816.37	233245.65	21403.06	262018.15	2212.28	3724.98	59.14	259.15	255762.60	252827.96	2854.66	104605.66	1250.43	308099.87

表 4-6　上海市不同优势树种（组）森林生态系统服务功能价值量评估结果（2016 年）

序号	优势树种（组）	合计 (10^4元/年)	涵养水源 (10^4元/年)	保育土壤 (10^4元/年)	固碳释氧 (10^4元/年)	林木积累营养物质 (10^4元/年)	净化大气环境(10^4元/年)								生物多样性保护 (10^4元/年)	森林防护 (10^4元/年)	森林游憩 (10^4元/年)
							功能总计	提供负离子	吸收二氧化硫	吸收氟化物	吸收氮氧化物	滞纳TSP	滞纳$PM_{2.5}$	滞纳PM_{10}			
1	阔叶混交林	193933.02	31095.76	6456.22	85432.37	7827.49	46976.17	380.02	572.50	10.97	38.75	45973.93	45409.98	551.25	16145.01	—	—
2	樟木林	191973.29	40348.37	11582.85	38602.30	5186.30	68282.97	712.08	991.84	19.04	67.13	66492.88	65692.68	776.42	27970.50	—	—
3	硬阔类	113408.66	25199.04	6329.78	24108.56	3239.03	37063.65	311.07	619.43	11.88	41.92	36079.35	35640.78	426.04	17468.60	—	—
4	灌木林	98761.39	32352.18	5399.38	13736.63	419.87	33980.32	21.33	391.65	2.28	30.90	33534.16	33130.37	393.67	12873.01	—	—
5	果树类	89103.07	27828.25	4806.09	17006.71	2290.40	25568.30	14.22	186.30	2.06	27.85	25337.87	25032.87	297.58	11603.32	—	—
6	软阔类	84234.23	30328.32	3410.94	21301.51	1010.95	18969.19	343.12	326.70	6.25	22.11	18271.01	18048.98	215.70	9213.32	—	—
7	水杉林	46121.72	5464.57	1619.33	18544.33	1100.43	13599.37	303.21	272.54	3.93	13.91	13005.78	12849.06	152.62	5793.69	—	—
8	针阔混交林	38945.11	8096.12	1881.07	10406.87	954.41	12760.83	171.45	294.88	3.29	11.63	12279.58	12130.06	145.87	4845.81	—	—
9	竹林	29976.16	7550.33	1263.26	10479.37	165.65	6694.41	56.59	91.41	0.54	7.21	6538.66	6459.67	77.06	3823.14	—	—
10	杉类	28963.45	3605.97	1220.56	12237.06	726.16	8169.40	104.78	179.84	2.59	9.17	7873.02	7776.84	93.74	3004.30	—	—
11	松类	11866.81	3162.69	307.04	2468.64	144.13	4458.53	48.03	62.36	0.91	3.18	4344.05	4292.32	50.73	1325.78	—	—
12	针叶混交林	2194.12	558.28	147.08	340.00	31.94	725.93	15.40	33.71	0.27	0.94	675.61	667.17	8.22	390.89	—	—
合计		1258036.96	215589.88	44423.60	254664.35	23096.76	277249.07	2481.30	4023.16	64.01	274.70	270405.90	267130.78	3188.90	114457.37	1148.30	327407.63

释氧价值增加量最多的优势树种（组）为阔叶混交林和软阔类，分别增加了11880.27万元、4244.93万元，增幅为18.68%、16.15%；其中，阔叶混交林固碳释氧的价值增量为全市固碳释氧价值增量贡献了55.47%，占据一半以上（图4-53）。评估结果显示，2016年阔叶混交林、樟木林和硬阔类固碳量达到34.24万吨/年，若是通过工业减排的方式来减少等量的碳排放量（2008年上海市二氧化碳边际减排成本为56.31万元/吨），所投入的工业减排费用高达1928.05亿元，约占上海市GDP的7.68%。单就阔叶混交林、樟木林和硬阔类固碳释氧功能而言，其价值量为148143.23万元/年，仅占工业减排费用的0.77%，由此可以看出上海森林生态系统固碳释氧功能的重要作用。

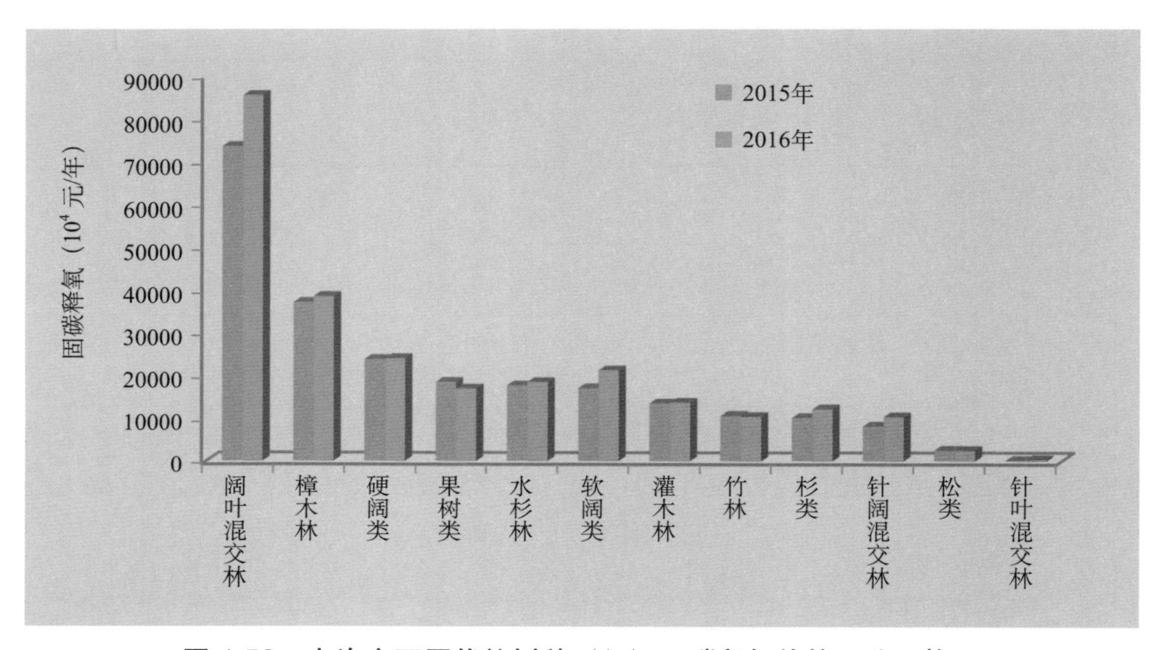

图4-53 上海市不同优势树种（组）固碳释氧价值量分配格局

林木积累营养物质：2015、2016年林木积累营养物质功能价值量最高的3种优势树种(组)均为阔叶混交林、樟木林和硬阔类，分别占全市林木积累营养物质总价值量的69.82%、70.37%；最低的3种优势树种（组）均为竹林、松类和针叶混交林，仅占1.53%、1.48%。与2015年相比，2016年林木积累营养物质价值增加量最多的优势树种（组）为阔叶混交林，增加了1088.50万元，增幅为16.15%，为全市林木积累营养物质价值增加量贡献了64.27%（图4-54）。森林生态系统通过林木积累营养物质功能，可以将土壤中的部分养分暂时储存在林木体内。在其生命周期内，通过枯枝落叶和根系周转的方式再归还到土壤中，这样能够降低因为水土流失而造成的土壤养分的损失量。阔叶混交林、樟木林和硬阔类大部分分布在上海市崇明区和浦东新区，其林木积累营养物质功能可以防止土壤养分元素的流失，保持上海市森林生态系统的稳定；另外，其林木积累营养物质功能可以减少农田土壤养分流失而造成的土壤贫瘠化，一定程度上降低了农田肥力衰退的风险。

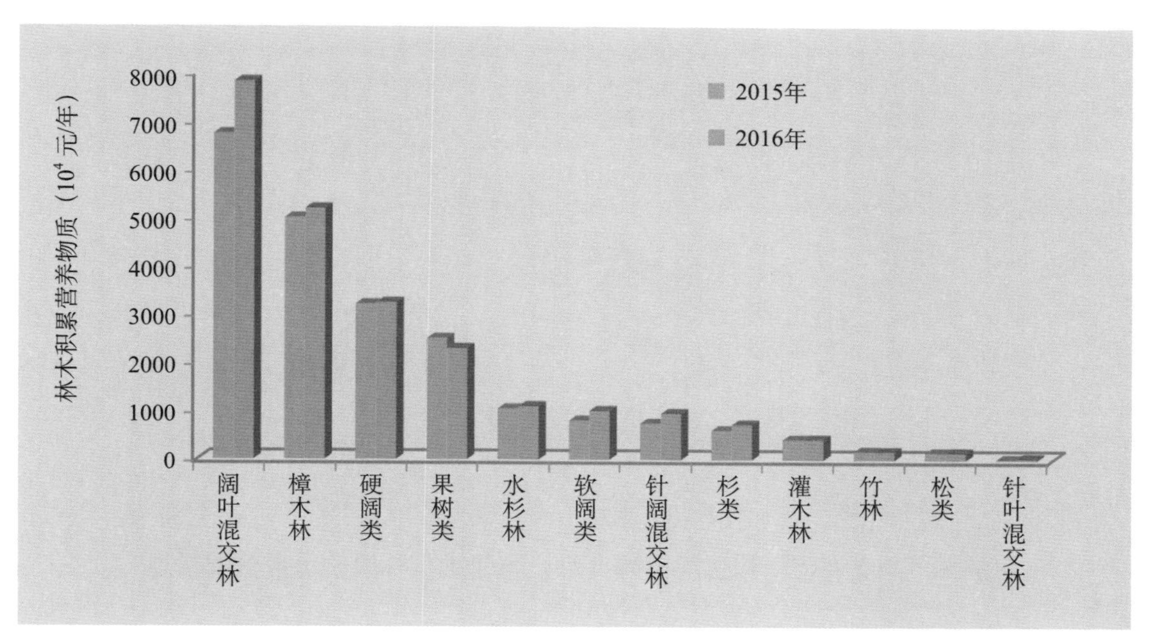

图 4-54　上海市不同优势树种（组）林木积累营养物质价值量分配格局

净化大气环境：2015 年净化大气环境功能价值量最高的 3 种优势树种（组）为樟木林、硬阔类和灌木林，占全市净化大气环境总价值量的 53.98%；最低的 3 种优势树种（组）为杉类、松类和针叶混交林，仅占 4.53%。而 2016 年净化大气环境功能价值量最高的 3 种优势树种（组）为樟木林、阔叶混交林和硬阔类，占全市净化大气环境总价值量的 54.94%；最低的 3 种优势树种（组）为竹林、松类和针叶混交林，仅占 4.28%。与 2015 年相比，2016 年净化大气环境价值增加量最多的优势树种（组）为阔叶混交林和软阔类，分别增加了 13010.48 万元、3096.69 万元，增幅为 38.30%、19.51%，阔叶混交林净化大气环境价值增量为全市净化大气环境价值增量贡献了 85.42%，占据绝对优势（图 4-55 至图 4-62）。2016 年上海市共处置 204 件突发性环境事件，主要集中在工业企业集聚的城郊区，大气环境影响事件占据七成以上，由此可以看出，上海市大气污染事件发生频次最多，环境安全形势不容乐观(信息来源：http://www.sepb.gov.cn/)。2016 年全市环保投入资金约 823.57 亿元，相当于同年全市 GDP 的 3.28%（2016 年上海环境状况公报）。所以上海市应该充分发挥森林生态系统净化大气环境功能，进而降低因为突发性环境污染事件而造成的经济损失。

生物多样性保护：2015、2016 年生物多样性保护功能价值量最高的 3 种优势树种（组）均为樟木林、硬阔类和阔叶混交林，分别占全市生物多样性保护总价值量的 53.85%、53.81%；2015 年最低的 3 种优势树种（组）为竹林、松类和针叶混交林，仅占 3.88%，而 2016 年最低的 3 种优势树种（组）为杉类、松类和针叶混交林，仅占 4.12%。与 2015 年相比，2016 年生物多样性价值增加量最多的优势树种（组）为阔叶混交林、软阔类和樟木林，分别

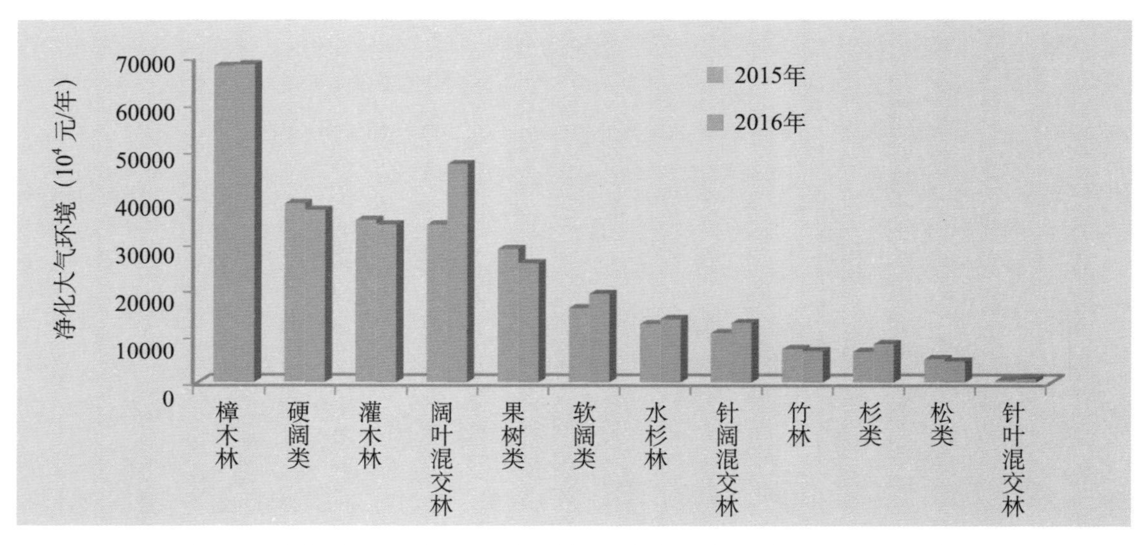

图 4-55 上海市不同优势树种（组）净化大气环境价值量分配格局

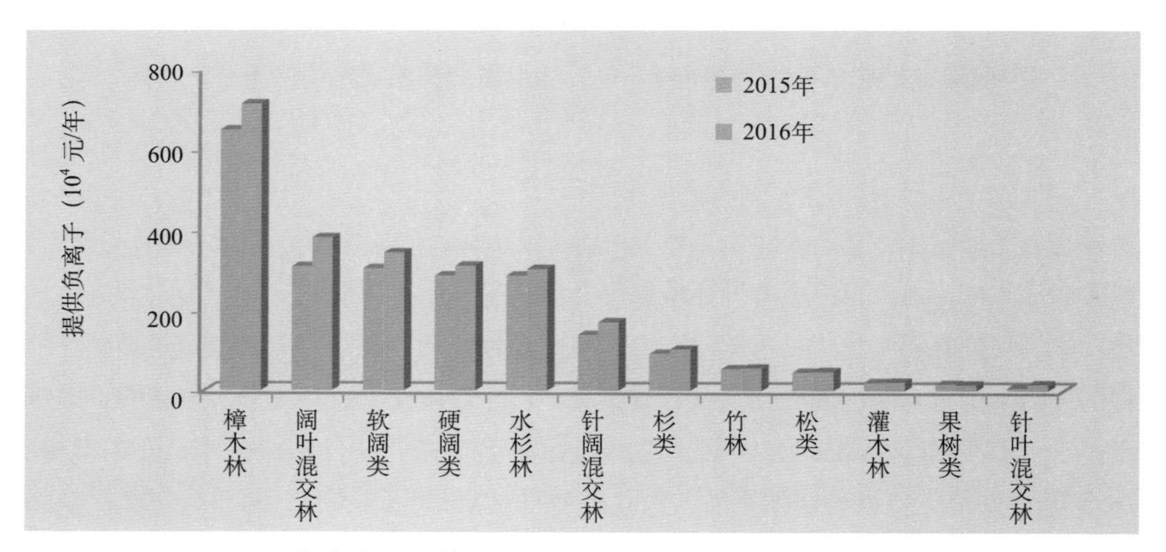

图 4-56 上海市不同优势树种（组）提供负离子价值量分配格局

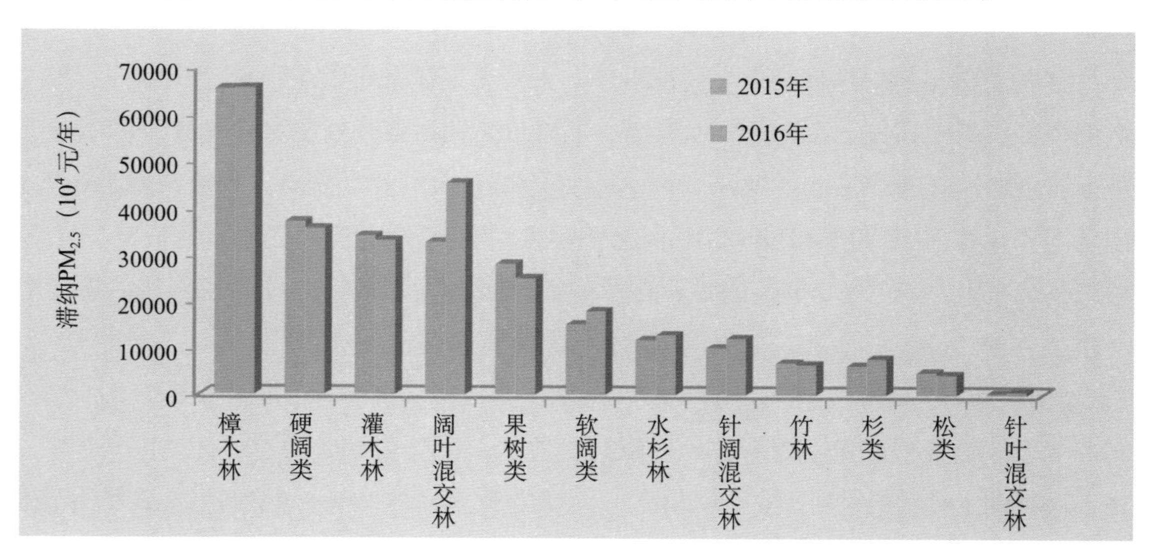

图 4-57 上海市不同优势树种（组）滞纳 $PM_{2.5}$ 价值量分配格局

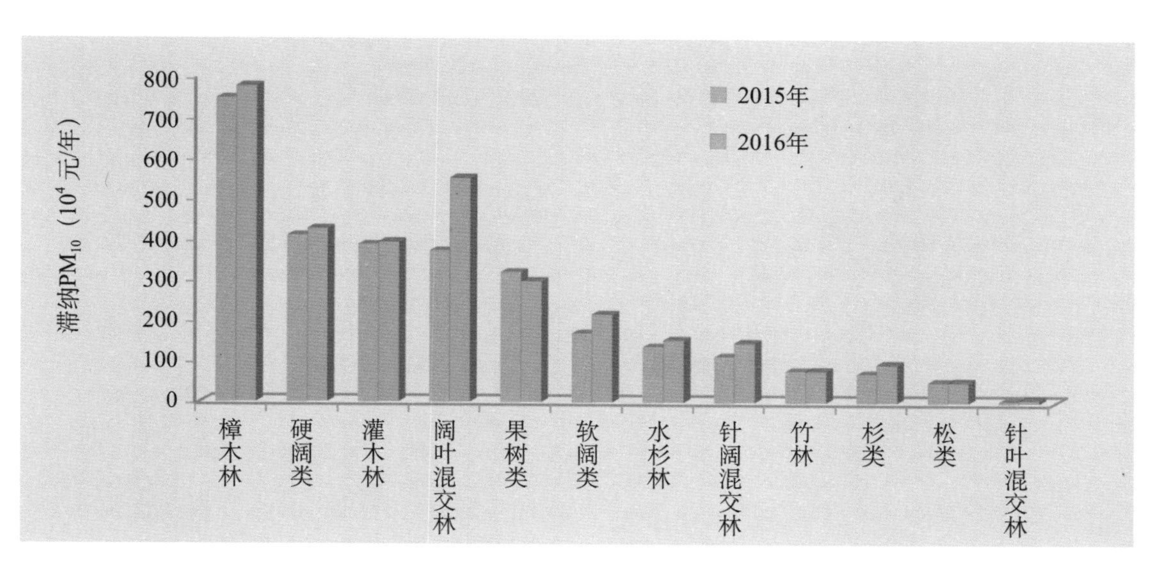

图 4-58　上海市不同优势树种（组）滞纳 PM_{10} 价值量分配格局

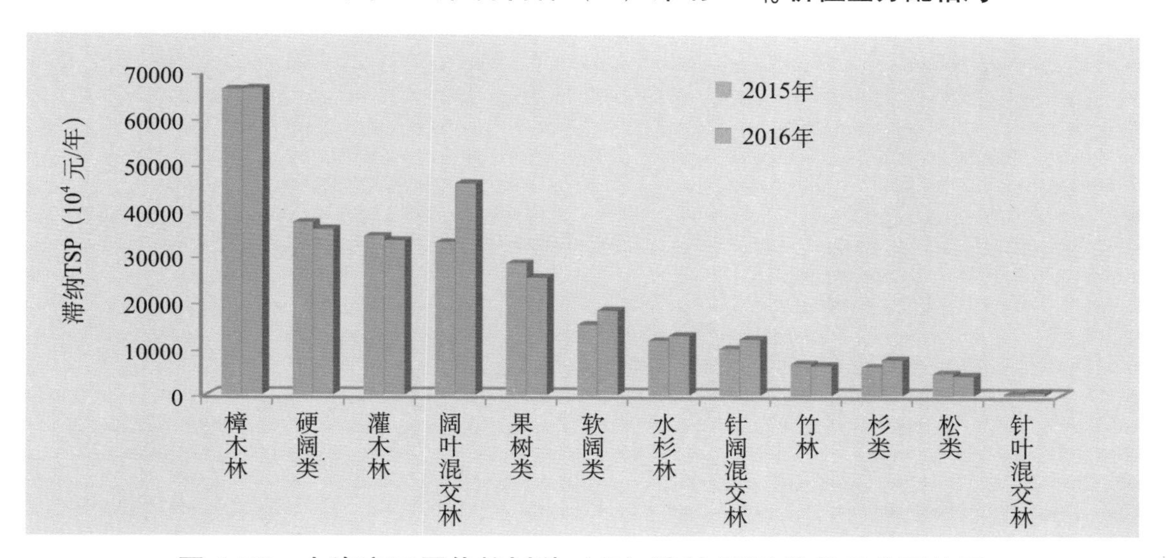

图 4-59　上海市不同优势树种（组）滞纳 TSP 价值量分配格局

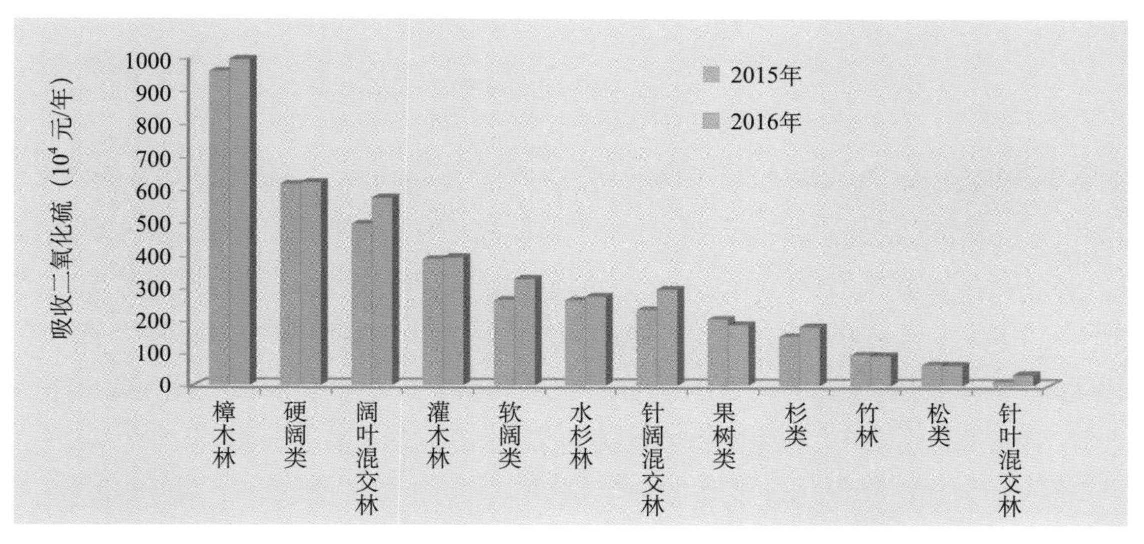

图 4-60　上海市不同优势树种（组）吸收二氧化硫价值量分配格局

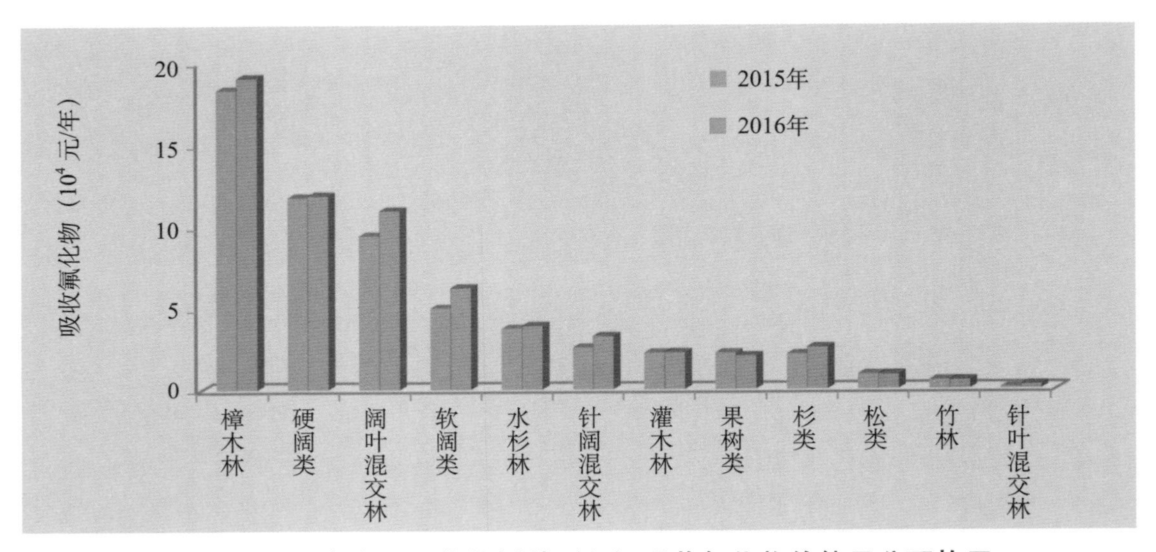

图 4-61　上海市不同优势树种（组）吸收氟化物价值量分配格局

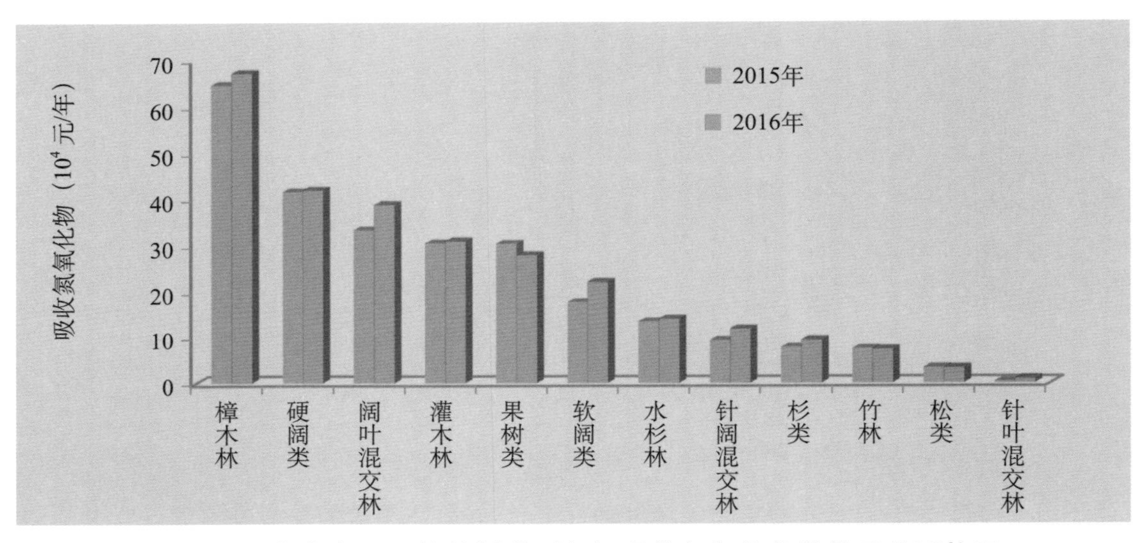

图 4-62　上海市不同优势树种（组）吸收氮氧化物价值量分配格局

增加了 2680.46 万元、2067.06 万元、1880.13 万元，增幅为 19.91%、28.93%、35.01%（图 4-63）。2016 年全市 30.60% 的樟木林、49.70% 的硬阔类和 38.97% 的阔叶混交林分布浦东新区和崇明区，浦东新区和崇明区森林资源面积大，蓄积量也高，又有着十分丰富且重要的湿地资源，建立了许多森林公园和自然保护区，动植物种类较为丰富，生物多样性较高，是上海市生物多样性保护的重点地区，所以生物多样性保护功能价值较高。同时，正是因为生物多样性较为丰富，给这两个区域带来了高质量的森林旅游资源，极大地提高了当地群众的收入水平。

上海市不同优势树种（组）森林生态系统服务功能总价值量：2015 年，各优势树种（组）六大功能合计价值量介于 889.74 万 ~184868.29 万元之间，其大小顺序为：樟木林 > 阔叶混

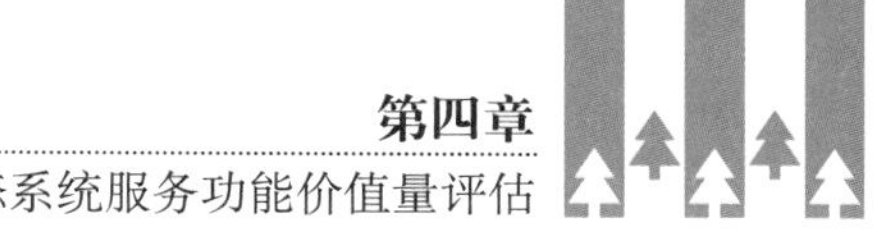

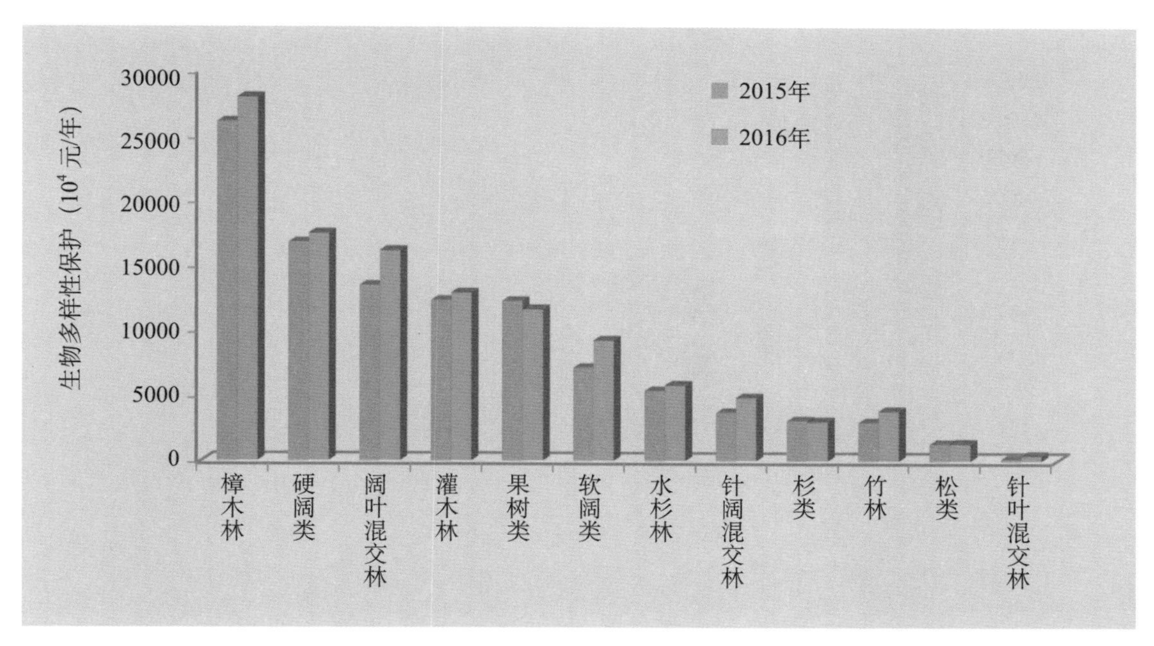

图 4-63　上海市不同优势树种（组）生物多样性保护价值量分配格局

交林 > 硬阔类 > 灌木林 > 果树类 > 软阔类 > 水杉林 > 针阔混交林 > 竹林 > 杉类 > 松类 > 针叶混交林。各优势树种（组）位于前 3 位的总价值量分别为 186848.29 万元、160051.31 万元和 113652.06 万元，其占全市总价值量的 39.05%；位于后 3 位的总价值量分别为 24473.86 万元、12465.24 万元和 889.74 万元，其占全市总价值量的 3.22%。2016 年，各优势树种(组)六大功能合计价值量介于 2194.12 万 ~193933.02 万元之间，其大小顺序为：阔叶混交林 > 樟木林 > 硬阔类 > 灌木林 > 果树类 > 软阔类 > 水杉林 > 针阔混交林 > 竹林 > 杉类 > 松类 > 针叶混交林。各优势树种（组）位于前 3 位的总价值量分别为 193933.02 万元、191973.29 万元和 113408.66 万元，其占全市总价值量的 39.69%；位于后 3 位的总价值量分别为 28963.45 万元、11866.81 万元和 2194.12 万元，其占全市总价值量的 3.42%。与 2015 年相比，2016 年森林生态系统服务价值增加量最多的优势树种(组)为阔叶混交林，增加了 33881.71 万元，增幅为 21.17%，为全市森林生态系统服务价值增加量贡献了 52.53%；同时，阔叶混交林所提供的生态价值也由 2015 年的第二位跃居为 2016 年的第一位。这主要是因为 2016 年阔叶混交林的林地面积比 2015 年增加了 1786.31 公顷，在各优势树种（组）中增加量最多，且其蓄积量增加了 158415 立方米，仅次于樟木林，阔叶混交林蓄积量的增幅为最高；而 2016 年樟木林面积仅增加了 241.70 公顷，远远小于阔叶混交林。阔叶混交林较大面积的增长，促进了其生态系统服务价值的大大提高，也为全市森林生态系统服务价值的提升做出了贡献（图 4-64）。

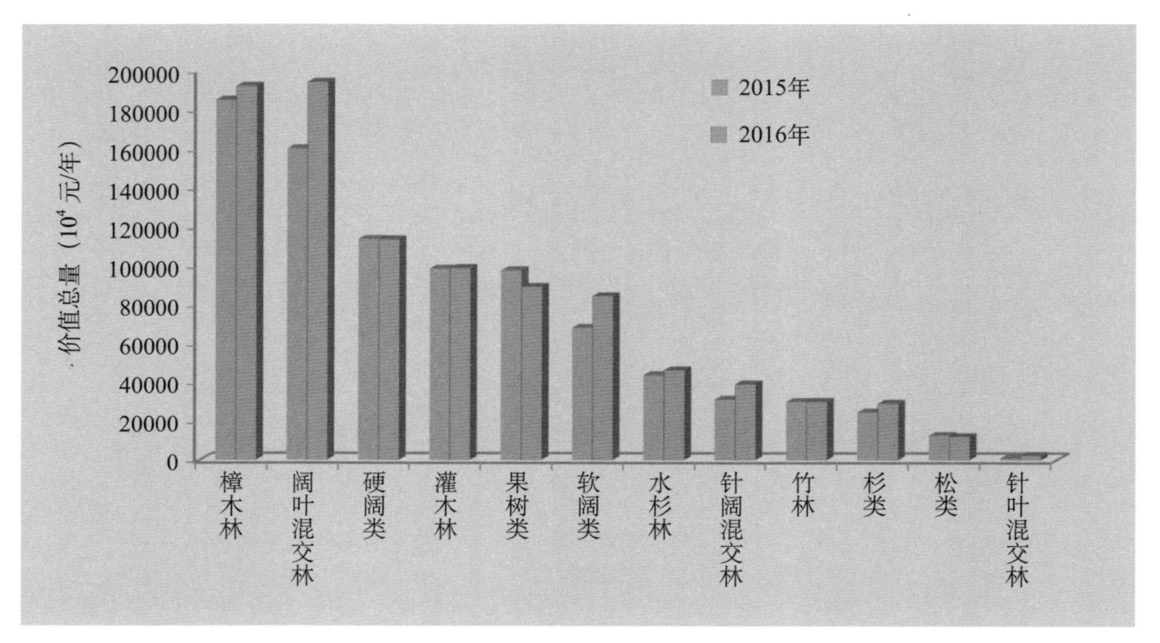

图 4-64 上海市不同优势树种（组）森林生态系统服务功能价值量排序

二、上海市不同优势树种（组）森林生态系统服务功能价值量分配格局分析

由以上评估结果可以看出，上海市森林生态系统服务功能在不同优势树种（组）间的分配格局呈现一定的规律性。首先，这是由其面积决定的。由以上结果可以看出，不同优势树种（组）的面积大小排序与其生态系统服务功能大小呈现较高的正相关性。如 2015 年樟木林的面积占全市优势树种（组）总面积的 24.94%，其生态系统服务功能价值量占全市总价值量的 15.74%；松类和针叶混交林的总面积占全市优势树种（组）总面积的 1.38%，其生态系统服务功能价值量仅占全市总价值量的 1.14%。由此可见，樟木林面积最大，产生的价值量也最大；针叶混交林面积最小，产生的价值量也最小。2016 年评估结果也同样如此。

其次，与不同优势树种（组）的龄级结构有关。森林生态系统服务是在林木生长过程中产生的，则林木的高生长速度也会对生态产品的产能带来正面的影响，影响森林生产力的因素包括：林分因子、气候因子、土壤因子和地形因子，它们对森林生产力的贡献不同。有研究表明以上四个因子的贡献率分别为 56.7%、16.5%、2.4% 和 24.4%，由此可见，林分自身的作用对森林生产力的变化影响最大，其中林分年龄最明显（肖兴威，2005）。王哲等（2012）研究显示，上海市森林生态系统碳储量以幼龄林最高，所占比重为 55.0%；其次为中龄林，约占总森林碳储量的 21.5%；其次为近熟林和成熟林，森林植被碳储量分别占 6.4% 和 4.3%；过熟林仅占 0.4%，这说明在上海市森林生态系统碳储量中，以幼龄林和中龄林占据绝对优势。2015、2016 年上海市不同优势树种（组）森林生态系统服务功能价值量大小排序中，占据前三位的为樟木林、阔叶混交林和硬阔类，其中这 3 种优势树种（组）中的幼龄林和中龄林的面积占全市森林总面积的比重在 58% 左右。上海市森林资源监测成果数据中，全市中、幼龄林的森林资源面积占全市各龄组龄林总面积的 85.66%（2015）、85.34%（2016）。由此表明全市大面积的中、幼龄林发挥着巨大的生态系统服务价值。

最后，与不同优势树种（组）分布区域有关。上海市不同地理区域对于森林生态系统服务功能的影响作用，在第三章第二节中已经论述，本节不再赘述。2015 年上海市不同优势树种（组）森林生态系统服务功能价值量大小排序中位于前三位的为樟木林、阔叶混交林和硬阔类，其森林资源的 29.71%、41.84%、47.91% 分布在崇明区和浦东新区；2016 年生态价值位于前三位的为阔叶混交林、樟木林和硬阔类，其森林资源的 38.97%、30.60%、49.70% 分布在崇明区和浦东新区。由于地理位置的特殊性，使得不同优势树种（组）间的森林生态系统服务分布格局产生了异质性。

第五章 上海市森林生态系统服务功能动态变化分析（2015 ~ 2016 年）

由于森林资源的变化，引起森林生态系统结构上发生改变。生态系统功能决定于结构，则结构的变化也一定会给功能带来影响。本章将从物质量和价值量两方面对上海市森林生态系统服务功能两次评估结果进行动态变化分析，而对各区和各优势树种（组）从价值量方面进行分析。

第一节　上海市森林生态系统服务功能动态变化分析

一、物质量变化

由表 5-1 可以看出，本次评估结果与 2015 年评估相比，绝大部分功能分项均有不同程度的增长，其增长幅度分别为：调节水量，3.24%；固土量，2.75%；固氮量，7.40%；固磷量，7.40%；固钾量，6.92%；固碳量，5.86%；释氧量，6.14%；林木积累氮量，6.79%；林木积累磷量，0.45%；林木积累钾量，5.46%；提供负离子量，8.21%；吸收二氧化硫量，4.93%；吸收氟化物量，5.18%；吸收氮氧化物量，2.98%；滞尘量，5.23%；其中，滞纳 PM_{10} 量，8.53%；滞纳 $PM_{2.5}$ 量，6.69%。另外，森林防护量下降，-10.78%；森林防护功能降低主要是由于林种调整导致农田防护林面积减少，部分农田防护林调整为商品林。由此可见，各功能分项的增加幅度大部分介于 -10.78% ~ 8.53% 之间，说明上海市森林资源状况总体上在不断提升。而且，从森林资源面积和蓄积量方面也可以得出同样的结果。2016 年上海市森林面积较 2015 年有增加，幅度为 3.57%，其蓄积量增幅为 18%。森林面积增幅低于其蓄积量增幅，这说明了上海市中、幼龄林属于快速生长期，森林资源状况在不断的提升，由此带来了森林生态系统服务功能量的增加。这与谢高地（2003）的研究结果一致，其认为生态系统的生态服务功能大小与该生态系统的生物量密切相关，生物量越大，生态系统功能越强。

表 5-1　两次上海市森林生态系统服务功能评估物质量对比（2015~2016 年）

功能项	功能分项		物质量		增加量
			2015年	2016年	
涵养水源	调节水量（10^4立方米/年）		19622.25	20257.55	635.30
保育土壤	固土（10^4吨/年）		328.91	337.95	9.04
	N（10^2吨/年）		31.50	33.83	2.33
	P（10^2吨/年）		9.60	10.31	0.71
	K（10^2吨/年）		455.46	486.99	31.53
固碳释氧	固碳（10^4吨/年）		56.13	59.42	3.29
	释氧（10^4吨/年）		135.39	143.70	8.31
林木积累营养物质	N（10^2吨/年）		27.09	28.93	1.84
	P（10^2吨/年）		64.43	64.72	0.29
	K（10^2吨/年）		118.46	124.93	6.47
净化大气环境	提供负离子（10^{24}个/年）		4.14	4.48	0.34
	吸收二氧化硫（10^4千克/年）		931.25	977.20	45.95
	吸收氟化物（10^4千克/年）		85.69	90.13	4.44
	吸收氮氧化物（10^4千克/年）		64.78	66.71	1.93
	滞尘	TSP（吨/年）	6600.39	6945.38	344.99
		PM_{10}（吨/年）	1016.70	1103.47	86.77
		$PM_{2.5}$（吨/年）	252.13	258.82	6.69
森林防护	防护效益（吨/年）		2938.74	2622.02	-316.72

（一）涵养水源方面

2015 年上海市森林生态系统服务评估结果显示，其调节水量为 19622.25 万立方米 / 年，相当于 2015 年全市水资源总量（67.00 亿立方米）的 2.93%；2016 年评估其调节水量为 20257.55 万立方米 / 年，相当于 2015 年全市水资源总量（67.00 亿立方米）的 3.03%，增加 0.1 个百分点。上海市内流经的河流有长江、黄浦江和苏州河等，其森林生态系统涵养水源功能在不断提高。上海市近年来所实施的林业政策起到了积极的作用，使得本市森林资源质量不断提升，其森林生态系统为维护市内人民的用水安全起到了非常重要的作用。

（二）保育土壤方面

2015 年上海市森林生态系统服务评估结果显示，其固土量为 328.91 万吨 / 年，2016 年评估其固土量为 337.95 万吨 / 年，增加了 9.04 万吨 / 年，这一定程度上说明上海森林资源质量的提升，使森林保育土壤功能不断提高。上海水系十分发达，水土流失也比较严重，土壤侵蚀类型也主要以水力侵蚀为主。严重的水土流失导致耕地减少，土壤退化，洪涝灾害加剧，生态环境恶化，给社会经济可持续发展和人民生活带来危害。

（三）固碳释氧方面

2015年上海市森林生态系统服务评估结果显示，其固碳量为56.13万吨/年，相当于上海市工业碳排放量（4361.70万吨，来源于2015年上海市统计年鉴中的标准煤消耗量的折算值）1.29%；2016年评估其固碳量为59.42万吨/年，相当于上海市工业碳排放量（4361.70万吨，来源于2015年上海市统计年鉴中的标准煤消耗量的折算值）1.37%。上海市森林生态系统固碳量的增加，主要是来自于部分优势树种（组）面积和林分蓄积量的增加，如阔叶混交林、樟木林和软阔类。由固碳评估公式可以看出，面积和生物量是两个主要的控制因子，通过对比可以看出，2016年上海市森林面积较上年增加了3403公顷，增幅为3.57%，蓄积量增加的更为明显，增加了925968立方米，增幅为18%。森林生态系统固碳功能的提升，有助于上海市减排工作的推进。

（四）净化大气环境方面

通过两次评估结果可以看出，上海市森林生态系统提供负离子量增加了0.34×10^{24}个/年，提升幅度为8.21%。随着社会经济的不断发展，人们在物质需求方面越来容易实现，而在精神方面的需求在不断地增长。与混乱嘈杂的城市环境相比，人们更愿意去乡野、公园欣赏大自然的美。其中，最重要的是森林中具有城市环境无法比拟的负离子含量，这就催发了森林游憩产业的发展，进而增加当地居民的旅游收入，起到调整区域内的经济发展模式的作用，提高第三产业经济总量。这样也可以提高人们保护生态环境的意识，形成一种良性的经济循环模式。有研究表明：空气负离子对人体有保健、缓解和治疗某些慢性病的作用，森林中的负离子含量约为城市闹区50倍以上，因此森林被誉为“天然氧吧”。目前，雾霾成为人们最为关注的环境热点问题，如何有效地调控空气中颗粒物（PM_{10}、$PM_{2.5}$）的含量，成为了诸多专家研究的重点问题。森林的滞尘作用表现为：一方面由于森林茂密的林冠结构，可以起到降低风速的作用。随着风速的降低，空气中携带的大量空气颗粒物会加速沉降；另一方面，由于植物的蒸腾作用，树冠周围和森林表面保持较大适度，使空气颗粒物较容易降落吸附。最重要的还是因为树体蒙尘之后，经过降水的淋洗滴落作用，使植物又恢复了滞尘能力。另外，上海市森林生态系统吸收污染物功能也在提升，有力地维护了市内空气环境质量，降低了对人体健康的危害。

上海市森林生态系统服务的增加，对于增加林业对人类提供的福祉，保障社会经济的可持续发展具有不可替代的作用。究其原因，主要还是上海市林业建设起到了积极作用。

“十二五”以来，上海市以《上海市林地保护利用规划（2010~2020年）》、《上海市基本生态网络规划》为引领，稳步推进林业建设，不断加强林业管理，完善湿地及野生动植物保护管理体系，实现了林地面积稳中有增，森林质量持续提高，湿地和野生动植物资源得到有效保护的目标，林业在城市生态文明建设和社会经济发展过程中的地位和作用不断得到加强。

1. 森林资源面积的变化

“十二五”以来，上海全面实施一系列林业重点工程，强化工程项目在生态建设中的示范引领作用，如生态公益林建设项目、生态廊道建设工程、农田林网建设工程等，生态建设成效显著。2011 ~ 2015 年，全市完成新建各类林地 22.5 万亩，共计种植四旁树 392 余万棵。到 2015 年年底，全市林地面积可达 160 万亩，森林面积达 143 万亩，分别比 2009 年增加 12 万亩和 23 万亩，森林覆盖率从“十一五”末的 12.58% 增加到 15.03%，森林蓄积量增加 42 万立方米，均创历史新高。五年内实施林地抚育面积 20 万亩，完成林地基础设施建设 20 万亩。到 2016 年底，林地面积较 2015 年净增 3184 公顷，森林面积净增 3403 公顷，森林覆盖率又上升了 0.53 个百分点。

2. 森林质量的变化

森林抚育进一步加强，森林质量进一步提高。从龄组结构来看，上海市中、幼龄林面积占全市森林面积的 73.07%，通过中幼林抚育之后，上海市每公顷蓄积量由 48 立方米增长至 55 立方米，增长了 7 立方米 / 公顷，增长幅度为 14.58%。通过 2015、2016 年的森林资源龄组结构对比可以发现，中龄林和近熟林的面积所占比例由 39.56%（2015 年）上升至 41.75%（2016 年），蓄积量所占比重则由 47.26% 上升至 49.12%。同时，幼龄林所占面积比例由原来的 53.66%（2015 年）下降至 51.68%（2016 年）。从以上变化数据可以看出，上海市森林资源林龄组结构正在逐渐优化。森林生产力的影响因素包括：林分因子、气候因子、土壤因子和地形因子，它们对森林生产力的贡献率不同，分别为 56.7%、16.5%、2.4% 和 24.4%。同时，林分自身的作用是对净初级生产力的变化影响较大，其中林分年龄最明显（肖兴威，2005; Deng et al., 2014），中龄林和近熟林有绝对的优势，是潜在的巨大碳库（许瀛元等，2012）。

3. 森林保护面积的变化

近几年，上海市颁布实施了《上海市森林管理规定》，坚持规划先行、政策引导，先后编制完成了《上海市基本生态网络规划》、《上海市林地保护利用规划（2010~2020 年）》、《上海市林业“三防”体系建设规划》，进一步完善了上海市林地保护管理政策法规体系，划定了生态红线保护范围，确定了林业发展区域和空间，明确了林地保护管理措施，为实施林地用途管制奠定了基础。围绕生态建设、产业发展、资源保护，还制定发布了《2013~2015 年上海市推进林业健康发展促进生态文明建设的若干政策措施》，明确了补贴政策，促进了本市林业发展方式的转变，提升了林地、湿地等生态资源综合效益，健全了林业持续健康发展的政策机制；并且，还修改完善了《上海市公益林生态补偿转移支付考核实施细则》，确保了林业建设和管理目标的实现。森林资源保护、自然保护区保护、郊野公园建设进一步加强。“十二五”以来，上海市着力发展以森林旅游为主的林业第三产业，试点建设开放式休闲林地，为合理利用本市森林资源，推进森林旅游的发展奠定了坚实的基础；在湿地保护管理方面，进一步完善了国际和国家重要湿地、自然保护区以及野生动物重要栖息地和极小种群恢复栖息地，建成了上海市崇明西沙国家湿地公园和吴淞炮台湾国家湿地公园。另外，上海还大力推进郊野公园建设，全市规划建设 21 座郊野公园，至 2016 年年底，已建成并对外开放了 5 座郊野公园。经统计，截至 2015 年年底，全市城市公园达到 165 个，总面积达到 2407 公顷；自然保护区 4 个，总面积达到 124120 公顷；森林公园 7 个，总面积达到约 2540 公顷（上海绿化市容行业年鉴，2016）。

二、价值量变化

表 5-2 中列出了 2015 年评估价值量、2016 年价格贴现前后的评估价值量。从中可以看出，与 2015 年相比，2016 年全市森林生态系统服务功能价值量由 1174333.25 万元增加至 1258036.96 万元，净增 83703.71 万元，增幅 7.13%。2016 年评估无论是价格未贴现还是价格已贴现，除了森林防护功能，其他各项服务功能价值量比上年评估均有不同程度的提高，且各功能增长幅度不同。2016 年价格贴现前的评估结果比 2015 年增长幅度：涵养水源，3.24%；保育土壤，5.74%；固碳释氧，6.08%；林木积累营养物质，4.85%；净化大气环境，2.81%；森林防护，-10.78%；生物多样性保护，6.31%；森林游憩，3.25%；总价值，4.08%。2016 年价格贴现后的评估结果比 2015 年增长幅度：涵养水源，6.26%；保育土壤，8.84%；固碳释氧，9.18%；林木积累营养物质，7.91%；净化大气环境，5.81%；森林防护，-8.17%；生物多样性保护，9.42%；森林游憩，6.27%；总价值，7.13%（图 5-1）。

上海市森林生态服务各功能项价格贴现前价值量评估结果的增长空间，是由森林生态系统服务功能增强所带来的，而价格贴现后的价值量评估结果的增长空间是由功能增强和价格变动共同作用的结果，其中功能增强是基础、价格变动是主力。近年来，上海市发布

表 5-2　两次上海市森林生态系统服务功能评估价值量对比（2015~2016 年）

功能	2015年	2016年			
		价格未贴现		价格已贴现	
	价值量（10^4元/年）	价值量（10^4元/年）	增长量（10^4元/年）	价值量（10^4元/年）	增长量（10^4元/年）
涵养水源	202894.05	209463.08	6569.03	215589.88	12695.83
保育土壤	40816.37	43161.14	2344.77	44423.6	3607.23
固碳释氧	233245.64	247427.11	14181.47	254664.35	21418.71
林木积累营养物质	21403.08	22440.38	1037.30	23096.76	1693.68
净化大气环境	262018.15	269370.00	7351.85	277249.07	15230.92
森林防护	1250.43	1115.67	-134.76	1148.30	-102.13
生物多样性保护	104605.66	111204.63	6598.97	114457.37	9851.71
森林游憩	308099.87	318103.11	10003.24	327407.63	19307.76
总值	1174333.25	1222285.12	47951.87	1258036.96	83703.71

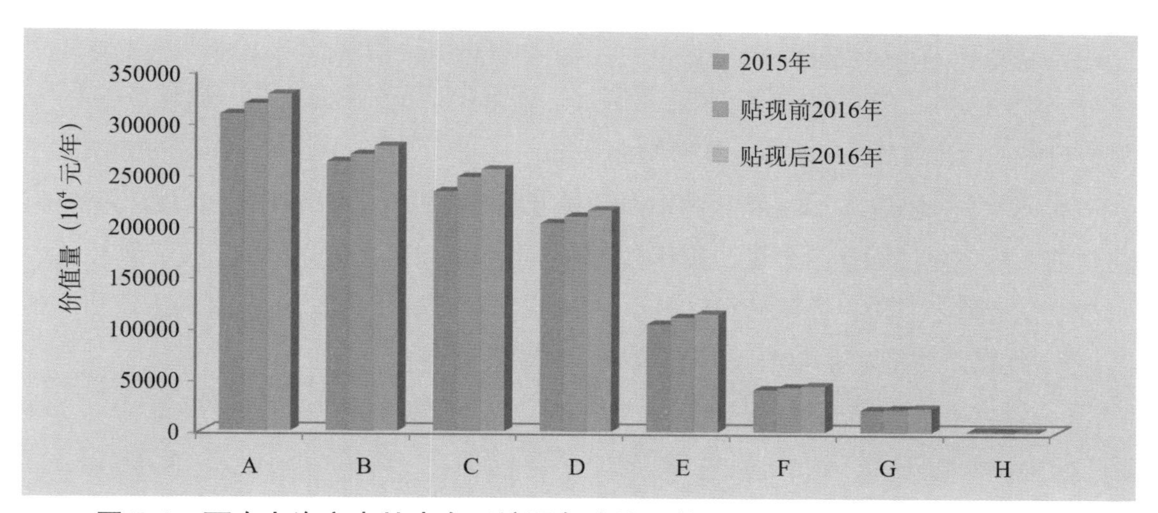

图 5-1　两次上海市森林生态系统服务功能评估价值量对比（2015~2016 年）

注：A. 森林游憩；B. 净化大气环境；C. 固碳释氧；D. 涵养水源；E. 生物多样性保护；F. 保育土壤；G. 林木积累营养物质；H. 森林防护

了《上海市人民政府办公厅转发市绿化市容局 < 关于进一步加强本市森林资源管理工作的若干意见 > 的通知》（沪府办〔2017〕12 号）等相关林业政策，将林业摆在了重要的位置，有力地推动了对森林资源的保护和管理，提升了森林质量，从而增强了森林生态系统服务功能。此外，森林游憩功能的增长与价格变动无关，近年来由于人们生态意识不断提高，森林生态系统服务功能逐渐被人们认识和接受，由此给森林游憩带来了巨大的增长空间，在本市所体现出的影响更是十分明显。

从全国水平而言，上海市 2015 年价值量评估结果占第一次全国价值量评估（2004 ~ 2008 年）结果的 0.12%，2016 年价值量评估结果占第二次全国价值量评估（2009 ~ 2013 年）结果（均利用贴现率修正了价格）的 0.11%，从中可以看出，上海市森林生态服务功能与以往相比，在不断增强，但较全国相比，其增长幅度还有一定的差距。

2016年上海市的森林生态系统服务功能有了较大幅度的增加，与2015年评估结果相比，全市森林生态系统服务功能总价值增加 83703.71 万元 / 年。价值量的增加，虽然综合考虑了价格变动因素，但主要还是上海市林业生态建设和资源保护工作取得了显著成效，促使森林生态功能明显增强。评估结果充分反映出上海市森林生态效益现状，体现出全市林业生态建设的成果，为上海市建设生态文明、保障生态安全和发展绿色经济提供了科学依据。同时，上海市委市政府高度重视城市生态环境保护工作，不断加大生态环境保护和建设力度，编制通过了《上海市基本生态网络规划》，落实全市土地利用总体规划确定的市域“环、廊、区、源”的城乡生态空间体系，维护生态安全。加快形成中心城以“环、楔、廊、园”为主体、中心城周边地区以市域绿环、生态间隔带为锚固、市域范围以生态廊道、生态保育区为基底的“环形放射状”的生态网络空间体系。通过基础生态空间、郊野生态空间、中心城周边地区生态系统、集中城市化地区绿化空间系统四个层面的空间管控，维护生态底线。通过生态功能区块的具体划示，加强全市总体层面的生态空间控制引导。按照中心城绿地、市域绿环、生态间隔带、生态走廊、生态保育区五类生态空间，以规划主要干道、河流为边界，结合行政区划，划示生态功能区块。

由评估结果可以看出，《上海市林地保护利用规划（2010~2020年)》、《上海市基本生态网络规划》的效果已经逐渐显现，并有力推动了上海市生态文明建设的进度，为社会经济的可持续发展奠定了理论性基础和提供了方向性指导。同时，该规划还有利于增加上海市的“绿水青山”，进而使得“绿水青山”值更多的“金山银山”。

第二节　上海市各区森林生态系统服务功能动态变化分析

表5-3中列出了上海市各区2015年、2016年的评估价值量。从中可以看出，两次评估期间，除宝山区外，上海市各区森林生态系统服务分别有了不同程度的提高。贴现前的提升幅度从大到小分别为：青浦区，10.41%；闵行区，9.02%；金山区，7.36%；中心城区，5.84%；嘉定区，3.87%；崇明区，3.77%；奉贤区，3.36%；浦东新区，2.41%；松江区，2.37%；宝山区，-4.86%；各区的平均增长幅度为4.35%。贴现后的提升幅度从大到小分别为：青浦区，13.64%；闵行区，12.21%；金山区，10.50%；中心城区，8.93%；嘉定区，6.91%；崇明区，6.81%；奉贤区，6.38%；浦东新区，5.41%；松江区，5.37%；宝山区，-2.08%；各区的平均增长幅

表5-3　上海市各区两次森林生态系统服务价值量对比（2015~2016年）

各区	2015年	2016年			
		价格未贴现		价格已贴现	
	价值量（10^4元/年）	价值量（10^4元/年）	增长量（10^4元/年）	价值量（10^4元/年）	增长量（10^4元/年）
中心城区	234035.07	247699.12	13664.05	254944.32	20909.25
崇明区	215008.82	225312.04	5310.12	231902.41	11900.49
浦东新区	220001.92	223122.23	8113.41	229648.58	14639.76
松江区	100377.65	102757.61	2379.96	105763.25	5385.60
青浦区	75552.75	83418.20	7865.45	85858.17	10305.42
奉贤区	79352.64	82016.18	2663.54	84415.14	5062.50
宝山区	74671.86	71041.19	-3630.67	73119.15	-1552.71
闵行区	55561.11	66631.83	2483.82	68580.8	4432.79
嘉定区	64148.01	60571.34	5010.23	62343.07	6781.96
金山区	55623.41	59715.38	4091.97	61462.07	5838.66
合 计	1174333.24	1222285.12	47951.88	1258036.96	83703.72

度为 7.13%。中心城区、崇明区、浦东新区和青浦区的价值增量较明显，青浦区、闵行区、金山区和中心城区增幅较大。

由图 5-2 可以看出，除宝山区外，2016 年上海市各区森林生态系统服务价值量评估结果高于 2015 年，这主要是由于各区森林资源状况发生了变化。如图 5-3 所示，上海市各区森林面积的变化不一致。上海市各区的森林面积和蓄积量变化均呈现出增长趋势。森林面积：崇明区、青浦区和浦东新区等地的增加量较多，青浦区和金山区等地增幅较大；林分蓄积量：浦东新区、崇明区、青浦区和松江区等地的增加量较大，浦东新区、金山区、青浦区和松江区等地增幅较大。宝山区森林生态系统服务价值量降低，主要与宝山区森林游憩功能（宝山区的主体功能）降低有较大关系，宝山区 2015 年全年的游人量较 2014 年减少了 1691672 人次，

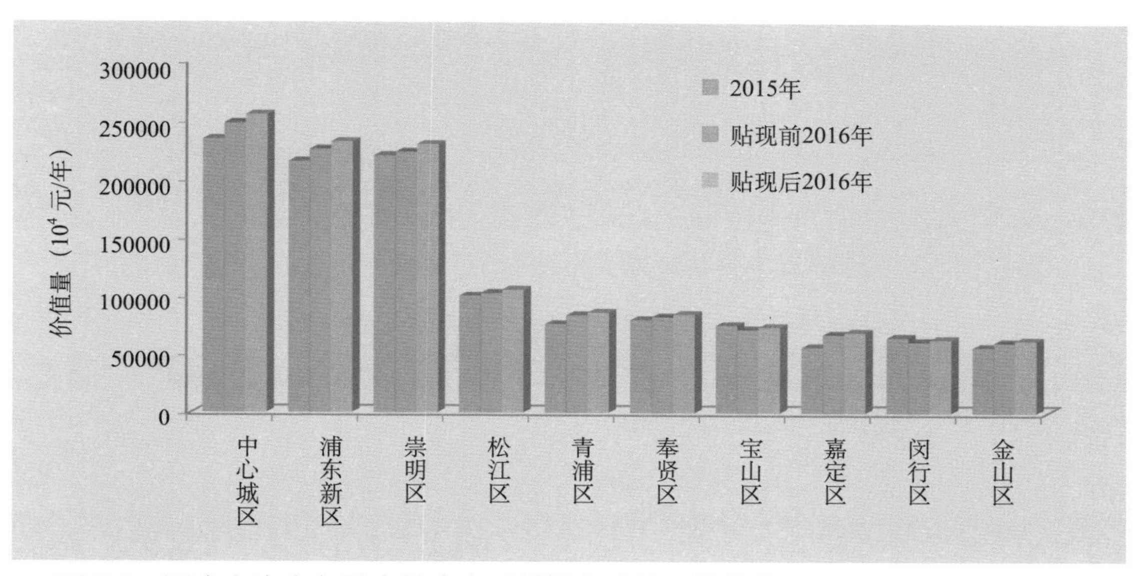

图 5-2　两次上海市各区森林生态系统服务功能评估价值量对比（2015~2016 年）

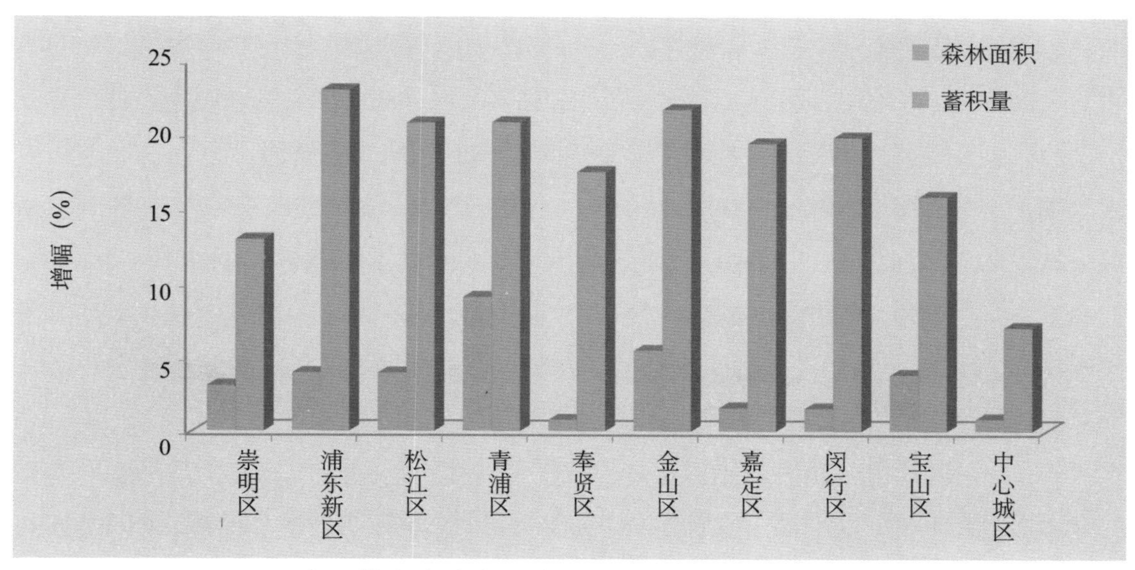

图 5-3　两次评估上海市各区森林资源变化情况（2015~2016 年）

降幅为8.55%，由此宝山区2016年贴现后的森林游憩价值量较2015年降低了5075.81万元，降低幅度为21%，在各区中降低的最多，在宝山区各功能中降低的也最多（图5-4）。

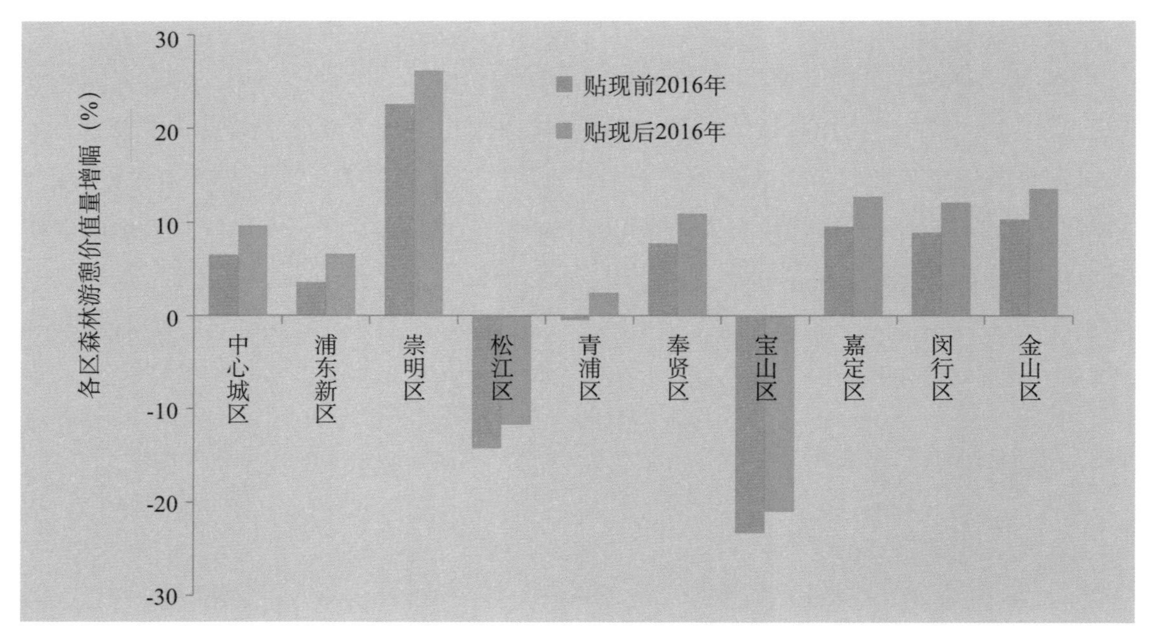

图5-4 2016年上海各区森林游憩价值量增幅（较2015年相比）

第三节 上海市各优势树种（组）森林生态系统服务功能动态变化分析

表5-4中列出了上海市各优势树种（组）2015年、2016年的评估价值量。从中可以看出，两次评估期间，除硬阔类、灌木林、果树类、竹林和松类外，上海市各优势树种（组）森林生态系统服务分别有了不同程度的提高。贴现前提升幅度从大到小分别为：针叶混交林，139.59%；针阔混交林，21.81%；软阔类，20.53%；阔叶混交林，17.73%；杉类，14.98%；水杉林，2.63%；樟木林，0.89%；灌木林，-2.56%；竹林，-2.60%；硬阔类，-3.05%；松类，-7.51%；果树类，-11.28%；各优势树种（组）的平均增长幅度为15.93%。贴现后提升幅度从大到小分别为：针叶混交林，146.60%；针阔混交林，25.38%；软阔类，24.06%；阔叶混交林，21.17%；杉类，18.34%；水杉林，5.63%；樟木林，3.84%；灌木林，0.29%；竹林，0.25%；硬阔类，-0.21%；松类，-4.80%；果树类，-8.69%；各优势树种（组）的平均增长幅度为19.32%。阔叶混交林、软阔类、针阔混交林和樟木林的价值增量较明显，针叶混交林、针阔混交林、软阔类和阔叶混交林增幅较大（图5-5）。

由图5-5可以看出，2016年上海市各优势树种（组）服务价值量评估结果较2015年相比，有增加也有减少，这主要是由于各优势树种（组）资源状况发生了变化。如图5-6和图5-7所示，上海市各优势树种（组）面积和蓄积量的变化不一致。各优势树种（组）面积增

表 5-4　上海市各优势树种（组）两次森林生态系统服务价值量对比（2015~2016 年）

各优势树种（组）	2015年	2016年			
		价格未贴现		价格已贴现	
	价值量（10^4元/年）	价值量（10^4元/年）	增长量（10^4元/年）	价值量（10^4元/年）	增长量（10^4元/年）
阔叶混交林	160051.31	188421.69	28370.38	193933.02	33881.71
樟木林	184868.29	186517.64	1649.35	191973.29	7105.00
硬阔类	113652.06	110185.73	-3466.33	113408.66	-243.40
灌木林	98474.94	95954.72	-2520.22	98761.39	286.45
果树类	97580.48	86570.89	-11009.59	89103.07	-8477.41
软阔类	67900.59	81840.41	13939.82	84234.23	16333.64
水杉林	43663.87	44810.97	1147.10	46121.72	2457.35
针阔混交林	31062.19	37838.35	6776.16	38945.11	7882.92
竹林	29900.37	29124.27	-776.10	29976.16	75.79
杉类	24473.86	28140.34	3666.48	28963.45	4489.59
松类	12465.24	11529.58	-935.66	11866.81	-598.43
针叶混交林	889.74	2131.75	1242.01	2194.12	1304.38
合计	864982.94	903066.34	38083.40	929481.03	64498.09

注：硬阔类不包括樟木，杉类不包括水杉。

加量最多的是阔叶混交林、软阔类和针阔混交林，减少量最多的是果树类、硬阔类和灌木林，面积增加幅度较大的是针叶混交林、针阔混交林、软阔类、杉类和阔叶混交林；蓄积量增加量最多的是樟木林、阔叶混交林硬阔类和软阔类，增加幅度较大的是阔叶混交林、针阔混交林、针叶混交林和硬阔类。

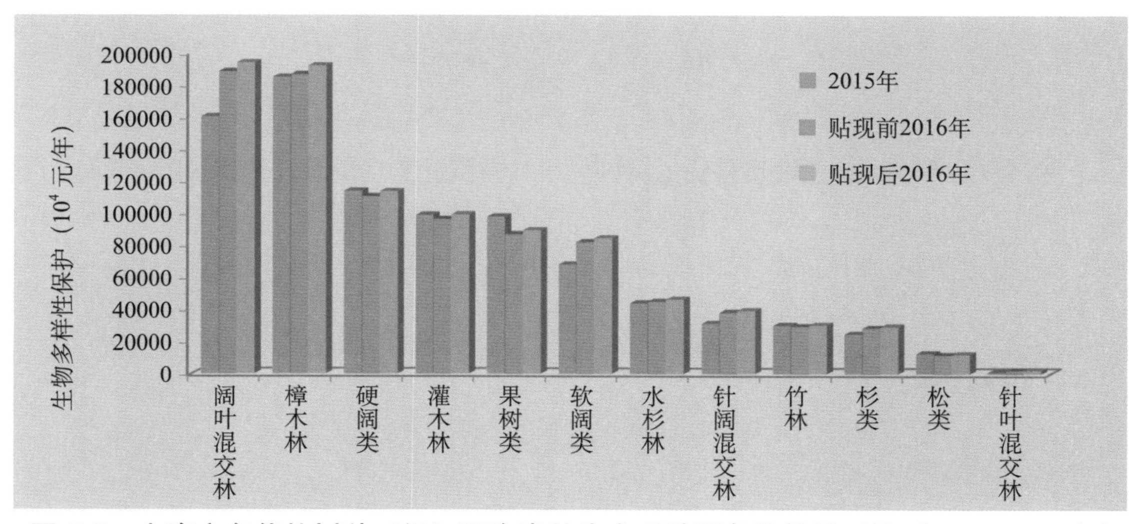

图 5-5　上海市各优势树种（组）两次森林生态系统服务价值量对比（2015~2016 年）

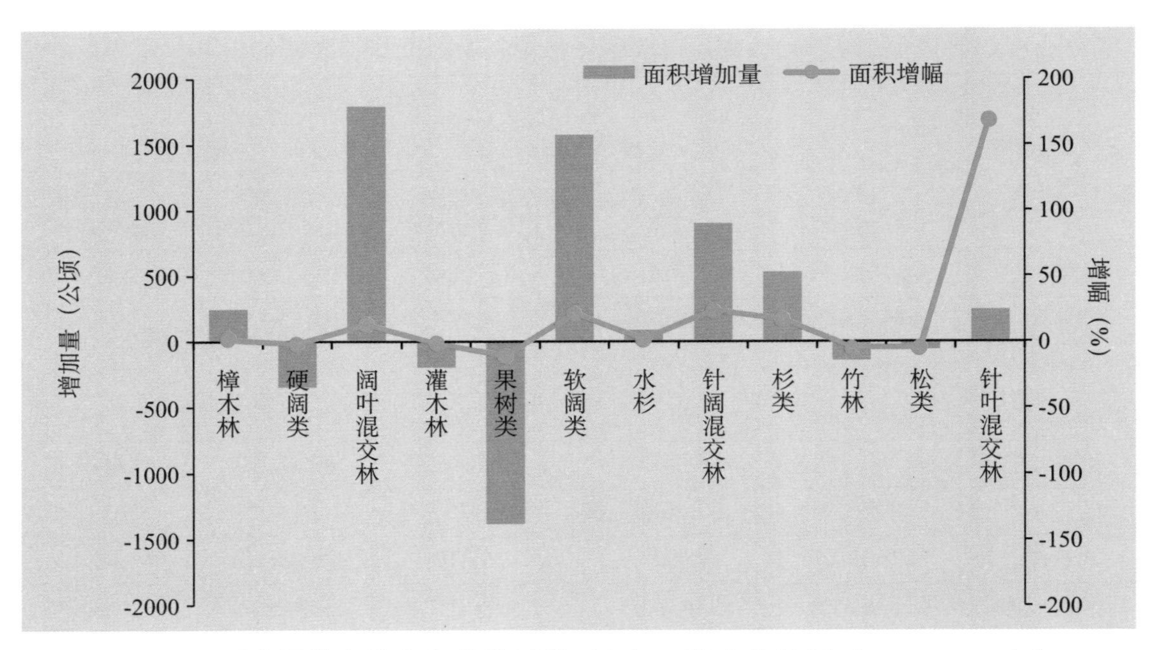

图 5-6 两次评估上海市各优势树种（组）面积变化情况（2015~2016 年）

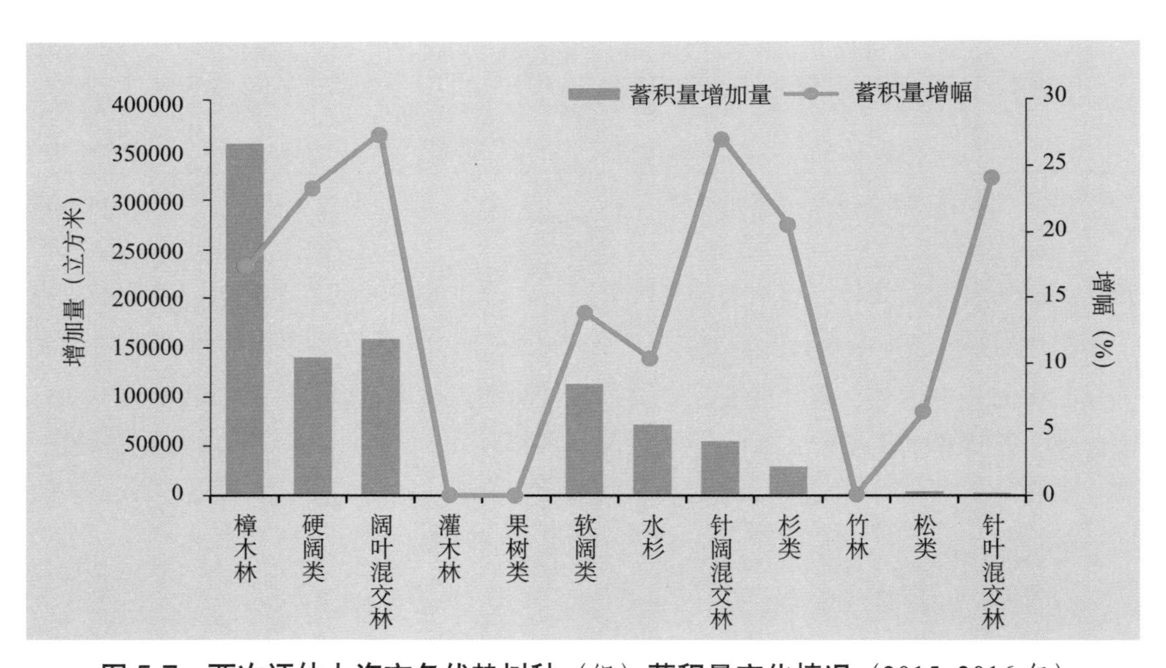

图 5-7 两次评估上海市各优势树种（组）蓄积量变化情况（2015~2016 年）

第六章

上海市森林生态系统服务综合影响分析

第一节　上海市森林生态系统服务与社会经济的相关性分析

一、上海市森林生态系统服务对社会经济的影响

1. 小林业产生大作为

国内的一些大城市如北京、杭州、广州、深圳、重庆等森林覆盖率都超过30%，国际一些大都市如东京、伦敦、莫斯科等森林覆盖率也都超过30%。而至2016年年末，上海全市林地面积仅约11.13万公顷，森林面积约9.87万公顷，森林覆盖率为15.56%。与此相比，上海市林地面积和森林覆盖率排名都处于最低的位置，是名副其实的“小林业”。

上海地处长三角都市圈中心，围绕现代化国际大都市和“四个中心”的建设目标，目前是大陆地区城市化水平最高（88%）和人口密度最大（3809人/平方千米）的城市，面临着城市污染重和环境压力大的双重困境，城市居民绿色游憩空间缺乏。从上海市林地、森林、人口、经济指标发展状况来看（图6-1），随着社会经济的发展和人口的增长，城市居民对森林生态系统服务的需求愈加强烈。按照2015年上海市2415.27万常住人口计算，平均每公顷森林要为245人提供生态服务。由此可见，上海市的“小林业”产生了“大作为”，林业发展不仅为农业增效、农民增收开辟了新的途径，而且为城市生态建设及经济社会可持续发展奠定了良好环境基础，更为营造休闲度假空间、造福市民作出了重要贡献。

2. 小功能提供大服务

根据本研究评估结果，2016年上海市森林生态系统每年能够为人类无偿提供价值125.80亿元的服务。相对于北京市（6938亿元，2015年）、杭州市（2284.70亿元，2015年）、重庆市（2587亿元，2015年）的价值量，上海森林生态系统服务功能价值总量并不大。但是，从上海市8项森林生态系统服务功能价值的贡献来看，森林游憩价值量最大，为32.74亿元，占价值总量的26.03%；其次是净化大气环境价值量，为27.72亿元，占价值总量的22.03%。这充分说明了城市森林生态系统与人类的关系最为密切，在旅游休憩、净化大气等方面为

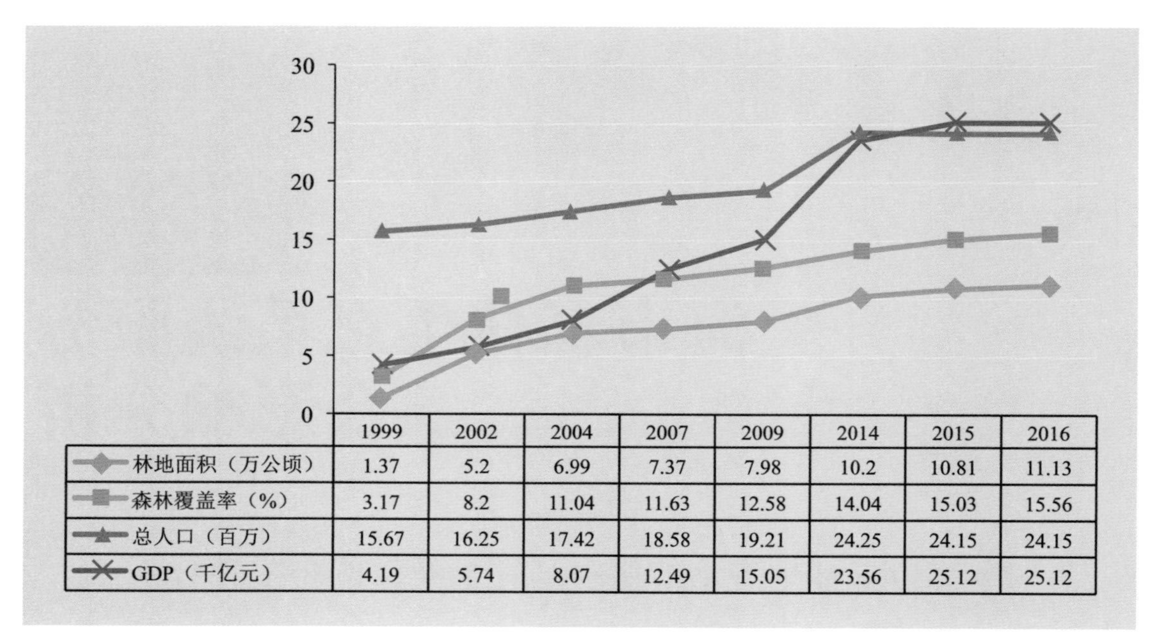

	1999	2002	2004	2007	2009	2014	2015	2016
林地面积（万公顷）	1.37	5.2	6.99	7.37	7.98	10.2	10.81	11.13
森林覆盖率（%）	3.17	8.2	11.04	11.63	12.58	14.04	15.03	15.56
总人口（百万）	15.67	16.25	17.42	18.58	19.21	24.25	24.15	24.15
GDP（千亿元）	4.19	5.74	8.07	12.49	15.05	23.56	25.12	25.12

图 6-1　上海市林地、人口、经济指标发展状况（1999~2016 年）

人类的生活和生产提供了高效的生态服务。

崇明区森林面积占全市森林总面积的 27.54%，而其森林生态系统服务价值量占全市森林生态系统服务总价值量的 18.31%；中心城区森林面积占全市森林总面积的 3.21%，而其森林生态系统服务价值量占全市森林生态系统服务总价值量的 19.93%（图 6-2），这主要是由森林游憩功能价值量的差异引起的。全市森林游憩功能价值量占全市森林生态系统服务

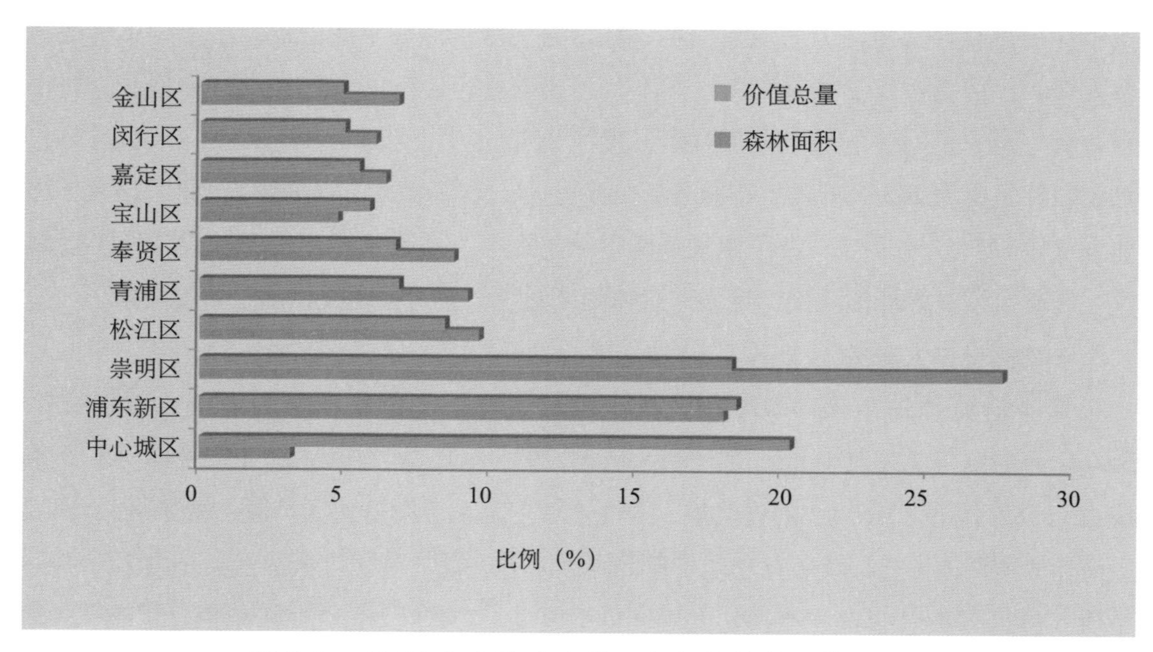

图 6-2　2016 年上海市森林面积与总价值量关系图

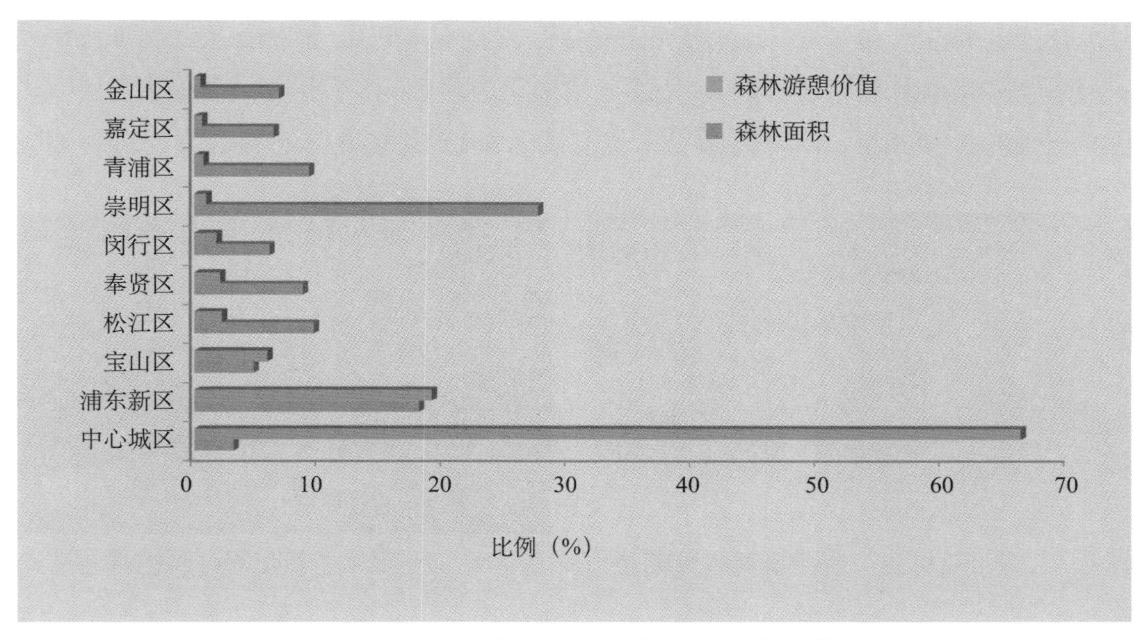

图 6-3　2016 年上海市森林面积与森林游憩价值关系图

总价值量的 26.24%，而中心城区游憩功能价值量占全市游憩功能价值量的 64.19%，崇明区游憩功能价值量仅占全市游憩功能价值量的 0.81%（图 6-3）。由此可见，城市森林是生态功能与生态服务的高效转化器，上海市森林的“小功能”提供了“大服务”。

3. 小团队带来大协作

上海森林面积虽小，但城市森林生态研究水平处于全国领先水平。特别是，2013 年国家林业局批准建设上海城市森林生态国家站，在上海市林业局的管理下，以上海市林业总站为建设单位、上海交通大学为技术依托单位，启动国家级森林生态站“一主两辅”观测点的建设。2016 年 11 月中山公园辅助观测点正式运行，成为我国首个特大型城市中心公园森林生态系统观测点，将科学观测与景观展示相结合，实时显示数据为居民游憩提供服务，开展科普宣传为生态文明建设助力。2017 年，将完成外环林带主观测点和崇明辅助观测点的建设运行，形成中心城区—近郊—远郊的城市森林生态系统梯度观测格局。这些观测点建设及其研究结果在我国城市森林生态方面处于领先水平。

上海城市森林生态国家站的建立，搭建了一个开放式的科研平台，将吸引更多的高层次人才参与城市森林方面的科研工作，扩大研究的深度和广度，引领我国城市森林的研究和建设。同时，由上海城市森林生态国家站发起的城市森林生态监测研究联盟于 2014 年 3 月成立，旨在提升我国城市森林生态定位观测能力和研究水平，加强城市森林生态站间的交流，促进城市森林生态监测和研究融合发展（图 6-4）；2017 年 3 月联盟召开了发展咨询会，将着力提升联盟的号召力、凝聚力和影响力，为城市森林生态站的发展提供引领和技术指导，联合生态站开展大尺度合作与交流，解决森林生态科学热点难点问题（图 6-5）。不论是上海城市森林生态国家站，还是城市森林生态监测研究联盟，都将围绕上海加快建设具有国际影响力的科技创新中心要求，破解林业行业科研难题，提升林业行业创新合力，凸显上海林业科技引领作用，彰显上海生态建设最新科技成果和科技支撑能力。

图 6-4　城市森林生态监测研究联盟成立

图 6-5　城市森林生态监测研究联盟发展咨询会

二、上海市社会经济对森林生态系统服务的反馈

1. 合理开发利用，凸显上海市森林生态系统的游憩功能

中心城区森林资源总量虽然不大，但是森林生态系统服务功能价值却最高，为 25.49 亿元 / 年；其中，森林游憩功能价值量为 21.68 亿元 / 年，占 85.05%。2015 年，上海城市公园有 165 个。其中免费开放达 146 座，公园年游客量超过 2.22 亿人次。这都说明了城市居民对绿地公园、休闲游憩的迫切需求。但是，受区域面积和人口数量的双重制约，各区的公园绿地面积分配不均，浦东新区、宝山区和闵行区人均公园绿地面积较大，中心城区、奉贤区和崇明区人均公园绿地面积较小。2015 年，上海全市人均公园绿地面积为 7.6 平方米 / 人，其中：中心城区人均公园绿地面积最小，仅为 3.88 平方米 / 人，而公园全年游人数最多，高达 16878.12 万人；浦东新区人均公园绿地面积最大，为 11.68 平方米 / 人，而公园全年游人数排名第二，为 2169.74 万人（上海绿化市容行业年鉴，2016）。

从各区人口密度和公园全年游人数关系来看，大体上呈现出人口密度越高、公园全年游人数越多的趋势（图 6-6）。例如，中心城区人口密度达 23929 人 / 平方千米，公园全年游人数也最多；而崇明区人口密度仅 587 人 / 平方千米，公园全年游人数也最小。另外，根据大数据分析，京沪两地知名公园的吸引力较大，以上海植物园为例，50% 的游客来源于 17.6 千米以外；大型的综合公园、主题公园、郊区公园周末人流量都有至少 50% 的增长，例如上海的辰山植物园、顾村公园，周末游客增幅达到了 100% 以上，而一些距离工作区较近的公园如上海陆家嘴中心绿地，周末的人流量则出现了明显下降（京沪公园使用大数据及规划启示报告，2017）。由此可见，中心城区和居民居住区应增加小型公园的密度，满足日常休闲、游憩、健身的需求。至 2020 年，上海郊区的Ⅲ级和Ⅳ级保护林地为 11.44 万公顷（上海市林地保护利用规划，2010~2020），在充分保护森林资源的基础上，对这部分林地可

以合理开发利用，营造大型郊野公园、主题公园等，提供远足、游览、休憩、科普、教育等多种服务设施，满足城市居民亲近自然、享受森林康养的需求，充分发掘和提高上海市森林生态系统的游憩功能。这也是提升城市森林生态系统服务转化率和提高上海森林生态服务功能总价值的重要途径，让城市居民更大程度地享受森林生态福祉。

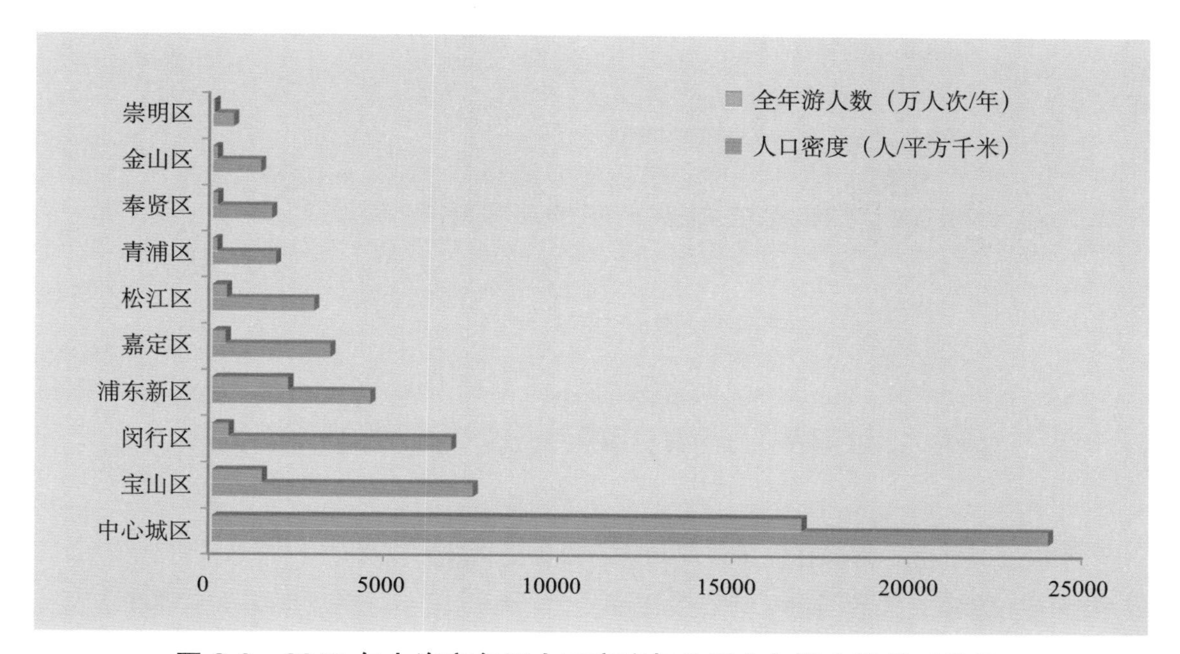

图 6-6　2015 年上海市各区人口密度与公园全年游人数关系格局

2. 增加森林资源，发挥森林生态系统净化大气环境功能

大气环境污染是大气环境容量被突破的外在表现（李利军，2017）。随着社会经济的快速发展，上海大气污染情况也在加剧，$PM_{2.5}$ 已经成为上海城市大气污染的最重要污染物（上海市环境保护局，2015）。由于人口密度、交通污染、生活排放等因素，上海市中心城区大气污染较严重，从郊区向中心城区形成了人口密度增大、大气污染加重、热岛效应显著的梯度；一些与环境污染有关的疾病也呈现郊区向中心城区递增的梯度。这说明中心城区人口密度高，对生态系统服务和产品需求也更为强烈。然而，由于土地资源的制约，中心城区森林面积最小，相应地，森林净化大气环境的价值就最低（图 6-7）。因此，一方面，需要增加中心城区森林面积，以净化大气污染物；另一方面，在树木、林分（群落）、景观、市域尺度上，研究上海城市森林防控大气污染的机制和潜力，并根据上海污染排放特点，提出基于最大防控效益的森林群落配置模式，也是一条重要途径。

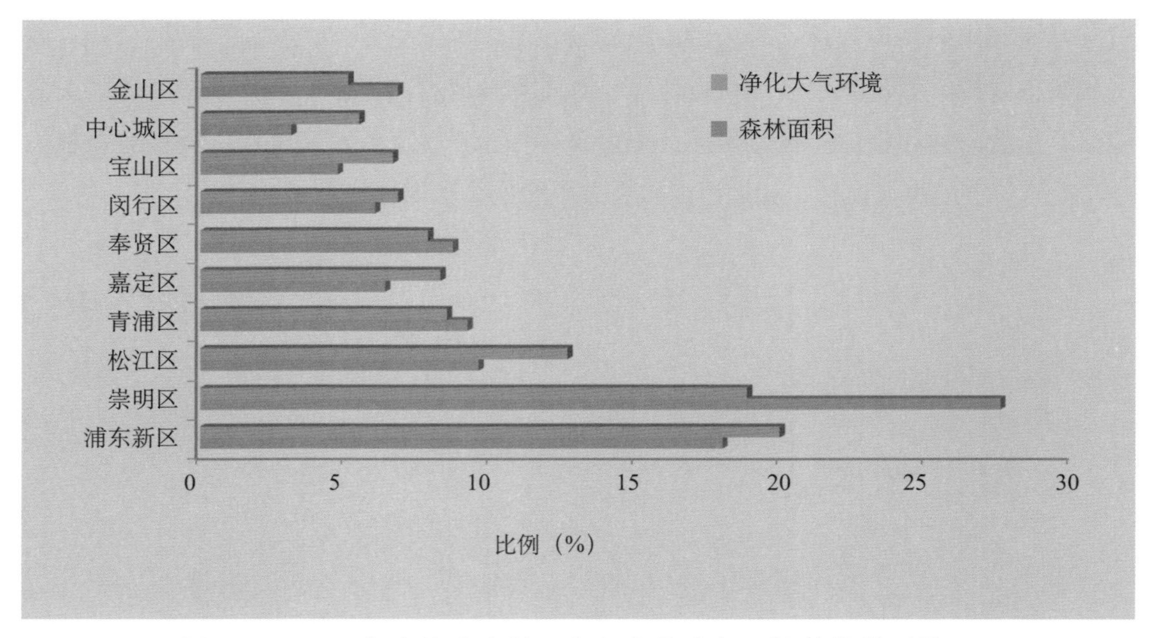

图 6-7　2016 年上海市森林面积与净化大气环境价值关系格局

3. 评估生态价值，为森林资源管理和政府决策提供技术支撑

按照《上海市人民政府办公厅转发市绿化市容局〈关于进一步加强本市森林资源管理工作的若干建议〉的通知》（沪府办〔2017〕12 号）文件要求，“市行政主管部门每年组织开展森林资源年度监测、林地年度变更监测和生态服务价值评估，及时发布年度森林资源监测成果，并通报各区政府和林业主管部门”。按此要求，从 2017 年开始，全市森林资源年度动态监测报告和森林生态系统服务功能评估报告将同步发布，也将成为市政府对区政府进行生态文明建设责任制考核、保护发展森林目标责任制考核、公益林生态补偿考核的依据之一。此外，根据上海地理、气候和森林群落特点，对城市地区森林生态系统进行长期定位观测，研究城市森林生态系统服务特点和影响因素、城市森林防控大气污染机制和潜力、城市森林群落演替规律及影响因素，为世界级崇明生态岛建设、上海城市森林培育及其经营管理提供技术支撑。

第二节　上海市生态 GDP 核算

生态 GDP 对于正确认识和处理经济社会发展与生态环境保护之间的关系至关重要，将生态效益纳入国民经济核算体系，可以引导人们自觉改变“先污染、后治理”的观念，树立“良好的生态环境就是宝贵财富，保护环境就是保护生产力”的理念。积极响应党的十八大报告的号召，把这种理念贯彻到经济、社会的实践中，建立考核和评价机制，促使人们加

大对生态环境的保护力度。同时将生态文明建设上升到“五位一体”国家意志的战略高度，融入经济社会发展全局，从源头上解决环境问题。2015 年，上海市环保工作认真落实“三严三实”要求，践行绿色发展理念，全面完成了各项年度目标任务，环境质量总体保持稳中趋好的态势，主要污染物二氧化硫、氮氧化物、烟尘排放总量同比分别下降 5.6%、9.63%、14.61%（《2015 年上海市环境状况公报》《2016 年上海统计年鉴》）。

生态 GDP 是指从现行 GDP 核算的基础上，减去资源消耗价值和环境退化价值，加上生态系统的生态效益，也就是在绿色 GDP 核算体系的基础上加入生态系统的生态效益。

一、核算背景

中国共产党第十八次全国代表大会报告专门提出：建设生态文明是关系人民福祉、关系民族未来的长远大计，必须树立尊重自然、顺应自然、保护自然的生态文明理念，把生态文明建设放在突出地位，融入经济建设、政治建设、文化建设、社会建设各方面和全过程，努力建设美丽中国，实现中华民族永续发展。要把资源消耗、环境损害、生态效益纳入经济社会发展评价体系，建立体现生态文明要求的目标体系、考核办法、奖惩机制，作为加强生态文明制度建设的范畴。

人类社会的发展必须是和谐发展，而和谐发展要以生态文明建设为基础。其中，森林发挥了至关重要的生态效益、经济效益和社会效益，这三大效益是实现人类社会和谐发展、建设生态文明的基础。就当前我国而言，森林在促进经济又好又快发展、协调区域发展、发展森林文化产业以及应对气候变化、防沙治沙、提供可再生能源、保护生物多样性等方面，起着不可替代的作用。在党的十七大报告中谈到面临的困难和问题时，把经济增长的资源环境代价过大列在第一位。而在党的十八大报告提到前进道路上的困难和问题时，“资源环境约束加剧”仍然位列其中。2012 年 11 月 21 日国务院召开全国综合配套改革试点工作座谈会上，国务院副总理李克强再次提到：“要健全评价考核、责任追究等机制，加强资源环境领域的法治建设。通过体制不仅要约束人，还要激励人和企业加强节能环保工作。要更多地用法律手段调节和规范环保行为，使改革中国发展的最大红利更多地体现在生态文明建设和转型发展、科学发展上”。这足以表明，资源环境问题已经成为我们党的重点关切方面。只有将环境保护上升到国家意志的战略高度，融入经济社会发展全局，才能从源头上减少环境问题。建设生态文明，不同于传统意义上的污染控制和生态恢复，而是克服工业文明弊端，探索资源节约型、环境友好型发展道路的过程。

国民经济核算体系中最为重要的总量指标——国内生产总值（Gross Domestic Product,

GDP）反映总体经济增长水平和发展趋势，其增长指标作为了各个国家宏观调控的首要目标，常被公认是衡量国家经济状况的最佳指标。然而，现行的国内生产总值（GDP）在其核算过程中没有考虑经济生产对资源环境的消耗利用，过高估计了经济活动的成就，不能衡量社会分配和社会公正，使巨大的自然资源消耗成本和环境降级成本被忽略。导致为了单纯追求 GDP 的增长而为自然资源损失与环境状况恶化付出沉重的代价，最终导致经济不可持续发展，加剧全球性生态灾难，使得人类居住环境日益恶化，严重导致威胁人类的生存与发展。

为了校正国民核算体系中 GDP 核算的不合理性，人们提出了“绿色 GDP”核算体系，其内涵便是环境成本的核算，把经济发展中的自然资源耗减成本和环境资源耗减成本纳入国民经济的核算体系。绿色 GDP 是扣除经济活动中投入的资源和环境成本后的国内生产总值，是对 GDP 核算体系的进一步完善和补充。然而绿色 GDP 核算仅考虑了经济发展消耗资源的量，而没有考虑资源再生产的价值，即自然界自身的生态效益。简单地认为“经济产出总量增加的过程，必然是自然资源消耗增加的过程，也必然是环境污染和生态破坏的过程”，在一定程度上忽略了自然界的主动性，进而制约了创造生态价值的积极性。同时，绿色 GDP 核算体系不符合生态文明评价制度，不能担当生态文明评价体系重任。

为了探索生态文明评价制度的创新途径，建立生态文明评价体系，中国林业科学研究院首席专家王兵研究员通过认真学习十八大报告关于生态文明建设内容的精髓，结合自己多年的研究和思考，于 2012 年 11 月在国内外率先提出了“生态 GDP”的概念，即在现行 GDP 的基础上减去环境退化价值和资源消耗价值，加上生态效益，也即在原有绿色 GDP 核算体系的基础上加入生态效益，弥补了绿色 GDP 核算中的缺陷。在用科学的态度继续探索绿色 GDP 核算的基础上，改进和完善了环境经济核算体系，提出了能真实反映环境、经济、社会可持续发展的、顺应民意、合乎潮流的“生态 GDP”理论，无论从核算制度和体系角度，还是从核算方法和基础角度上都能进一步推展开来。

二、核算方法

经环境调整后生态 GDP 核算：以环境价值量核算结果为基础，扣除环境成本（包括资源消耗成本和环境退化成本），再加上生态服务功能价值，对传统国民经济核算总量指标进行调整，形成经环境因素调整后的生态 GDP 核算。首先，构建环境经济核算账户，包括实物量账户和价值量账户，账户分别由 3 部分组成：资源耗减、环境污染损失、生态服务功能。然后，利用市场法、收益现值法、净价格法、成本费用法、维持费用法、医疗费用法、人力资本法等方法对资源耗减和环境污染损失价值量进行核算。

三、核算结果

（一）资源消耗价值

2015年上海市能源消费总量为11387.44万吨标准煤，根据文献（潘勇军，2013）计算出上海市2015年资源消耗价值为187.69亿元。

（二）环境损害核算

本文对环境污染损害价值从四个方面进行核算：① 环境污染造成的生态损失；② 资产加速折旧损失；③ 人体健康损失；④ 环境污染虚拟治理成本。

（1）环境污染造成的生态损失。环境污染对生态环境造成的损失核算：将环境污染所造成的各类灾害所引起的直接经济损失作为环境污染对生态环境的损失价值，根据《中国统计年鉴（2016）》，得到上海市2015年环境损失价值为3.5亿元。

（2）资产加速折旧损失。由于环境污染对各类机器、仪器、厂房及其他公共建筑和设施等固定资产造成损失，各类污染物会对固定资产产生腐蚀等不利作用，加速固定资产折旧，使用寿命缩短、维修费用开支增加等，利用市场价值法来对污染造成的固定资产损失进行核算。以及文献（潘勇军，2013）的公式得出，2015年上海市资产加速折旧损失为45.57亿元。

（3）人体健康损失。环境污染对人体健康造成的损失是一个极其复杂的问题。环境污染对人体健康的影响主要表现为呼吸系统疾病、恶性肿瘤、地方性氟和砷（污染）中毒造成的疾病，参照文献（潘勇军，2013）及相关统计资料中的相关数据，仅考虑环境污染造成的医疗费用增加和直接劳动力损失进行人体健康损失费用核算，最终得出环境污染致人体健康损失费用为36.66亿元。

（4）环境污染虚拟治理成本。经济活动对环境质量的损害主要是由于经济活动中各项废弃物的排放没有全部达到排放标准，应该经过治理而没有治理，对环境造成污染，使环境质量下降所带来的环境资产价值损失。通过《中国统计年鉴（2016）》统计出的污染物数据，以及结合文献（潘勇军，2013）中提及的处理成本，计算得出2015年上海市环境污染虚拟治理成本为32.36亿元。

（三）上海市生态GDP核算结果

2015年上海市GDP总量为25093.81亿元，根据生态GDP的核算方法：生态GDP=GDP总量－资源消耗价值－环境退化价值（环境污染造成的生态损失＋资产加速折旧损失＋人体健康损失＋环境污染虚拟治理成本）＋生态效益（森林生态效益、湿地生态效益）。最终计算得出，上海市2015年生态GDP达24905.46亿元（本研究未评估湿地生态效益，仅考虑森林生态效益），相当于当年GDP的99.25%。

（四）各区生态 GDP 核算结果

表 6-1 列出了上海市各区的生态 GDP 核算账户，从中可以看出各地市的传统 GDP 与资源消耗价值和环境损害价值存在一定的相关性。其中，中心城区和浦东新区的资源消耗价值和环境损害价值总和占传统 GDP 的比重较高，主要是因为以上两区均为上海市经济较为发达的地区，资源消耗量较高。如表 6-1 所示，经计算得出的各地市间的绿色 GDP 排序与传统 GDP 相同，并且均有不同程度的降低。各区间的生态 GDP 排序较绿色 GDP 增长幅度存在差异性，这是由于上海市各区间的森林资源分布不同造成的。其中，生态 GDP 较绿色 GDP 增长幅度较大的为崇明区、奉贤区、松江区，分别增长了 7.48%、1.17%、1.02%。与表 4-2 对比可以看出，这 3 个区的森林生态服务价值均较大。这充分表明生态系统提供的生态效益巨大，其无形的存在价值支持着经济发展，生态产品提供的生态效益在国民经济发展中起着功不可没的作用，大大消减了由于资源和环境损害造成对 GDP 增长率的减少量。

表 6-1　上海市各区生态 GDP 核算账户（10^8 元 / 年）

区县	传统GDP		资源消耗	环境损害				绿色GDP		森林生态效益	生态GDP	
	量值	排序		污染造成的生态损失	资产加速折旧	人体健康损失	环境污染虚拟治理成本	量值	排序		量值	排序
中心城区	8756.47	1	66.14	1.22	15.9	12.77	11.27	8649.17	1	23.40	8672.57	1
闵行区	1964.71	3	14.63	0.27	3.57	2.89	2.53	1940.82	3	5.56	1946.38	3
宝山区	1000.58	5	7.32	0.14	1.82	1.47	1.31	988.52	5	7.47	995.99	5
嘉定区	1756.10	4	13.13	0.23	3.19	2.77	2.26	1734.52	4	6.41	1740.93	4
浦东新区	7898.35	2	59.01	1.09	14.34	11.56	10.19	7802.16	2	22.00	7824.16	2
金山区	867.00	8	6.37	0.12	1.57	1.28	1.13	856.53	8	5.56	862.09	8
松江区	995.36	6	7.28	0.16	1.81	1.56	1.28	983.27	6	10.04	993.31	6
青浦区	878.20	7	6.49	0.12	1.59	1.43	1.13	867.44	7	7.56	875.00	7
奉贤区	685.84	9	5.13	0.09	1.25	0.29	0.88	678.20	9	7.94	686.14	9
崇明区	291.20	10	2.19	0.06	0.53	0.64	0.38	287.40	10	21.50	308.90	10

注：上海市各区 GDP 来源于《2016 年上海市经济年鉴》。

所以，生态 GDP 既考虑了经济活动对资源消耗价值和环境污染带来的外部成本，促进加快经济发展方式转化，向以集约型、效益型、结构型发展方式转变的技术进步，也考虑了生态系统所带来的生态效益纳入国民经济核算中，体现人类社会和自然和谐共生的关系。

第三节 上海市森林生态效益科学量化补偿研究

通过分析人类发展指数的维度指标，将其与人类福祉要素有机地结合起来，而这些要素又与生态系统服务密切相关。其中，人类福祉要素包括年教育类支出、年医疗保健类支出和年文教娱乐类支出。

利用人类发展指数等转换公式，并根据上海市统计年鉴数据，计算得出上海市森林生态效益多功能定量化补偿系数、财政相对补偿能力指数、补偿总量及补偿额度（表 6-2）。

森林生态效益科学量化补偿是基于人类发展指数的多功能定量化补偿，结合了森林生态系统服务和人类福祉的其他相关关系并符合省级财政支付能力的一种对森林生态系统服务提供者给予的奖励。

人类发展指数是对人类发展情况的总体衡量尺度。主要从人类发展的健康长寿、知识的获取以及生活水平三个基本维度衡量一个国家取得的平均成就。

表 6-2 上海市森林生态效益多功能定量化补偿情况

补偿系数(%)	财政相对补偿能力指数	补偿总量(10^8元/年)	补偿额度	
			[元/(公顷·年)]	[元/(亩·年)]
0.98	0.066	1.15	1206.92	80.46

由表 6-2 可以看出，从 2009 年开始，上海市开始建立森林生态效益补偿制度，对林木和林地实施分类保护管理，同时明确了林木的养护责任和标准，根据人类发展指数等计算的补偿额度为 80.46[元 /(亩 · 年)]。利用这种方法计算的生态效益定量化补偿系数是一个动态的补偿系数，不但与人类福祉的各要素相关，且进一步考虑了省级财政的相对支付能力。以上数据说明，随着人们生活水平的不断提高，人们不再满足于高质量的物质生活，对于舒适环境的追求已成为一种趋势，而森林生态系统对舒适环境的贡献已形成共识，所以如果政府每年投入约 0.021% 左右的财政收入来进行森林生态效益补偿，那么相应地将会极大提高人类的幸福指数，这将有利于上海市的森林资源经营与管理。

根据上海市的森林生态效益多功能定量化补偿额度和各地市森林生态效益计算出各地市森林生态效益多功能定量化补偿额度（表 6-3、图 6-8）。上海市各区的森林生态效益分配系数介于 4.73%~19.93% 之间，最高的为中心城区，其次为浦东新区，最低的为金山区和闵行区。补偿总量的变化趋势与补偿系数的变化趋势一致，均与各区提供的森林生态效益价值量成正比。但是，这与上海市的经济发展水平不一致。根据 2016 年上海市统计年鉴可知，各区的财政收入由多到少的顺序为：中心城区、浦东新区、闵行区、嘉定区、宝山区、青浦

表 6-3 上海市各区森林生态效益多功能定量化补偿情况

区县	生态效益 (10^8元/年)	分配系数 (%)	补偿总量 (10^8元/年)	补偿额度	
				[元/(公顷·年)]	[元/(亩·年)]
中心城区	23.40	19.93	0.23	7512.44	500.83
浦东新区	22.00	18.73	0.22	1262.28	84.15
崇明区	21.50	18.31	0.21	798.65	53.24
松江区	10.04	8.55	0.098	1080.28	72.02
奉贤区	7.94	6.76	0.078	912.08	60.81
青浦区	7.56	6.43	0.074	888.74	59.25
宝山区	7.47	6.36	0.073	1628.34	108.56
嘉定区	6.41	5.46	0.063	1017.17	67.81
金山区	5.56	4.74	0.054	858.14	57.21
闵行区	5.56	4.73	0.054	931.18	62.08

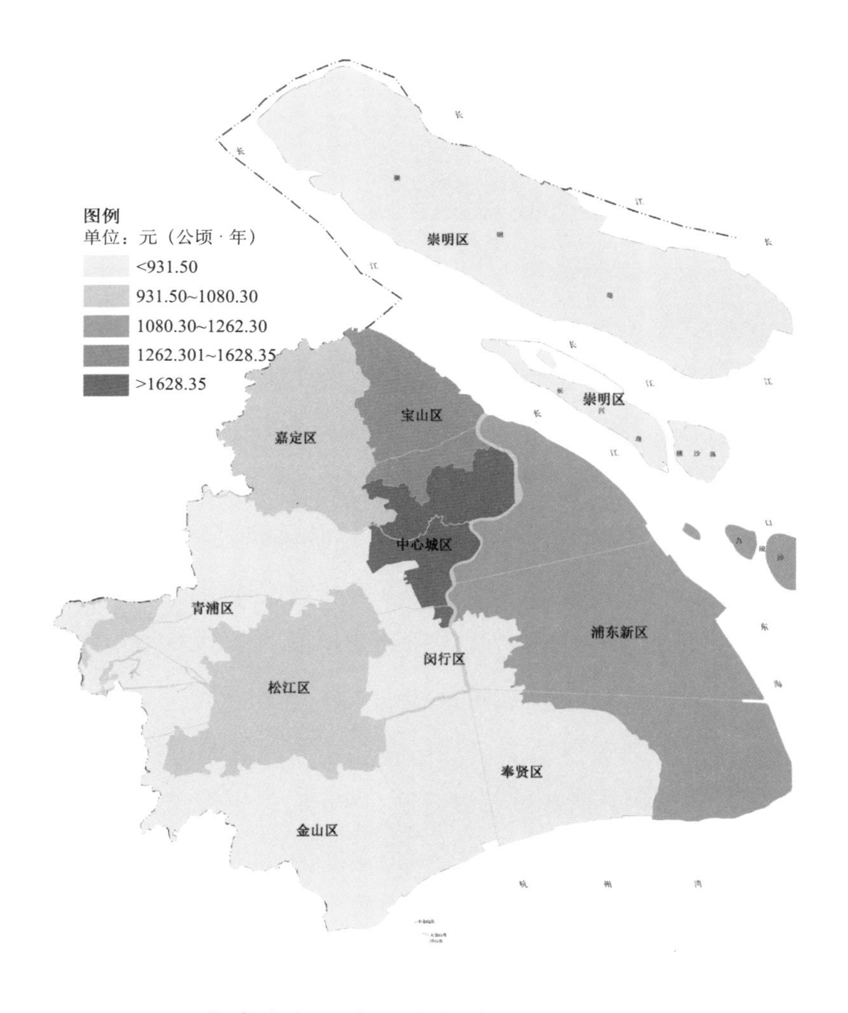

图 6-8 上海市各区森林生态效益多功能定量化补偿

区、松江区、奉贤区、金山区、崇明区，而其所占生态效益补偿的份额排序与此不同。由此可以看出，上海市各区财政收入与森林生态效益补偿总量的关系：财政收入与获得的森林生态效益补偿总量不对等。补偿额度最高的3个区为中心城区、宝山区和浦东新区；最低的3个区为青浦区、金山区和崇明区。

根据提供的上海市森林资源档案数据，将全省森林划分为12个优势树种（组）。依据森林生态效益多功能定量化补偿系数，得出不同的优势树种（组）所获得的分配系数、补偿总量及补偿额度。上海市各优势树种（组）分配系数、补偿总量及补偿系数如表6-4、图6-9所示：各优势树种（组）生态效益分配系数介于0.13%～24.94%之间，最高的为樟木林，

表6-4　上海市各优势树种（组）生态效益多功能定量化补偿情况

优势树种（组）	生态效益（10^8元/年）	分配系数（%）	补偿总量（10^8元/年）	补偿额度	
				[元/(公顷·年)]	[元/(亩·年)]
樟木林	16.41	24.94	4.09	15195.17	1013.01
阔叶混交林	16.01	12.87	2.06	14823.78	988.25
硬阔类	11.37	16.04	1.82	10530.50	702.03
灌木林	9.85	11.76	1.16	9118.023	607.87
果树类	9.76	11.72	1.14	9038.50	602.57
软阔类	6.79	6.83	0.46	6286.26	419.08
水杉林	6.44	5.13	0.33	5958.84	397.26
针阔混交林	3.11	3.53	0.11	2879.22	191.95
竹林	2.99	2.84	0.085	2773.039	184.87
杉类	2.45	2.95	0.072	2266.19	151.08
松类	1.25	1.25	0.016	1158.30	77.22
针叶混交林	0.09	0.13	0.00012	83.17	5.54

注：硬阔类不包括樟木，杉类不包括水杉。

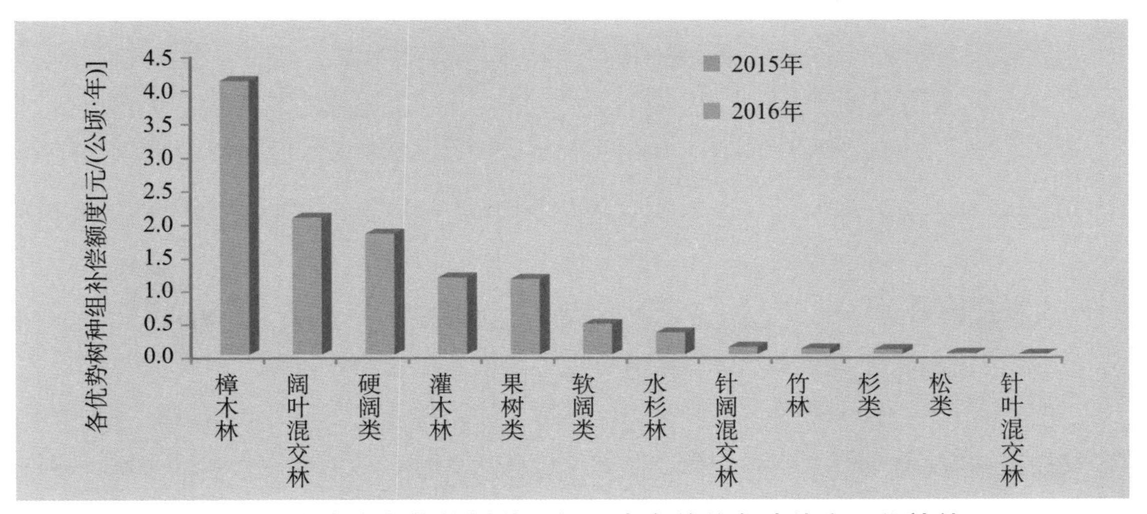

图6-9　上海市各优势树种（组）生态效益多功能定量化补偿

其次为硬阔类，最低的为针叶混交林，与各优势树种（组）的生态效益呈正相关性。补偿总量的变化趋势与补偿系数的变化趋势一致，均与各优势树种（组）的森林生态效益价值量成正比。

第四节　上海市森林资源资产负债表编制研究

十八届三中全会提出要“探索编制自然资源资产负债表，对领导干部实行自然资源资产离任审计”，这是推进生态文明建设的重大制度创新，也是加快建立绿色GDP为导向的政绩考核体系，进一步发挥环境优化经济发展的基础性作用的重要途径。2015年中共中央、国务院印发了《生态文明体制改革总体方案》，与此同时强调生态文明体制改革工作以“1+6”方式推进，其中包括领导干部自然、资源资产离任审计的试点方案和编制自然资源资产负债表试点方案。自然资源资产负债表是用国家资产负债表的方法，将全国或一个地区的所有自然资源资产进行分类加总形成报表，显示某一时间点上自然资源资产的“家底”，反映一定时间内自然资源资产存量的变化，准确把握经济主体对自然资源资产的占有、使用、消耗、恢复和增值活动情况，全面反映经济发展的资源消耗、环境代价和生态效益，从而为环境与发展综合决策、政府生态环境绩效评估考核、生态环境补偿等提供重要依据。探索编制上海市森林资源资产负债表，是深化上海市生态文明体制改革，推进生态文明建设，打造绿色上海的重要举措。对于研究如何依托上海市富有特色的森林资源，实施绿色发展战略，建立生态环境损害责任终身追究制，进行领导干部考核和落实十八届三中全会精神，以及解决绿色经济发展和可持续发展之间的矛盾等具有十分重要的意义。

自然资源资产负债表是指用资产负债表的方法，将全国或一个地区的所有自然资源资产进行分类加总而形成的报表，核算自然资源资产的存量及其变动情况，以全面记录当期（期末－期初）自然和各经济主体对生态资产的占有、使用、消耗、恢复和增殖活动，评估当期生态资产实物量和价值量的变化。

一、账户设置

结合相关财务软件管理系统，以国有林场与苗圃财务会计制度所设定的会计科目为依据，建立三个账户：① 一般资产账户，用于核算上海市林业正常财务收支情况；② 森林资源资产账户，用于核算黑龙江省森林资源资产的林木资产、林地资产、湿地资产、非培育资产；③ 森林生态系统服务功能账户，用来核算上海市森林生态系统服务功能，包括：涵养

水源、保育土壤、固碳释氧、林木积累营养物质、净化大气环境、生物多样性保护、森林游憩、森林防护、提供林产品等其他生态服务功能。

二、森林资源资产账户编制

联合国粮农组织林业司编制的《林业的环境经济核算账户——跨部门政策分析工具指南》指出，森林资源核算内容包括林地和立木资产核算、林产品和服务的流量核算、森林环境服务核算和森林资源管理支出核算。而我国的森林生态系统核算的内容一般包括：林木、林地、林副产品和森林生态系统服务。因此，参考 FAO 林业环境经济核算账户和我国国民经济核算附属表的有关内容，本研究确定的上海市森林资源核算评估的内容主要为林地、林木、林副产品。

1. 林地资产核算

林地是森林的载体，是森林物质生产和生态服务的源泉，是森林资源资产的重要组成部分，完成林地资产核算和账户编制是森林资源资产负债表的基础。本研究中林地资源的价值量估算主要采用年本金资本化法。其计算公式为：

$$E=A / P$$

式中：E——林地评估值（元 / 公顷）；

A——年平均地租 [元 /(亩 · 年)]；

P——利率（%）。

2. 林木资产核算

林木资源是重要的环境资源，可为建筑和造纸、家具及其他产品生产提供投入，是重要的燃料来源和碳汇集地。编制林木资源资产账户，可将其作为计量工具提供信息，评估和管理林木资源变化及其提供的服务。

（1）幼龄林、灌木林等林木价值量采用重置成本法核算。其计算公式为：

$$E_n=k \cdot \sum_{i=1}^{n} C_i \ (1+P)^{n-i+1}$$

式中：E_n——林木资产评估值（元 / 公顷）；

k——林分质量调整系数；

C_i——第 i 年以现时工价及生产水平为标准计算的生产成本，主要包括各年投入的工资、物质消耗等（元）；

n——林分年龄；

P——利率（%）。

（2）中龄林、近熟林林木价值量采用收获现值法计算。其计算公式为：

$$E_n = k \cdot \frac{A_u + D_a(1+P)^{u-a} + D_b(1+P)^{u-b} + \cdots}{(1+P)^{u-n}} - \sum_{i=n}^{u} \frac{C_i}{(1+P)^{i-n+1}}$$

式中：E_n——林木资产评估值（元/公顷）；

k——林分质量调整系数；

A_u——标准林分 u 年主伐时的纯收入（元）；

D_a、D_b——标准林分第 a、b 年的间伐纯收入（元）；

C_i——第 i 年的营林成本（元）；

u——经营期；

n——林分年龄；

P——利率（%）。

（3）成熟林、过熟林林木价值量采用市场价倒算法计算。其计算公式为：

$$E_n = W - C - F$$

式中：E_n——林木资产评估值（元/公顷）；

W——销售总收入（元）；

C——木材生产经营成本（包括采运成本、销售费用、管理费用、财务费用及有关税费）（元）；

F——木材生产经营合理利润（元）。

（4）本研究经济林林木价值量全部按照产前期经济林估算，产前期经济林林木资产主要采用重置成本法进行评估。其计算公式为：

$$E_n = K\{C_1 \cdot (1+P)^n + C_2[(1+P)^{n-1}]/P\}$$

式中：E_n——第 n 年经济林木资产评估值（元/公顷）；

C_1——第一年投资费（元）；

C_2——第一年后每年平均投资费（元）；

K——林分调整系数；

n——林分年龄；

P——利率。

3. 林产品核算

林产品指从森林中，通过人工种植和养殖或自然生长的动植物上所获得的植物根、茎、叶、干、果实、苗木种子等可以在市场上流通买卖的产品，主要分为木质产品和非木质产

品。其中，非木质产品是指以森林资源为核心的生物种群中获得的能满足人类生存或生产需要的产品和服务。包括植物类产品、动物类产品和服务类产品，如野果、药材、蜂蜜等。

林产品价值量评估主要采用市场价值法，在实际核算森林产品价值时，可按林产品种类分别估算。评估公式为：

$$某林产品价值 = 产品单价 \times 该产品产量$$

（1）林地价值。本研究确定林地价格时，生长非经济树种的林地地租为22.60[元/(亩·年)]，生长经济树种的林地地租为35.00[元/(亩·年)]，利率按6%计算。根据相关公式可得，上海市2015年，生长非经济树种林地（含灌木林）的价值量为107.67亿元，生长经济树种林地的价值量为5.82亿元，林地总价值量为9.76亿元（表6-5）。

表6-5 林地价值评估

林地类型	平均地租[元/(亩·年)]	利率（%）	林地价格（元/公顷）	面积（公顷）	价值（10^8元）
非经济树种林地（含灌木林）	22.60	6	5650.00	——	60.84
经济树种林地	35.00	6	8750.00	——	8.54
合计	——	——	——	——	69.37

（2）林木价值。根据表6-6统计情况可知，上海市2015年，乔木林（不含经济林）林木资产价值量为15.96亿元，灌木林林木资产价值量为0.21亿元，非经济林林木资产价值量总计16.17亿元。

结合林木实际结实情况，确定产前期经济林寿命为n=5年，投资收益参照林业平均利

表6-6 林木资产价值估算

单位	林分类型	龄组	面积（10^4公顷）	蓄积量（10^4立方米）	资产评估值（10^8元）
上海市	乔木林（不含经济林种）	幼龄林	——	——	8.54
		中龄林	——	——	3.81
		近熟林	——	——	2.24
		成熟林	——	——	1.17
		过熟林	——	——	0.20
		小计	——	——	15.96
	灌木林	——	——	——	0.21
		合计	2258.21	179224.09	16.17

率取 P=6%。上海市2015年经济林林木资产价值量为0.0048亿元（表6-7）。

表6-7　经济林价值估算

单位	龄组	面积（公顷）	资产评估值（10^8元）
上海市	——	——	0.0048

（3）林产品价值。根据数据的可获取性，本研究中上海市林产品价值量参考《中国林业统计年鉴》而获取。上海市林产品资源价值量总计为4.85亿元。其中，花卉及其他观赏植物类资源价值量最高，各类涉林产业资源价值量及比例见表6-8。

表6-8　林产品价值量统计

涉林产业	茶及其他饮料作物（10^4元）	中药材（10^4元）	森林食品（10^4元）	经济林产品种植与采集（10^4元）	花卉及其他观赏植物（10^4元）	陆生野生动物繁殖（10^4元）	合计（10^4元）
上海市	——	——	2030	——	46261	236	48527
比例（%）	——	——	4.18	——	95.33	0.49	100.00

根据表6-9统计可知，上海市2015年，森林资源资产总价值量达30.78亿元，相当于2015年全省林业投资额（14.44亿元）的2.13倍。上海市森林资源资产中，林木资源资产价值量所占比例最高，其次为林地资源资产价值量，林产品资源资产价值量所占比例较少。

表6-9　上海市森林资源价值量评估统计

森林资源	林地（10^8元）	林木			合计（10^8元）	林产品（10^8元）	合计（10^8元）
		乔木林（10^8元）	灌木林（10^8元）	经济林（10^8元）			
上海市	9.76	15.96	0.21	0.0048	16.1748	4.85	30.7848
比例（%）	31.70	51.84	0.68	0.02	52.54	15.75	100.00

三、上海市森林资源资产负债表

结合上述计算方法以及上海市森林生态系统服务功能价值量核算结果，编制出2015年上海市森林资源资产负债表，如表6-10至表6-13所示。

表 6-10　资产负债表（一般资产账户 01 表）

单位：元

资产	行次	期初数	期末数	负债及所有者权益	行次	期初数	期末数
流动资产：				流动负债：			
货币资金	1			短期借款	40		
短期投资	2			应付票据	41		
应收票据	3			应收账款	42		
应收账款	4			预收款项	43		
减：坏账准备	5			育林基金	44		
应收账款净额	6			拨入事业费	45		
预付款项	7			专项应付款	46		
应收补贴款	8			其他应付款	47		
其他应收款	9			应付工资	48		
存货	10			应付福利费	49		
待摊费用	11			未交税金	50		
待处理流动资产净损失	12			其他应交款	51		
一年内到期的长期债券投资	13			预提费用	52		
其他流动资产	14			一年内到期的长期负债	53		
流动资产合计	15			其他流动负债	54		
营林，事业费支出：	16			流动负债合计	55		
营林成本	17			长期负债：	56		
事业费支出	18			长期借款	57		
营林，事业费支出合计	19			应付债券	58		
林木资产：	20			长期应付款	59		
林木资产	21				60		
长期投资：	22			其他长期负债	61		

（续）

资产	行次	期初数	期末数	负债及所有者权益	行次	期初数	期末数
长期投资	23			其中：住房周转金	62		
固定资产：	24				63		
固定资产原价	25			长期负债合计	64		
减：累积折旧	26			负债合计	65		
固定资产净值	27			所有者权益：	66		
固定资产清理	28			实收资本	67		
在建工程	29			资本公积	68		
待处理固定资产净损失	30			盈余公积	69		
固定资产合计	31			其中：公益金	70		
无形资产及递延资产：	32			未分配利润	71		
无形资产	33			林木资本	72		
递延资产	34			所有者权益合计	73		
无形资产及递延资产合计	35				74		
其他长期资产：	36				75		
其他长期资产	37				76		
资产总计	38			负债及所有者权益总计	77		

表 6-11　森林资源资产负债表（森林资源资产负债 02 表）

单位：元

资产	行次	期初数	期末数	负债及所有者权益	行次	期初数	期末数
流动资产：	1			流动负债：	41		
货币资金	2			短期借款	42		
短期投资	3			应付票据	43		
应付账款	4			应付账款	44		
预付账款	5			预收款项	45		
其他应收款	6			育林基金	46		
待摊费用	7			拨入事业费	47		
待处理财产损益	8			专项应付款	48		
流动资产合计	9			其他应付款	49		
固定资产：	10			应付工资	50		
在建工程	11			国家投入	51		
长期投资	12			未交税金	52		
固定资产合计	13			应付林木损失费	53		
森源资产：	14			其他流动负债	54		
森源资产	15		3078480000.00	流动负债合计	55		
林木资产	16		6937000000.00	长期负债：	56		
林地资产	17		1617480000.00	长期借款	57		
林产品资产	18		3078480000.00	应付债券	58		
非培育资产	19			其他长期负债	59		
应补森源资产：	20			长期负债合计	60		
应补森源资产	21			负债合计	61		
应补林木资产款	22			应付资源资本：	62		
应补林地资产款	23			应付资源资本	63		

（续）

资产	行次	期初数	期末数	负债及所有者权益	行次	期初数	期末数
应补湿地资产款	24			应付林木资本	64		
应补非培育资产款	25			应付林地资本	65		
	26			应付湿地资本	66		
生量林木资产：	27			应付非培育资本	67		
生量林木资产	28			所有者权益：	68		
无形及递延资产：	29			实收资本	69		
无形资产	30			森林资本	70		3078480000.00
递延资产	31			林木资本	71		6937000000.00
无形及递延资产合计	32			林地资本	72		1617480000.00
	33			林产品资本	73		3078480000.00
	34			非培育资本	74		
	35			生量林木资本	75		
	36			资本公积	76		
	37			盈余公积	77		
	38			未分配利润	78		
	39			所有者权益合计	79		
资产总计	40		3078480000.00	负债及所有者权益总计	80		3078480000.00

表 6-12　森林生态系统服务功能资产负债表（森林生态系统服务功能资产负债 03 表）

单位：元

资产	行次	期初数	期末数	负债及所有者权益	行次	期初数	期末数
流动资产：	1			流动负债：	75		
货币资金	2			短期借款	76		
短期投资	3			应付账款	77		
应收账款	4			预收款项	78		
预付项款	5			专项应付款	79		
其他应收款	6			其他应付款	80		
待摊费用	7			应付工资	81		
流动资产合计	8			未交税金	82		
无形及递延资产：	9			应付票据	83		
无形资产	10			国家投入	84		
递延资产	11			应付林木损失费	85		
无形及递延资产合计	12			其他流动负债	86		
固定资产：	13			拨入事业费	87		
长期投资	14				88		
其他资产	15			流动负债合计	89		
固定资产合计	16			长期负债：	90		
生态资产：	17			长期借款	91		
生态资产	18		11743332500.00	应付债券	92		
涵养水源	19		2028940500.00	长期应付款	93		
保育土壤	20		408163700.00	其他长期负债	94		
固碳释氧	21		2332456400.00	长期负债合计	95		
林木积累营养物质	22		214030800.00	负债合计	96		
净化大气环境	23		2620181500.00	应付生态资本：	97		

（续）

资产	行次	期初数	期末数	负债及所有者权益	行次	期初数	期末数
生物多样性保护	24		1046056600.00	应付生态资本	98		
森林防护	25		12504300.00	涵养水源	99		
森林游憩	26		3080998700.00	保育土壤	100		
提供林产品	27			固碳释氧	101		
其他生态服务功能	28			林木积累营养物质	102		
生量生态资产：	29			净化大气环境	103		
生量生态资产	30			生物多样性保护	104		
涵养水源	31			森林防护	105		
保育土壤	32			森林游憩	106		
固碳释氧	33			提供林产品	107		
林木积累营养物质	34			其他生态服务功能	108		
净化大气环境	35			所有者权益：	109		
生物多样性保护	36			实收资本	110		
森林防护	37			资本公积	111		
森林游憩	38			盈余公积	112		
提供林产品	39			未分配利润	113		
其他生态服务功能	40			生态资本	114		11743332500.00
生态交易资产：	41			涵养水源	115		2028940500.00
生态交易资产	42			保育土壤	116		408163700.00
涵养水源	43			固碳释氧	117		2332456400.00
保育土壤	44			林木积累营养物质	118		214030800.00
固碳释氧	45			净化大气环境	119		2620181500.00
林木积累营养物质	46			生物多样性保护	120		1046056600.00
净化大气环境	47			森林防护	121		12504300.00
生物多样性保护	48			森林游憩	122		3080998700.00
森林防护	49			提供林产品	123		

（续）

资产	行次	期初数	期末数	负债及所有者权益	行次	期初数	期末数
森林游憩	50			其他生态服务功能	124		
提供林产品	51			生量生态资本	125		
其他生态服务功能	52			涵养水源	126		
应补生态资产：	53			保育土壤	127		
应补生态资产	54			固碳释氧	128		
涵养水源	55			林木积累营养物质	129		
保育土壤	56			净化大气环境	130		
固碳释氧	57			生物多样性保护	131		
林木积累营养物质	58			森林防护	132		
净化大气环境	59			森林游憩	133		
生物多样性保护	60			提供林产品	134		
森林防护	61			其他生态服务功能	135		
森林游憩	62			生态交易资本	136		
提供林产品	63			涵养水源	137		
其他生态服务功能	64			保育土壤	138		
	65			固碳释氧	139		
	66			林木积累营养物质	140		
	67			净化大气环境	141		
	68			生物多样性保护	142		
	69			森林防护	143		
	70			森林游憩	144		
	71			提供林产品	145		
	72			其他生态服务功能	146		
	73			所有者权益合计	147		11743332500.00
资产合计	74		11743332500.00	负债及所有者权益总计	148		11743332500.00

表 6-13 资产负债表（综合资产负债 04 表）

单位：元

资产	行次	期初数	期末数	负债及所有者权益	行次	期初数	期末数
流动资产：	1			流动负债：	100		
货币资金	2			短期借款	101		
短期投资	3			应付票据	102		
应收票据	4			应收账款	103		
应收账款	5			预收款项	104		
减：坏账准备	6			育林基金	105		
应收账款净额	7			拨入事业费	106		
预付款项	8			专项应付款	107		
应收补贴款	9			其他应付款	108		
其他应收款	10			应付工资	109		
存货	11			应付福利费	110		
待摊费用	12			未交税金	111		
待处理流动资产净损失	13			其他应交款	112		
一年内到期的长期债券投资	14			预提费用	113		
其他流动资产	15			一年内到期的长期负债	114		
	16			国家投入	115		
	17			育林基金	116		
流动资产合计	18			其他流动负债	117		
营林，事业费支出：	19			应付林木损失费	118		
营林成本	20			流动负债合计	119		
事业费支出	21			应付森源资本：	120		
营林，事业费支出合计	22			应付森源资本	121		
森源资产：	23			应付林木资本款	122		

（续）

资产	行次	期初数	期末数	负债及所有者权益	行次	期初数	期末数
森源资产	24		3078480000.00	应付林地资本款	123		
林木资产	25		6937000000.00	应付湿地资本款	124		
林地资产	26		1617480000.00	应付培育资本款	125		
林产品资产	27		3078480000.00	应付生态资本：	126		
培育资产	28			应付生态资本	127		
应补森源资产：	29			涵养水源	128		
应补森源资产	30			保育土壤	129		
应补林木资产款	31			固碳释氧	130		
应补林地资产款	32			林木积累营养物质	131		
应补湿地资产款	33			净化大气环境	132		
应补非培育资产款	34			生物多样性保护	133		
生量林木资产：	35			森林防护	134		
生量林木资产	36			森林游憩	135		
应补生态资产：	37			提供林产品	136		
应补生态资产	38			其他生态服务功能	137		
涵养水源	39			长期负债：	138		
保育土壤	40			长期借款	139		
固碳释氧	41			应付债券	140		
林木积累营养物质	42			长期应付款	141		
净化大气环境	43			其他长期负债	142		
生物多样性保护	44			其中：住房周转金	143		
森林防护	45			长期发债合计	144		
森林游憩	46			负债合计	145		
提供林产品	47			所有者权益：	146		
其他生态服务功能	48			实收资本	147		
生态交易资产：	49			资本公积	148		

（续）

资产	行次	期初数	期末数	负债及所有者权益	行次	期初数	期末数
生态交易资产	50			盈余公积	149		
涵养水源	51			其中：公益金	150		
保育土壤	52			未分配利润	151		
固碳释氧	53			生量林木资本	152		
林木积累营养物质	54			生态资本	153		11743332500.00
净化大气环境	55			涵养水源	154		2028940500.00
生物多样性保护	56			保育土壤	155		408163700.00
森林防护	57			固碳释氧	156		2332456400.00
森林游憩	58			林木积累营养物质	157		214030800.00
提供林产品	59			净化大气环境	158		2620181500.00
其他生态服务功能	60			生物多样性保护	159		11743332500.00
生态资产：	61			森林防护	160		1046056600.00
生态资产	62		11743332500.00	森林游憩	161		12504300.00
涵养水源	63		2028940500.00	提供林产品	162		
保育土壤	64		408163700.00	其他生态服务功能	163		
固碳释氧	65		2332456400.00	森源资本	164		3078480000.00
林木积累营养物质	66		214030800.00	林木资本	165		6937000000.00
净化大气环境	67		2620181500.00	林地资本	166		1617480000.00
生物多样性保护	68		1046056600.00	林产品资本	167		3078480000.00
森林防护	69		12504300.00	非培育资本	168		
森林游憩	70			生态交易资本	169		
提供林产品	71			涵养水源	170		
其他生态服务功能	72			保育土壤	171		
生量生态资产：	73			固碳释氧	172		
生量生态资产	74			林木积累营养物质	173		
涵养水源	75			净化大气环境	174		

（续）

资产	行次	期初数	期末数	负债及所有者权益	行次	期初数	期末数
保育土壤	76			生物多样性保护	175		
固碳释氧	77			森林防护	176		
林木积累营养物质	78			森林游憩	177		
净化大气环境	79			提供林产品	178		
生物多样性保护	80			其他生态服务功能	179		
森林防护	81			生量生态资本	180		
森林游憩	82			涵养水源	181		
提供林产品	83			保育土壤	182		
其他生态服务功能	84			固碳释氧	183		
长期投资：	85			林木积累营养物质	184		
长期投资	86			净化大气环境	185		
固定资产：	87			生物多样性保护	186		
固定资产原价	88			森林防护	187		
减：累积折旧	89			森林游憩	188		
固定资产净值	90			提供林产品	189		
固定资产清理	91			其他生态服务功能	190		
在建工程	92				191		
待处理固定资产净损失	93				192		
固定资产合计	94				193		
无形资产及递延资产：	95				194		
递延资产	96				195		
无形资产	97				196		
无形资产及递延资产合计	98			所有者权益合计	197		14821812500.00
资产总计	99		14821812500.00	负债及所有者权益总计	198		14821812500.00

参考文献

蔡友铭，周云轩.2014. 上海湿地（第二版）[M]. 上海：上海科学技术出版社.

董秀凯，管清成，徐丽娜，等.2017. 吉林省白石山林业局森林生态系统服务研究 [M]. 北京：中国林业出版社.

高翔伟，戴咏梅，韩玉洁，等.2016. 上海市森林生态连清体系监测布局与网络建设研究 [M]. 北京：中国林业出版社.

国家发展与改革委员会能源研究所.2003. 中国可持续发展能源暨碳排放情景分析 [R].

国家林业局.2008. 森林生态系统服务功能评估规范（LY/T 1721—2008）[S]. 北京：中国标准出版社.

国家林业局.2014. 退耕还林工程生态效益监测国家报告（2013）[M]. 北京：中国林业出版社.

国家林业局.2016. 森林生态系统长期定位观测方法（GB/T 33027—2016）[S]. 北京：中国标准出版社.

国家统计局.2016. 中国统计年鉴（2016）[M]. 北京：中国统计出版社.

李景全，牛香，曲国庆，等.2017. 山东省济南市森林与湿地生态系统服务研究 [M]. 北京：中国林业出版社.

牛香，王兵.2012. 基于分布式测算方法的福建省森林生态系统服务功能评估 [J]. 中国水土保持科学，10(2):36-43.

任军，宋庆丰，山广茂，等.2016. 吉林省森林生态连清与生态系统服务研究 [M]. 北京：中国林业出版社.

上海市气候变化研究中心. 2017. 上海市气候变化监测公报（2016）[R]. 北京：气象出版社.

上海市环境保护局.2015. 上海市环境状况公报（2015）[R].

上海市绿化和市容管理局.2016. 上海绿化市容行业年鉴（2016）[M]. 上海：上海科学文献出版社.

上海市人民政府发展研究中心. 2016. 上海经济年鉴（2016）[M]. 上海：上海经济年鉴社.

上海市水务局，上海市统计局.2013. 上海市第一次水利普查暨第二次水资源普查公报 [R].

上海市统计局，国家统计局上海调查总队.2016. 上海统计年鉴（2016）[M]. 上海：上海统计出版社.

王兵，宋庆丰.2012. 森林生态系统物种多样性保育价值评估方法 [J]. 北京林业大学学报，

34(2):155-160.

夏尚光，牛香，苏守香，等 .2016. 安徽省森林生态连清与生态系统服务研究 [M]. 北京：中国林业出版社 .

杨国亭，王兵，殷彤，等 .2016. 黑龙江省森林生态连清与生态系统服务研究 [M]. 北京：中国林业出版社 .

中国生物多样性国情研究报告编写组 .1998. 中国生物多样性国情研究报告 [M]. 北京：中国环境科学出版社 .

Feng, Ling, Chen Shengkui, Su Hua, et al. 2008. A theoretical model for assessing the sustainability of ecosystem services[J].Ecological Economy, 4(3):258-265.

HagitAttiya.2008. 分布式计算 [M]. 北京：电子工业出版社 .

Niu X,Wang B,Wei W J.2013.Chinese forest ecosystem research network: A plat form for observing and studying sustainable forestry[J].Journal of Food, Argriculture & Environment, 11(2):1232-1238.

Nowak D J, Hirabayashi S, Bodine A, et al. 2013. Modeled PM2.5 removal by trees in ten U.S. cities and associated health effects[J]. Environmental Pollution, 178(1):395-402.

Teklehaimanot Z, Jarvis P G, Ledger D C. 1991. Rainfall interception and boundary layer conductance in relation to tree spacing[J]. Journal of Hydrology, 123(3-4):261-278.

Wang B, Wang D, Niu X.2013.Past, present and future forest resources in China and the implications for carbon sequestration dynamics[J]. Journal of Food Agriculture & Environment, 11(1):801-806.

Wang B, Wei W J, Liu C J et al. 2013. Biomass and carbon stock in moso bamboo forests in subtropical China: Characteristics and implications. Journal of Tropical Forest Science, 25(1): 137-148.

名词术语

森林生态系统连续观测与清查

简称：森林生态连清，是以生态地理区划为单位，以森林生态站为依托，采用长期定位观测技术和分布式测算方法，定期对森林生态效益进行全指标体系观测与清查，它与国家森林资源连续清查相耦合，评价一定时期内的森林生态效益，进一步了解森林生态系统结构和功能的动态变化。

生态系统功能

指生境、生物学性质或生态系统过程，包括物质循环、能量流动、信息传递以及生态系统本身动态演化等，是生态系统基本性质，不依人的存在而存在。

生态系统服务功能

生态系统以直接或间接地为人类提供各种惠益，生态系统服务建立在生态系统功能的基础之上。

森林生态连清分布式测算方法

森林生态连清的测算时一项非常庞大、复杂的系统功能，将其按照行政区、林分类型、起源和林龄等划分为若干个相对独立的测算单位。然后，基于生态系统尺度的定位实测数据，运用遥感反演、模型模拟（如 IBIS——集成生物圈模型）等技术手段，进行由点到面的数据尺度转换，将点上实测数据转换至面上测算数据，即可得到森林生态连清汇总单位的测算数据，以上均质化的单元数据累加的结果即为汇总结果。

森林生态系统修正系数

基于森林生物量决定林分的生态质量这一生态学原理，森林生态功能修正系数是指评估林分生物量和实测林分生物量的比值。反映森林生态服务评估区域森林的生态功能状况，还可以通过森林生态质量的变化修正森林生态系统服务的变化。

贴现率

又称门槛比率，指用于把未来现金收益折合成现在收益的比率。

生态 GDP

在现行的 GDP 核算的基础上，减去资源消耗价值和环境退化价值，加上生态系统的生态效益，也就是绿色 GDP 核算体系的基础上加入生态系统的生态效益。

城市森林

城市森林为市域范围内以改善生态环境、实现人和自然协调、满足社会发展需要，由以树木为主体的植被及其所在的环境所构成的人工或自然的森林生态系统，狭义上其主体应该是近自然的森林生态系统。

附 件

上海市森林生态连清体系监测网络布局简介

一、布局原则

根据上海自然地理特征和社会经济条件，以及城市森林生态系统的分布、结构、功能和生态系统服务转化等因素，考虑植被的典型性、生态站点的稳定性以及各站点间的协调性和可比性，确定上海城市森林生态连清体系监测站点的布局原则如下：

第一，生境类型原则。在市域尺度上，要考虑上海北部为河口三角洲、东部为滨海平原、西部为湖沼平原的地貌特点，以及从东向西土壤pH值由碱性到酸性的变化规律，森林生态站要覆盖不同的生境类型。

第二，植被典型原则。在森林资源上，要考虑能够全面反映上海森林林分分布格局、特点和异质性，森林生态站能涉及上海不同的林分类型，涵盖水源涵养林、沿海防护林、通道防护林、污染隔离林、生态片林、国家森林公园、城市公园、郊野公园等。

第三，生态空间原则。在生态规划上，要考虑“上海市基本生态网络规划”提出的生态空间体系和“上海市林地保护利用规划”界定的林地保护等级，森林生态站应满足不同生态功能区的观测研究需求。

第四，城乡梯度原则。在城乡差异上，从远郊到城区，森林资源逐渐减少，森林斑块破碎化程度加剧；而人口密度、经济发展水平则逐渐提高，大气、水体、土壤重金属污染程度也在加剧。因而，森林生态站的观测数据能反映城乡综合环境梯度上生态系统性质和服务功能的变化格局。

第五，长期稳定原则。在观测需求上，选定的森林生态站站点和样地，要具有长期性、稳定性、可达性、安全性，以免自然或人为干扰而影响观测研究工作的持续性。森林生态站观测数据能反映生态系统长期变化过程。

二、布局依据

上海市域面积仅6340.5平方千米，东西、南北经纬度跨度不大，中心城区和各郊区在地理、温度、降水等因子方面的差异性不明显，且森林基本上由人工营造而来，因此，上海城市森林生态连清体系监测布局与网络建设指标体系与天然森林生态系统有很大区别（图1）。介于上海城市森林生态系统的特殊性，在进行森林生态连清体系监测布局与网络建设时，主要考虑的指标有：地貌指标、土壤指标、植被指标和生态规划指标。

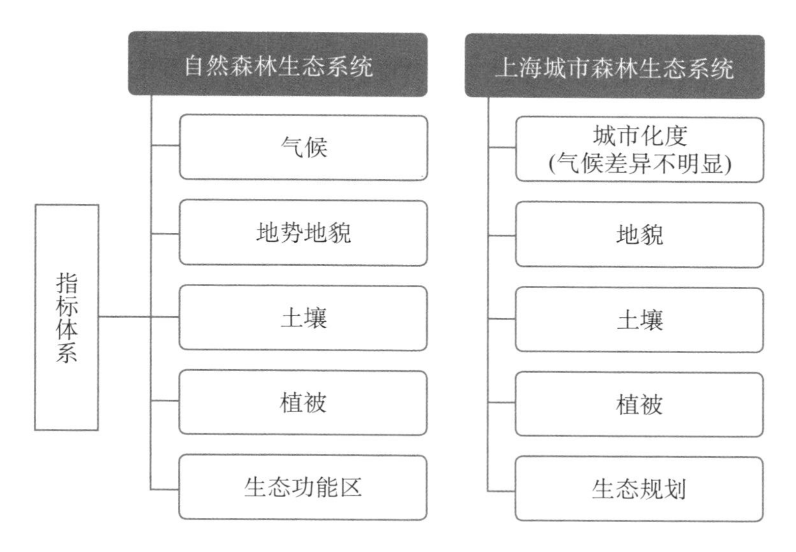

图 1　森林生态连清体系监测布局与网络建设指标差异

(一) 地貌及城市化率指标

根据上海地貌类型，结合农业生产特点和植树造林要求，以及上海市城市总体规划，可以将上海分为 4 个生态区。

(1) 河口三角洲区。包括长江河口沙岛及其延伸部分。崇明岛的海拔在 3.5~4.5 米，西部有部分低地；长兴、横沙二岛海拔在 2.5~3.5 米。

(2) 西部湖沼平原区。包括太湖蝶形洼地的东延部分，包括青浦区、松江区大部、金山区北部及嘉定区西南部等。这些地区地势低平，湖荡密布，地下水位高，一般高程在 2.2~3.5 米，其中最低处泖湖、石湖荡一带不到 2.0 米。本区零星分布有 13 座海拔不到 100 米的剥蚀残丘。

(3) 东部滨海平原区。包括长江以南全新世最大海侵线以东地区。北、东、南三面地势较高，平均高程 4.0~5.0 米，包括闵行区、嘉定区、宝山区、浦东新区、奉贤区和金山区南部等，其南缘略高于北缘，最高高程在奉贤一带。

(4) 中心城区（外环线以内区域）。中心城区从地理位置上属于东部滨海平原区，但由于人口极端密集（占 10% 的上海总面积，44% 的人口比例），造成了高度城市化的特殊生态系统，主要特征为：热岛效应明显，大气污染较严重（二氧化氮和 $PM_{2.5}$ 年均浓度均明显高于郊区）等。在绿化造林方面，中心城区以公园和绿地林分为主，生境破碎，森林连片面积较小，人为干扰较多，具有特殊的生态系统特征，有别于东部滨海平原区的其他区域。因此，有必要将其作为独立的森林生态系统进行研究。

（二）土壤指标

2010 年上海市土壤普查数据表明，上海境内土壤类型归属于 4 个土类、7 个亚类、24 个土属和 95 个土种。水稻土占 73.6%，灰潮土占总面积的 10.4%，滨海盐土占 15.9%，黄棕壤占 0.1%。土壤酸碱性质多为中性偏碱，从东向西土壤 pH 值呈由碱性到酸性的变化规律。

对于上海市来说，气候和地势不是森林植被分异的主要决定因素，而不同区域土壤性质的差异以及地下水位高低等因素对植物的生理生态适应起重要的作用，也是森林区域分异的主要自然影响因素。因此，土壤可以作为森林生态连清体系监测布局与网络建设的重要指标之一。从土壤理化性质方面来看，土壤酸碱度是影响造林树种选择的主要因素之一，因此，将上海土壤分成三大类：pH ＜ 6.5、6.5 ≤ pH ＜ 7.5、pH ≥ 7.5。

（三）植被指标

根据森林资源调查，上海境内基本上均为人工林，尚存少量的天然次生林，且受人为影响大，森林植被具有典型的城市森林特征。森林生态站和观测点的选择既要涵盖主要的优势树种（组），如阔叶林、针叶林、针阔混交林；又要涵盖不同功能的林种，如水源涵养林、沿海防护林、通道防护林、污染隔离林、风景林（国家森林公园、城市公园、郊野公园）等；还要考虑森林的起源，如人工林和天然林。

由于上海河网密布、道路纵横、生境破碎，森林往往被河流、道路等割裂。因此，应选择生境破碎程度较低、能够满足观测样地建设要求、连片面积≥ 10 公顷的森林（图 2），

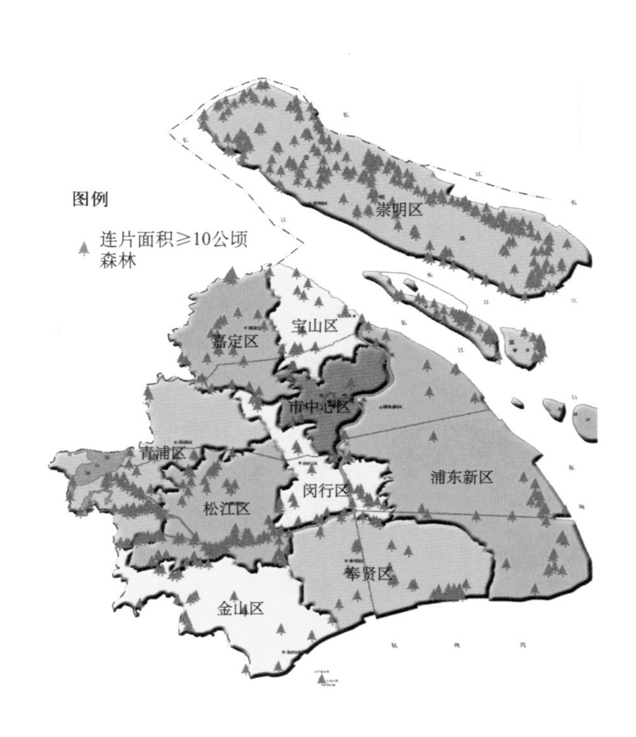

图 2　连片面积≥ 10 公顷森林分布图（数据来源：2014 年森林资源一体化监测成果数据）

才能有效代表森林群落、土壤、小气候等特点。

（四）生态规划指标

上海人工林大多在流转农田上营造，森林及林地权属多元化，部分林分的稳定性较差。开展森林生态系统长期定位观测研究，森林和林地的稳定性是非常重要的因素。

根据《上海市基本生态网络规划》（2011）提出的生态空间体系，重点在生态保育区、生态走廊、中心城绿地、外环绿带和近郊绿环中选择符合条件的森林；同时，根据《上海市林地保护利用规划（2010~2020 年）》界定的林地保护等级，在Ⅰ级和Ⅱ级保护林地中选择符合条件的森林。通过这两个要素来进行控制筛选，得出的森林稳定性较强，以保证森林生态站观测研究工作的持续性。

三、布局方法

利用地理信息系统（GIS）空间分析技术，依据《国家林业局陆地生态系统定位研究网络中长期发展规划（2008~2020）》中森林生态站布局，在上海城市森林生态连清体系监测布局与网络建设原则和依据的指导下，结合上海的地貌与土壤 pH 值特征、上海城市森林的组成结构与分布规律、上海市林地保护利用规划以及上海市基本生态网络规划等因素，利用地理信息系统，在基于每个因素进行抽样的基础上，实施叠加分析，明确上海市森林生态系统定位研究站点的分布和规划数量（图 3）。

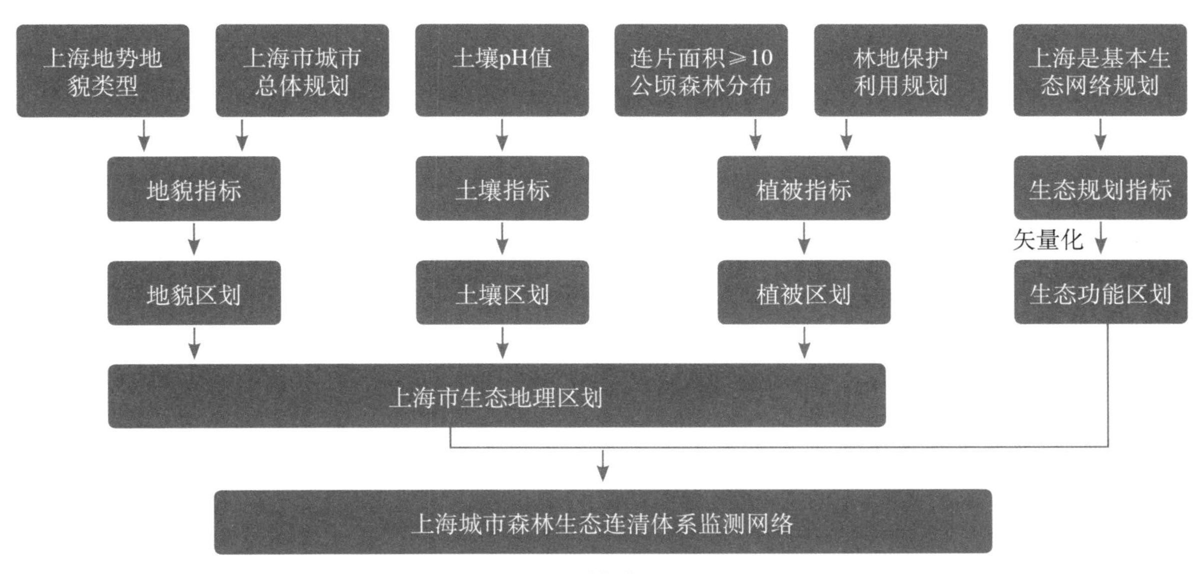

图 3 技术流程

根据上海自然、社会环境及森林资源特点，将上海划分为 4 个生态区（中心城区、西部湖沼平原区、东部滨海平原区和河口三角洲），再将该图层与土壤 pH 值分布图进行叠置分析，以MCI指数为标准，人工识别合并细碎区域到相邻最长边的区域，得到10个相对均质区域，即生态亚区（表1）。

基于ArcGIS空间分析方法，以上海市地貌指标、土壤指标、植被指标、生态规划指标和城市转化率指标为基础分类依据，按照布局原则，通过图层叠加分析，采取“典型抽样”的方法，布设12个森林生态系统定位观测研究站（以下简称森林生态站）。

表1　上海市生态分区区划

生态区	土壤酸碱性	县（区）
I东部滨海平原区	1酸性土壤	嘉定区、宝山区、浦东新区、奉贤区、闵行区、松江区、青浦区
	2中性土壤	浦东新区、奉贤区、嘉定区、闵行区、金山区、松江区
	3碱性土壤	浦东新区、奉贤区
II中心城区	1酸性土壤	宝山区、嘉定区、普陀区、虹口区、闸北区、杨浦区、静安区、长宁区、黄浦区、徐汇区、闵行区、浦东新区
	2中性土壤	浦东新区、杨浦区、黄浦区、徐汇区
	3碱性土壤	浦东新区
III河口三角洲区	3碱性土壤	崇明县
IV西部湖沼平原区	1酸性土壤	青浦区、松江区、金山区、奉贤区
	2中性土壤	金山区、松江区、嘉定区、奉贤区、闵行区
	3碱性土壤	嘉定区

四、总体布局及特点

（一）总体布局

在生态系统的物种组成上，上海城市森林主要为人工林，仅有少量次生自然林残存于佘山、大金山岛等丘陵山体，其植被类型、种类组成与自然环境之间的联系并不像自然植被那样紧密；但在生态系统的功能上，上海城市森林在物质生产、元素周转、水分循环等生态过程方面依然受到自然条件，尤其是土壤立地条件的影响；在生态系统的服务上，上海城市森林的主导功能取决于所处城市区位和生态规划定位。因而，针对上述划分的10个生态亚区，结合其主要植被类型特征及生态规划导向，选取12城市森林生态观测站（图4）。其中，中心城区碱性土壤亚区和西部湖沼平原区碱性土壤亚区，因面积小，未布设观测站点。

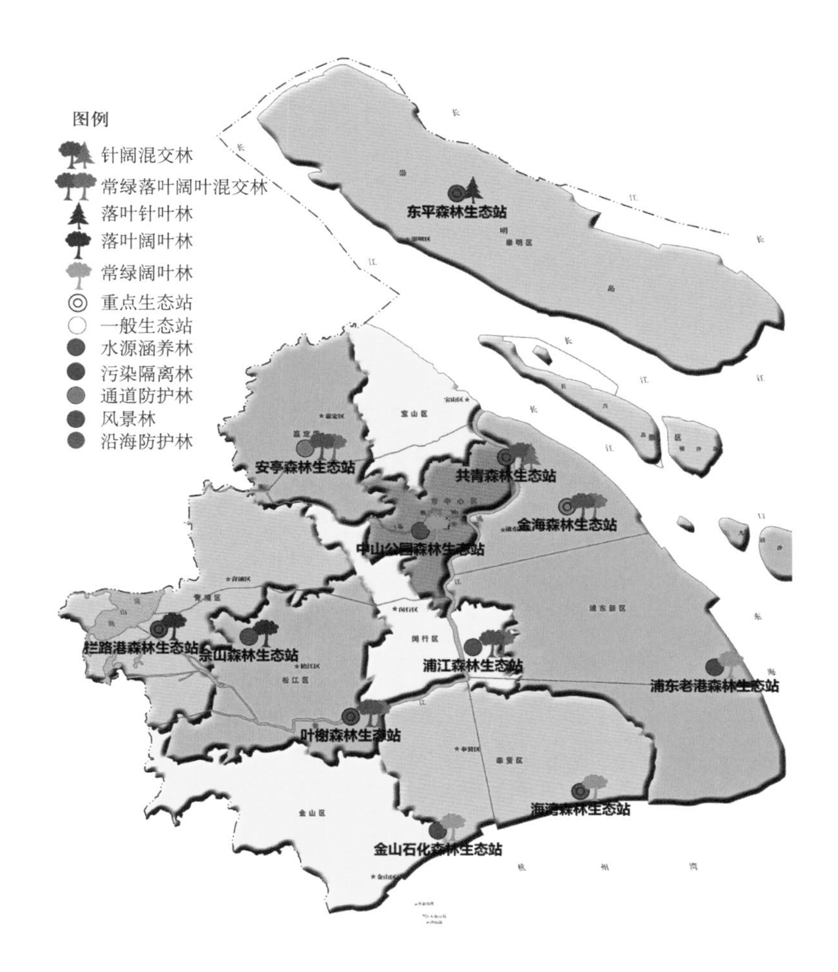

图4 上海城市森林生态连清体系监测布局图

（二）特 点

就上海市而言，12 个森林生态站分别代表了不同林分和环境特征，体现了上海城市森林的特点和地方特色，实现了上海市森林生态系统定位观测网络“多功能组合，多站点联合，多尺度拟合，多目标融合”的目标。12 个站点的网络布局具备了以下三大特点（表 2)。

（1）自然地理特征的全覆盖。确定的森林生态站不仅各有特点，而且从最大程度上覆盖了上海整个区域。

（2）城市化进程的梯度显现。基于上海城市环境时空格局及演变的研究将上海城乡梯度划分为城区、近郊区和远郊区 3 个区域。

（3）城市森林类型的典型表征。12 个生态站点在植被自然属性方面涵盖了天然次生林、近自然林以及人工林；在功能属性方面，涵盖了城市公园、水源涵养林、污染隔离林、沿海防护林、郊野公园以及生态片林等；在林分发育成熟度方面，各生态站点也涵盖了不同龄级的林分。

表 2　上海森林生态系统定位观测研究站特点

生态区	观测站点名称	所在区县	林种	优势树种(组)	起源	林龄	基本生态网络规划
中心城区	中山公园森林生态站	长宁区	风景林	常绿阔叶林	人工林	成熟林	中心城绿地
	共青森林生态站	杨浦区	风景林	针阔混交林	人工林	近熟林	中心城绿地
	金海森林生态站	浦东新区	通道防护林	常绿落叶阔叶混交林	人工林	幼龄林	中心城外环绿带
西部湖沼平原区	叶榭森林生态站	松江区	水源涵养林	常绿落叶阔叶混交林	人工林(近自然林)	幼龄林	黄浦江生态走廊
	佘山森林生态站	松江区	风景林	落叶阔叶林	天然林(天然次生林)	近熟林	青松生态走廊
	拦路港森林生态站	青浦区	水源涵养林	落叶阔叶林	人工林	幼龄林	青松生态走廊
东部滨海平原区	金山石化森林生态站	金山区	污染隔离林	常绿阔叶林	人工林	幼龄林	生态保育区
	海湾森林生态站	奉贤区	风景林(沿海防护林)	常绿阔叶林	人工林(近自然林)	幼龄林	浦奉生态走廊
	浦江森林生态站	闵行区	水源涵养林	常绿落叶阔叶混交林	人工林	幼龄林	生态间隔带
	老港森林生态站	浦东新区	污染隔离林	常绿阔叶林	人工林	幼龄林	大治河生态走廊
	安亭森林生态站	嘉定区	通道防护林	常绿落叶阔叶混交林	人工林	幼龄林	生态保育区
河口三角洲	东平森林生态站	崇明县	风景林(沿海防护林)	落叶针叶林	人工林	成熟林	生态保育区

五、观测研究内容

由于各森林生态站在自然地理、社会经济发展和植被类型上存在差异，其主要观测及研究内容既有共性又各有侧重（表 3）。总体上，12 个站点的研究将涵盖四大研究方向：生态系统结构与动态、生态系统过程、生态系统服务及生态保育与恢复。其中，生态系统结构与动态，主要包含站点周边景观格局及演变、森林植被组成及演替、生物环境响应；生态系统过程，主要关注物质生产、元素地球化学循环及水循环过程；生态系统服务，侧重于调节功能、文化功能与支撑功能。

表 3 森林生态站点主要观测研究内容

生态区	观测站点名称	生态系统结构及动态			生态系统过程			生态系统服务				生态保育与恢复
		景观格局及演变	植被组成及演替	生物环境响应	物质生产	元素地球化学循环	水循环过程		调节功能	文化功能	支持功能	
中心城区	中山公园森林生态站	✓	✓	✓					✓	✓	✓	
	共青森林生态站	✓	✓	✓	✓	✓	✓		✓	✓	✓	
	金海森林生态站	✓	✓	✓	✓	✓	✓		✓	✓	✓	✓
西部湖沼平原区	叶榭森林生态站	✓	✓	✓	✓	✓	✓		✓		✓	✓
	佘山森林生态站	✓	✓	✓					✓	✓	✓	✓
	拦路港森林生态站	✓	✓	✓					✓		✓	
东部滨海平原区	金山石化森林生态站	✓	✓	✓					✓		✓	
	海湾森林生态站	✓	✓	✓	✓	✓	✓		✓	✓	✓	✓
	浦江森林生态站	✓	✓	✓					✓	✓	✓	
	老港森林生态站	✓	✓	✓					✓			✓
	安亭森林生态站	✓	✓	✓						✓		✓
河口三角洲	东平森林生态站	✓	✓	✓	✓	✓	✓		✓	✓	✓	✓

12 个森林生态站将全面开展生态系统结构与动态的长期追踪与监测研究，为共性研究；而在其他三项研究领域中，因不同森林生态站的代表性森林类型及主导功能存在差异，各自侧重方向不同：

中山公园森林生态站地处中心城区，以人工阔叶林为主，主导功能是风景游憩。因其 24 小时对外开放且人流量大，不具备开展生态系统过程研究的条件，研究侧重生态系统服务，包括环境改善与调节功能，游憩与休闲功能以及对鸟类、昆虫等动物的支撑功能等。

共青森林生态站地处中心城区，以人工针阔混交林为主，主导功能是风景游憩；在生态系统过程方面开展物质生产、元素地球化学循环和水循环过程研究；在生态系统服务方面开展调节功能、文化功能和支撑功能研究。

金海森林生态站地处中心城区，以人工阔叶林为主，主导功能是通道防护（污染防护）；在生态系统过程方面开展物质生产、元素地球化学循环和水循环过程研究；在生态系统服务方面开展调节功能、文化功能和支撑功能研究；同时针对城市人工林存在的问题，开展人工林抚育，近自然管理及鸟类、两栖、爬行类等动物栖息地重建等生态保育与恢复应用性研究。

叶榭森林生态站地处城市近郊区，以近自然型的人工阔叶林为主，物种组成和群落更新方面模拟天然林特征、降低人为管护，其主导功能是水源涵养；在生态系统过程方面开展物质生产、元素地球化学循环和水循环过程研究；在生态系统服务方面开展调节功能和支撑功能研究；同时针对近自然幼龄林发育过程中出现的更新演替问题，开展人工定向抚育、近自然营建技术改进及动物栖息地重建等生态保育与恢复应用性研究。

佘山森林生态站地处城市近郊区，以天然次生的阔叶林为主，是上海面积最大的残存自然森林，其主导功能是风景游憩；在生态系统服务方面开展调节功能、文化功能和支撑功能研究；同时围绕突破演替瓶颈、加速演替进程的目的，开展近自然更新抚育和野生动物栖息地重建等生态保育与恢复应用性研究。

拦路港森林生态站地处城市远郊区，以人工针阔混交林为主，主导功能是水源涵养；仅在生态系统服务方面开展调节功能、文化功能和支撑功能研究。

金山石化森林生态站地处城市远郊区，以人工阔叶林为主，主导功能是污染隔离；仅在生态系统服务方面开展调节功能和支撑功能研究。

海湾森林生态站地处城市远郊区，以近自然型的人工阔叶林为主，主导功能是森林游憩和沿海防护；在生态系统过程方面开展物质生产、元素地球化学循环和水循环过程研究；在生态系统服务方面开展调节功能、文化功能和支撑功能研究；同时针对近自然幼龄林发育过程中出现的问题，开展人工定向抚育、近自然营建技术改进及动物栖息地重建等生态保育与恢复应用性研究。

浦江森林生态站地处城市近郊区，以人工阔叶林为主，主导功能是水源涵养；仅在生态系统服务方面开展调节功能、文化功能和支撑功能研究。

老港森林生态站地处城市远郊区，以人工阔叶林为主，主导功能是污染隔离；在生态系统服务方面仅开展调节功能研究；同时针对城市特殊生境——垃圾填埋地植被恢复中存在的环境限制等问题，开展生态恢复技术开发和适应性管理等应用性研究。

安亭森林生态站地处城市近郊区，以人工阔叶林为主，主导功能是通道防护；在生态系统服务方面仅开展文化功能研究；同时针对城市人工林存在的问题，开展人工林抚育、近自然管理等生态保育与恢复应用性研究。

东平森林生态站地处城市远郊区，代表了以人工针叶林为主的河口三角洲森林生态系

统，其主导功能是风景游憩和沿海防护；在生态系统过程方面开展物质生产、元素地球化学循环和水循环过程研究；在生态系统服务方面开展调节功能、文化功能和支撑功能研究；同时针对河口冲积平原特殊立地生境对森林营建和恢复产生的限制问题，开展良种选育、近自然更新管理及动物栖息地重建等生态保育与恢复应用研究。

六、《上海市森林生态连清体系监测布局与网络建设研究》已经出版

由我国森林生态效益监测与评估首席科学家王兵研究员主编，高翔伟、戴咏梅、韩玉洁等合著的“中国森林生态系统连续观测与清查及绿色核算”系列丛书（以下简称“系列丛书”）第四卷——《上海市森林生态连清体系监测布局与网络建设研究》已于2016年12月由中国林业出版社出版，为上海开展市级森林生态监测网络建设奠定了基础（图5）。

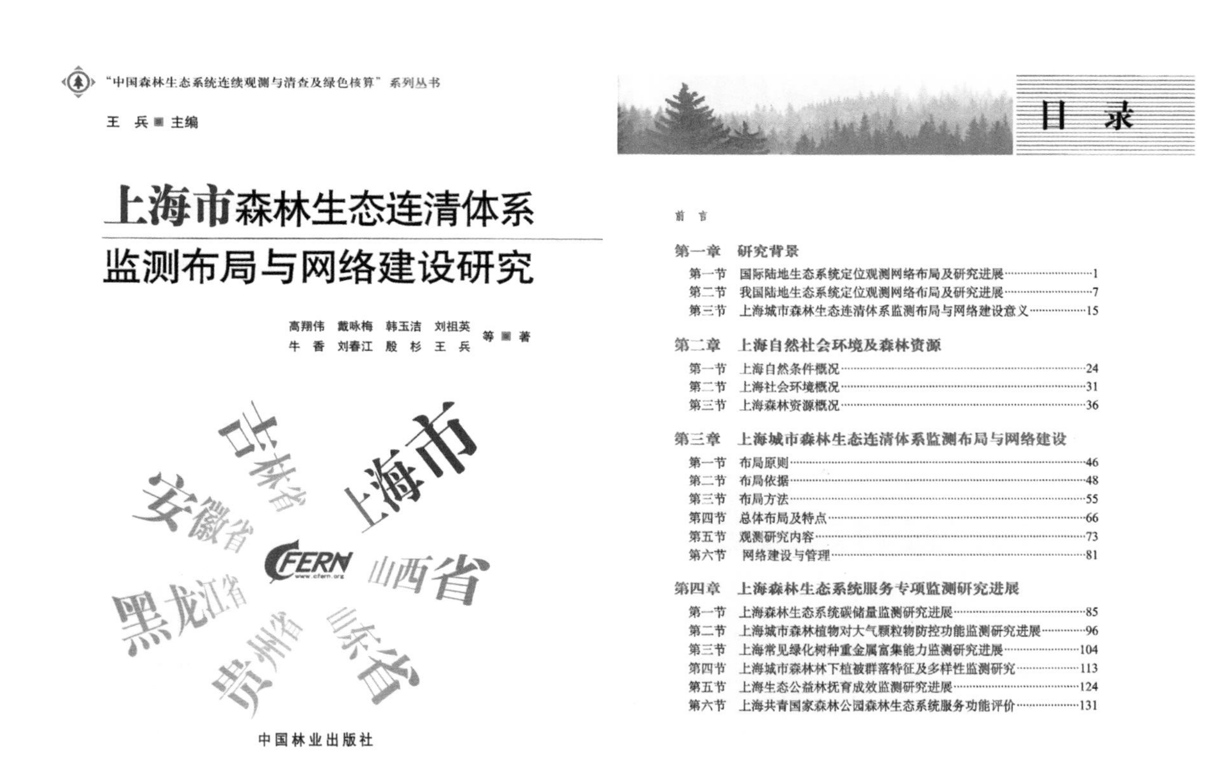

目 录

图5 《上海城市森林生态连清体系监测布局与网络建设研究》封面及目录

国家林业局上海城市森林生态系统国家定位观测研究站简介

一、概 况

上海城市森林生态系统国家定位观测研究站（简称：上海城市森林生态国家站）依据《国家林业局陆地生态系统定位研究网络中长期发展规划（2008~2020年）》立项，属于“华东中南亚热带常绿阔叶林及马尾松杉木竹林地区”的“江淮平原丘陵落叶常绿阔叶林及马尾松林区”；于2013年12月获得国家林业局建站批复，成为我国陆地生态系统定位研究网络中第二个城市森林生态站。该站处于长江三角洲冲积平原中心，属于亚热带季风气候，地带性植被为中亚热带—北亚热带过渡区常绿落叶阔叶混交林。

上海城市森林生态国家站地方归口管理单位为上海市林业局，建设单位为上海市林业总站，技术依托单位为上海交通大学。该站在2014年成立的CFERN城市森林生态监测研究联盟大会上被选为盟主单位，2015年被上海市生态学会授予“科学种子”站，2016年成为国家林业局“森林负氧离子监测”试点站和上海交通大学海外留学实习基地。上海城市森林生态国家站分别在中山公园、外环林带（浦东金海段）和崇明岛设置观测点，形成中

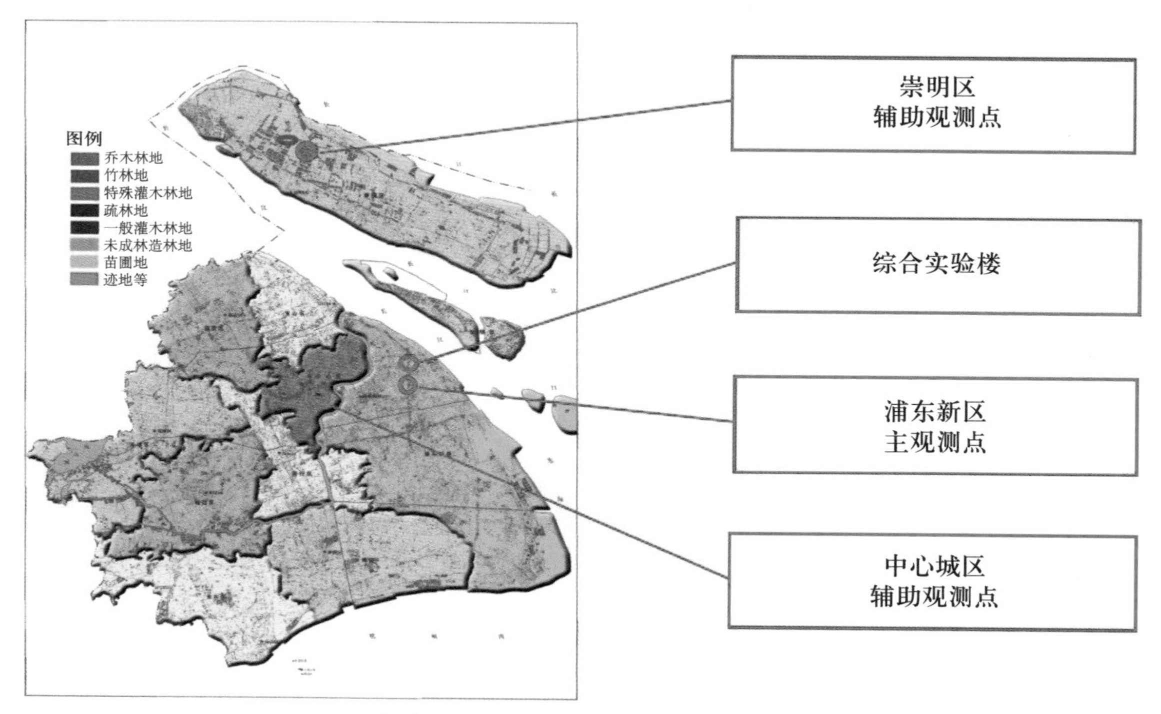

图1 上海城市森林生态国家站观测点分布图

心城区—近郊—远郊的梯度观测布局。综合实验楼位于上海市浦东新区高东镇现代林业监测实验基地，并在上海交通大学设有综合分析测试中心（图 1）。

二、观测内容及设备

城市森林生态系统为居民们提供着景观和游憩空间、减缓“热岛效应”、发挥城市海绵功能、防控环境污染等生态系统产品和服务。因此，在建站过程中，根据国家林业局《森林生态系统长期定位观测方法（GB/T 33027—2016）》，结合上海城市森林生态系统的特点，以这些森林生态效益和环境因子为核心，构建观测站的观测和研究体系；并建立基于物联网技术的观测、传输和展示系统，将观测结果实时展示，为居民和游客游憩活动提供信息（表 1、图 2、图 3）。

表 1 上海城市森林生态站主要观测仪器

	名称	功能	数量
森林空气环境质量观测	空气颗粒物监测仪	与在悬浮发生器配合使用	1
	森林环境空气质量监测系统	连续观测$PM_{2.5}$、PM_{10}、CO、SO_2、NO_2、O_3等大气污染物	3
	气溶胶再悬浮发生器	测定森林滞尘量	1
	大气干湿沉降仪	测定大气干湿沉降	1
	空气负离子连续监测仪	连续测定森林大气负氧离子浓度	3
水分要素观测	植物液流测量系统	连续测量树干中茎流速率	3
	多参数水质监测仪	测定森林水质相关指标	1
	土壤水分蒸渗监测系统	测定水量平衡和蒸发散	1
土壤要素观测	露点水势仪	测定土壤或叶片的水势	2
气象要素观测	自动气象站	连续监测各种气象因子	5
	梯度气象站	连续监测森林不同梯度气象因子	2
生物要素观测	根系生长监测系统	监测植物根系生长发育	1
	径向生长仪	观测树木径向生长量	10
	便携式叶面积仪	测定植物叶片面积	1
	CO_2廓线系统	测定不同梯度CO_2浓度廓线	2
	大口径闪烁仪	观测森林生态系统水热通量	2

图2　上海城市森林生态站主要观测指标体系

上海城市森林生态系统国家定位观测研究站

THE NATIONAL STATION OF OBSERVATION AND RESEARCH CITY FOREST ECOSYSTEM ON SHANGHAI

2017-05-02 13:05:31

系统菜单

中山公园站

zsgyz

选择类型：历史资料　选择时间：2017-05-02 00:00 - 2017-05-02 13:5　查询

日期	时间	PM10	PM2.5	SO2	NOX	NO	CO	O3	OICON	TEMP	HUMI
2017-05-02	11:32	22.000	17.250	5.427	11.040	1.683	1191.000	36.870	419.000	20.200	84.700
2017-05-02	11:27	22.000	15.800	5.298	10.660	0.276	1194.000	37.920	420.000	20.100	84.400
2017-05-02	11:22	22.000	18.300	4.898	10.880	0.014	1198.000	33.760	407.000	20.000	85.300
2017-05-02	11:17	22.000	11.380	4.794	11.820	0.313	1202.000	34.220	408.000	19.900	86.600
2017-05-02	11:12	22.000	11.390	7.318	11.150	3.331	1197.000	34.040	412.000	19.900	86.600
2017-05-02	11:07	22.000	14.650	2.092	13.310	0.161	1210.000	38.330	418.000	19.800	86.400
2017-05-02	11:02	22.000	18.540	2.997	10.520	3.769	1220.000	34.490	399.000	19.800	87.700
2017-05-02	10:57	22.000	21.420	-6.889	10.660	0.951	1192.000	36.970	401.000	19.800	86.900

图3　远程服务器上可访问、查看并下载数据

图3为中山公园观测点森林环境空气质量监测系统。整个监测站系统由采样预处理单元、分析单元、控制单元、数据采集处理与传输单元、零空气系统、动态校准仪、气象仪器、系统软件、恒温恒湿透明圆形站房构成，主要监测要素包括：大气负离子；颗粒物：$PM_{2.5}$、PM_{10}；气体：CO、SO_2、NO_2、O_3；气象要素：气温、空气湿度、气压、风向风速、降雨量、总辐射、有效辐射、紫外辐射等。

三、主要研究方向和成果

根据生态站观测及城市森林主要特点，上海城市森林生态站主要研究方向包括以下几个方面：

- 都市圈森林生态系统服务特点和影响因素

- 城市森林生态系统服务评价方法体系
- 长三角都市圈森林防控大气污染机制和潜力
- 基于城市化过程的城市森林经营技术
- 长三角冲积平原森林群落结构、演替格局及影响因素
- 城市森林对气候变化的响应和适应

近年来取得的主要研究成果有以下几个方面：

1. 上海市森林生态连清体系监测布局与网络建设研究

上海市林业局2015年启动了“上海森林生态系统定位观测网络布局研究”项目，构建了上海市森林生态连清体系监测网络布局，形成了可与CFERN对接的省（市）级森林生态监测网络。同时，根据项目研究成果，出版“中国森林生态系统连续观测与清查绿色核算丛书”上海卷——《上海市森林生态连清体系监测布局与网络建设研究》。该报告充分反映了上海城市森林建设成果，为在市域尺度上构建一个观测站布局合理、观测技术先进、信息处理和发布设施完善的森林生态连清体系监测网络奠定了基础。该监测网络将为居民生活游憩提供环境信息服务，促进生态型宜居城市建设；全面监测城市森林生态系统特性和过程变化，积累长期动态变化基础数据；构建城市森林和生态环境研究平台，提升城市林业研究水平；全面监测森林生态系统服务功能，为森林生态连清提供科学有效数据支撑；向广大市民群众开展科普教育，促进生态文明建设。

2. 上海市森林生态连清与生态系统服务研究

为了客观、动态、科学地评估上海市森林生态系统服务功能，提高林业在上海市国民经济和社会发展中的地位，上海市林业局组织启动了评估工作，上海市林业总站和上海交通大学为承担单位，以国家林业局森林生态系统定位观测研究网络（CFERN）为技术依托，运用森林生态系统连续观测与清查体系，以上海市森林资源监测成果数据为基础，以CFERN多年连续观测数据、国家权威部门发布的公共数据和林业行业标准《森林生态系统服务功能评估规范》（LY/T1721—2008）为依据，采用分布式测算方法，对上海市的森林生态系统服务功能进行评估。结果显示：2015年、2016年上海市森林生态系统服务功能总价值分别为117.43亿元、125.80亿元。评估结果充分反映了上海市林业生态建设成果，对如何加强上海市现有森林资源的开发利用，提升城市森林生态系统服务转化率，提高现有森林的生态服务功能总价值，让城市居民更大程度地享受森林生态福祉具有非常重要的现实意义。

3. 城市森林防控大气污染（$PM_{2.5}$）机制和潜力研究

自2013年以来，在原来研究的基础上，开展了上海不同污染源$PM_{2.5}$组分、上海主要森林树种削减$PM_{2.5}$能力、区域尺度上降低大气污染物潜力等研究，揭示了上海地区19种主要森林树种削减$PM_{2.5}$的潜力和机制（图4、图5）。研究结果发布后，不仅回答了市民关

注问题，增强了居民森林生态学知识，并为政府和管理部门在不同城市功能区进行绿化树种选择提供了依据。

此外，研究发现，各植物表面滞留颗粒物来源及成分各异，植物叶片对颗粒物的滞留功能既有一定的专属选择性，也受到外部环境本底来源的影响。其中针叶树种叶片上滞纳颗粒物的来源与环境大气中的差异比较大，而阔叶树种的滞尘成分和来源与大气环境中的相对接近。水杉滞留的大气颗粒物成分中，重金属所占比例高于其他树种。重金属成分虽然在植物滞尘成分中所占成分比例小，但是危害和健康风险巨大，因此需要特别重视。

在此基础上，通过利用模型计算获得2013~2015年上海市平均每平方米森林每年对大气中$PM_{2.5}$净化量分别为0.092克、0.087克和0.088克；平均每年小时浓度削减量分别为0.0066微克/立方米、0.0066微克/立方米和0.0070微克/立方米；平均空气质量改善率分别为0.26%、0.26%和0.28%。与美国的十个城市相比有较大差异，其主要由上海市污染物浓度较大，叶面积总量较大，市域面积较大等因素导致。通过模型对2020年上海城市森林净化大气颗粒

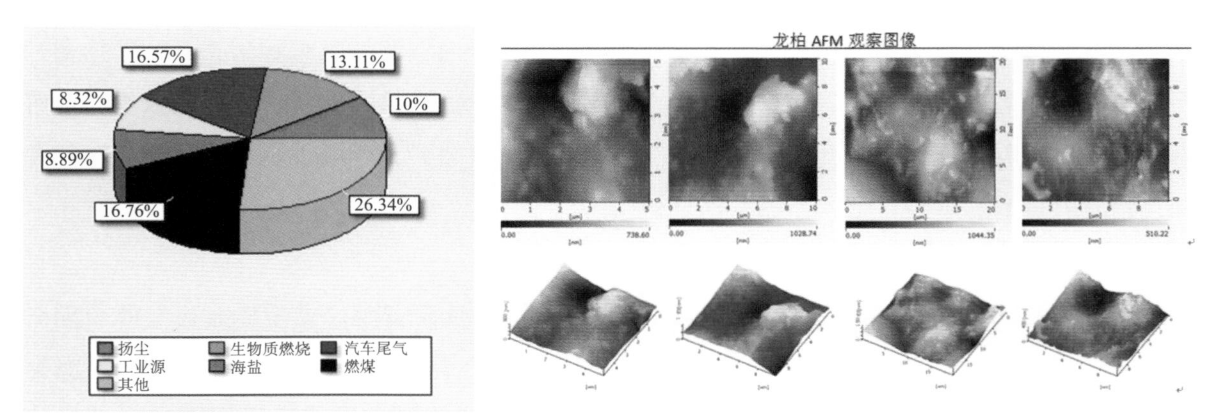

图4 上海常见树种滞尘成分分布（左）及龙柏叶片表面粗糙度三维图（右）

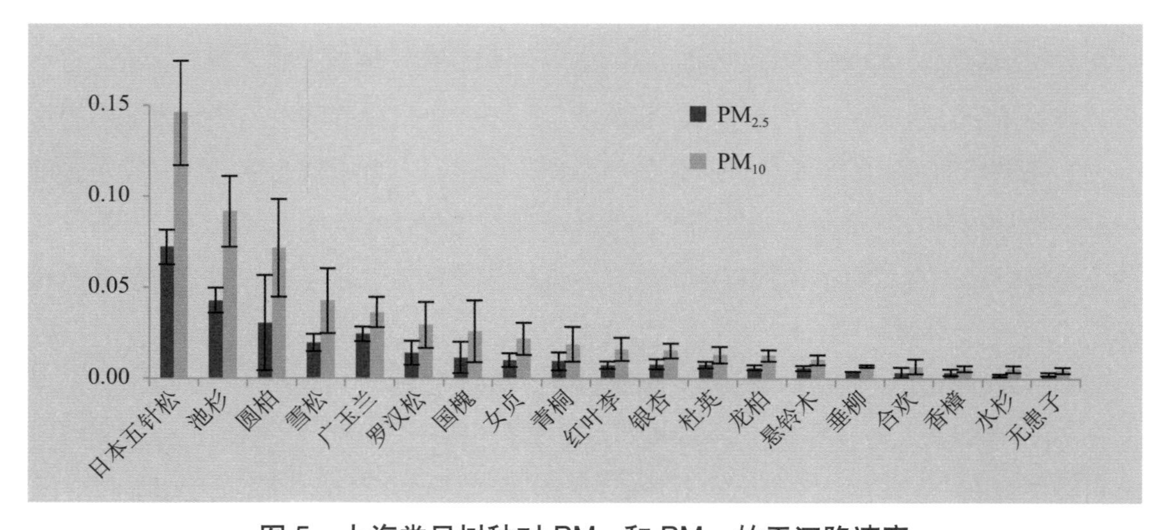

图5 上海常见树种对PM_{10}和$PM_{2.5}$的干沉降速率

物总量进行了六类情景分析：根据推算，各林分类型按同比随上海城市森林增幅所增长，上海城市森林到2020年净化大气颗粒物总量较2015年有较大幅度下降，其主要原因是大气颗粒浓度下降明显；从生态效益最大化的角度来看，上海城市森林增量应多考虑落叶针叶类林分；同时考虑实际应用与美化绿化，应多栽植混交林。

表2 不同情景下上海城市森林净化大气 $PM_{2.5}$ 的总量分析对比

城市	每公顷森林年总净化量[吨/(公顷·年)]	每平方米森林年总净化量[吨/(平方米·年)]	年平均小时 $PM_{2.5}$ 浓度降低值(微克/立方米)	空气质量改善率（%）
上海（2013）	9.22	0.092	0.0066	26
上海（2014）	8.75	0.087	0.0066	26
上海（2015）	8.83	0.088	0.0070	28
上海（2020）	5.90	0.059	0.0057	32
上海（2020常绿针叶）	5.90	0.059	0.0055	32
上海（2020常绿阔叶）	5.90	0.059	0.0055	31
上海（2020落叶针叶）	6.10	0.061	0.0057	33
上海（2020落叶阔叶）	5.90	0.059	0.0055	31
上海（2020混交林）	6.00	0.060	0.0056	32

4. 上海城市森林生态系统碳储量研究

在上海市农业委员会和中国科学院碳专项的支持下，我们于2011年开展了上海城市森林生态系统碳储量研究，在全市范围内建立了90多块林分样地，并于2016年完成了第二轮样地调查。研究结果揭示了上海城市森林生物量碳储量、土壤有机碳储量及其分布格局。该项目成果2015年获上海市绿化市容科技成果奖一等奖。这些长期定位研究不仅为上海森林生态系统服务价值的评估提供重要数据，而且作为生态站的有机组成部分，使得生态站的研究承前启后，满足了当前社会需求和行业需要，为今后生态站建设积累了数据和经验。

5. 上海城市森林氧吧的监测与研究

城市森林群落空气中含有丰富的负离子，植物可以释放负离子到大气环境中，不仅能吸附大气污染物，还能改善人体健康。在城市空气质量状况亟待提升，城市居民对生活环境要求日益提高的情况下，对城市森林群落中负离子的充分开发和利用就显得尤为重要。在上海市绿化和市容管理局科学技术攻关项目的支持下，我们正在开展上海城市森林氧吧的监测与研究工作。

在收集空气负离子随时间和空间变化规律的基础上，研究又探讨了负离子浓度的影响因素。首先是植物群落郁闭度对负离子浓度的影响。我们将9个采样点的植物群落其大致分为高、中、低 3 组进行比较（草坪群落在此归入低郁闭度组），取三次试验每小时前 10 个最大值做日均值柱形图，如图 6。

由图 7 可以看出，低郁闭度组负离子浓度的日均值标准差总体上来说要高于中浓度组，高郁闭度组标准差偏小，这说明在低郁闭度条件下，负离子浓度的变异性较强，即一天内变化幅度较大，因为在群落郁闭度较低的情况下，雷电、阳光等对空气中负离子的影响较为直接，雷电在接触硬质地面后放电产生的负离子最多，阳光能透过树冠层照射到地被植物叶片上，发生光电反应增加空气中负离子，但与此同时负离子也因无叶片等遮挡而迅速消散，造成在一日内极值差异极大。

冬季（左）和春季（右）负离子浓度与温度的关系如图 8 所示。温度与负离子浓度呈

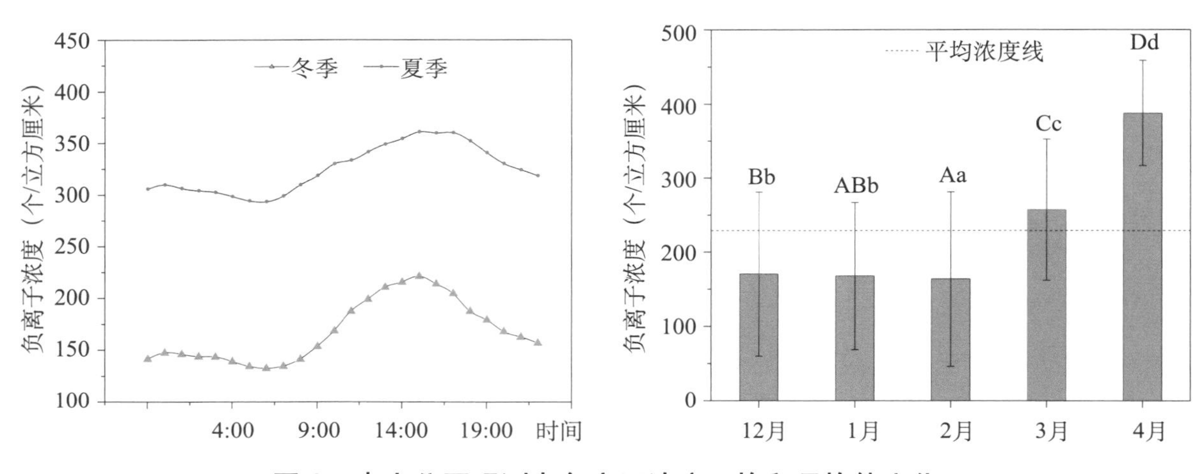

图 6　中山公园观测点负离子浓度日均和月均值变化

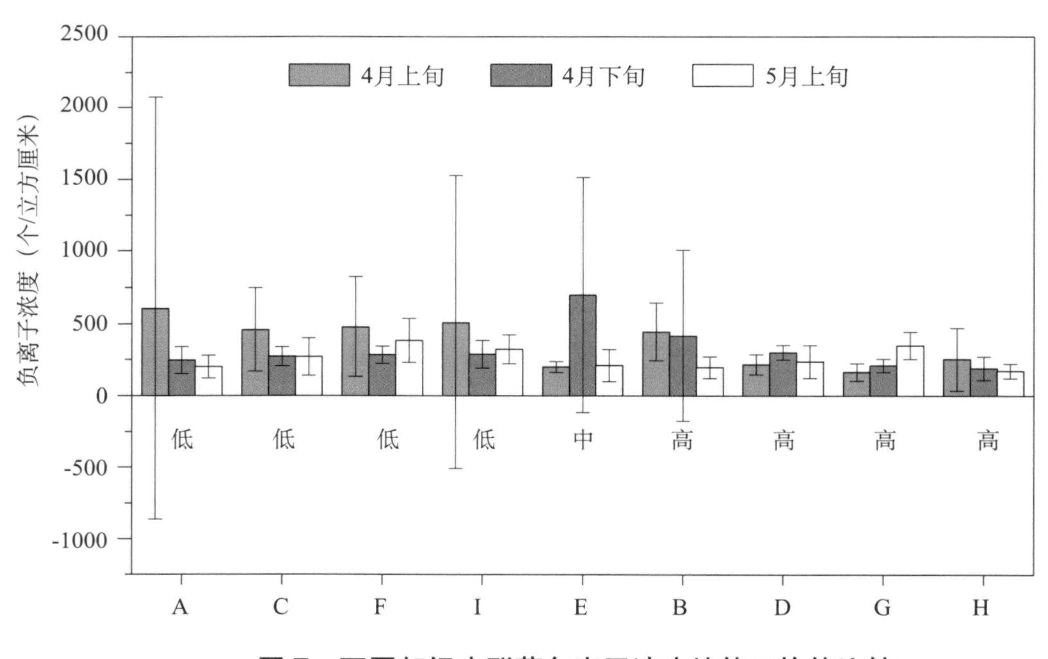

图 7　不同郁闭度群落负离子浓度峰值日均值比较

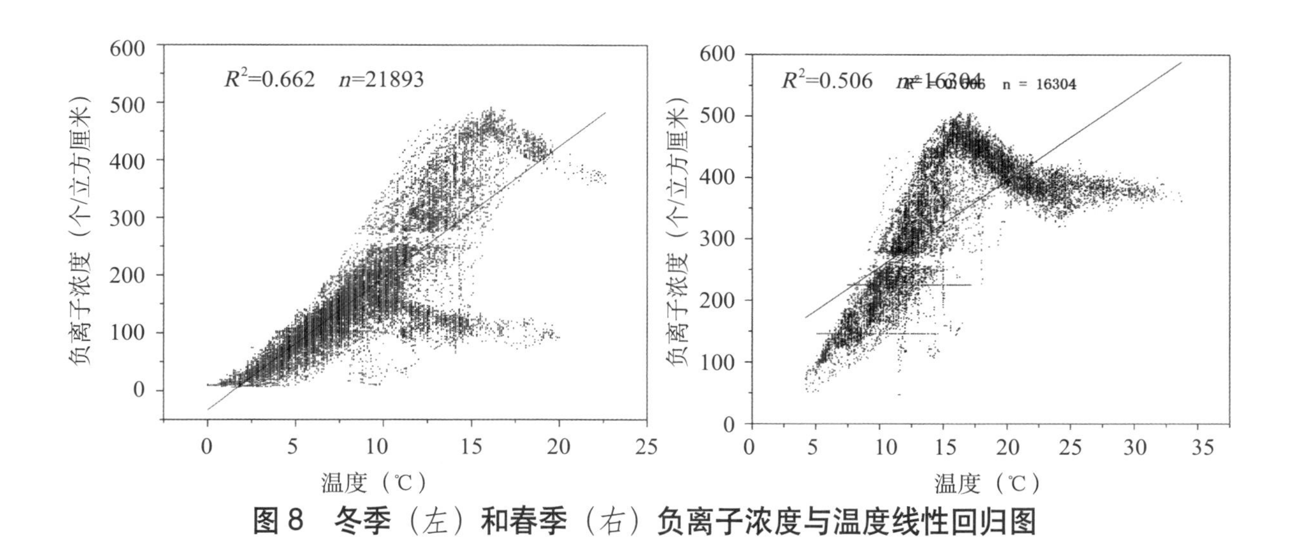

图 8　冬季（左）和春季（右）负离子浓度与温度线性回归图

显著正相关关系，温度升高会加强植物光合作用，促进植物生命活动，从而增强光电反应，增加空气中负离子的产生，提高其浓度。

6. 获奖成果

近三年来，生态站获得的主要奖励有：① 2016 年：上海市林业局科技成果一等奖、上海市生态学会青年论坛优秀论文二等奖、三等奖；② 2015 年：Elsevier 亚太可持续发展青年科学家奖、第十四届"挑战杯"全国大学生课外学术科技竞赛"智慧城市"专项三等奖；③ 2014 年：第二届国际镁与作物生产、食品质量和人类健康研讨会最佳论文海报奖和上海交通大学优异学士学位论文奖等。

四、交流合作和科普教育

近年来，上海城市森林生态站分别召开了城市森林生态监测联盟成立大会（2014）、首届城市森林生态系统服务和经营国际研讨会（2015）和森林生态连清监测技术野外培训大篷车走进长三角培训班(2016)。来自国内外 50 多个生态站和科研单位都积极参与，相互交流，极大促进了我国城市森林定位观测研究深入发展（图 9）。

在科普和社会教育方面，生态站工作者积极为公众和各级干部培训班，开展森林生态系统功能和服务理论知识讲座。例如，2013 年以来先后 3 次深入社区为老年人讲解森林削减大气 $PM_{2.5}$ 功能，2015 年 8 月份为贵阳市党政干部培训班讲授我国和贵州森林生态系统功能的特点，均取得了良好效果（图 10）。

自 2013 年以来，上海城市森林生态站研究人员已多次为上海东方电视台、东方电台、解放日报、新民晚报等媒体，录制科普节目或撰写文章，科普森林生态学知识，宣传生态文明。切实针对社会需求和热点，发挥着生态站的科普教育功能，为扩大生态站的影响力、提升社会服务水平做出了重要贡献（图 11）。

图 9　2014~2016 年上海城市森林生态站主办和承办的全国性学术活动

图 10　深入社区为居民做科普教育讲座

森林，让城市和我们更美好

城在林中，林在城内

生态文明与工业文明的对话

中外专家建言城市森林发展

建城市森林生态站
发布"森林游憩指数"

城市森林，让生态和生活更美好

"保淡绿叶菜价"保险 破解"菜贱伤农"难题

东方网 | 上海　东方网 >> 上海频道 >> 滚动新闻 >> 正文

沪19种常见植物比拼吸霾能力 五针松最厉害水杉垫底

2015-3-13 09:49:52

针叶树种尤其是松柏类的叶片具有更强的滞尘能力，适合种植在交通道路隔离带，高速公路两侧绿化带最宽至少应达到20米——上海交大的城市绿化吸霾数据在植树节出炉，有望帮助缓解城市大气污染。

造林防霾效果有待研究

全球多数重要城市的森林覆盖率都在30%以上，而上海城市森林覆盖率约为13%，仅为全国平均水平的一半。上海交大农生学院刘春江教授表示，城市的森林植被是城市中唯一有生命的基础设施，可以起到削减颗粒物等大气污染的作用。

上海在"2012-2017清洁空气行动计划"中明确计划新增4600公顷城市森林，而北京市园林局已规划并启动在城市周边造林1.5万公顷治理雾霾污染。但这些绿化造林工程带来的对雾霾的防控效益还有待研究。

叶片滞尘能力有差异

上海交大农业与生物学院的城市森林调研团队，通过取样和分析，对上海19种常见乔木树种单位面积叶片上PM2.5和PM10的干沉降速率进行了测定。日本五针松的两组沉降速率最高效，位列榜首。PM2.5干沉降速率中，由水杉"垫底"。银杏、悬铃木、垂柳的两组数据都在0.02米/秒以下。

图 11　上海城市森林生态站的建设、发展和科普文章被各大网站及报纸纷纷转载

附 表

表 1　2016 年上海市森林生态系统服务功能评估社会公共数据表

编号	名称	单位	数值	来源及依据
1	水库建设单位库容投资	元/立方米	6.59	中华人民共和国审计署，2013年第23号公告：长江三峡工程竣工财务决算草案审计结果，三峡工程动态总投资合计2485.37亿元，水库正常蓄水位高程175米，总库容393亿立方米
2	水的净化费用	元/吨	3.45	根据上海市发展和改革委员会网站，2015年上海市居民综合用水价格
3	挖取单位面积土方费用	元/立方米	35.70	采用《上海市园林工程预算定额》数据，2013年绿化工程挖取和运输土方价格为35.7元/立方米
4	磷酸二铵含氮量	%	14.00	化肥产品说明
5	磷酸二铵含磷量	%	15.01	化肥产品说明
6	氯化钾含钾量	%	50.00	化肥产品说明
7	磷酸二铵化肥价格	元/吨	2680	采用《森林生态系统服务功能评估规范》推荐的全国海关信息中心和中国化肥网年度平均价格
8	氯化钾化肥价格	元/吨	2140	采用《森林生态系统服务功能评估规范》推荐的全国海关信息中心和中国化肥网年度平均价格
9	有机质价格	元/吨	320	采用《森林生态系统服务功能评估规范》的推荐价值
10	固碳价格	元/吨	891.11	采用2013瑞典碳税价格：136美元/吨二氧化碳，人民币兑美元汇率按照2013年平均汇率6.2897计算，贴现至2015年
11	制造氧气价格	元/吨	1353.31	采用中华人民共和国国家卫生和计划生育委员会网站（http://nhfpc.gov.cn/）2007年春季氧气平均价格（1000元/吨），再根据贴现率转换为2015年的现价

编号	名称	单位	数值	来源及依据
12	负离子生产费用	元/10^{18}个	10.56	根据台州科利达电子有限公司生产的适用范围30平方米(房间高3米)、功率为6瓦、负离子浓度1000000个/立方米、使用寿命为10年、价格每个65元的KLD-2000型负离子发生器而推断获得,其中负离子寿命为10分钟；根据上海市发改委关于调整本市天然气发电上网电价的通知，居民生活用电现行价格为每度0.726元
13	二氧化硫治理费用	元/千克	4.00	采用关于调整本市排污费征收标准等有关问题的通知http://www.shdrc.gov.cn/fzgggz/jggl/jgzcwj/12379.htm
14	氟化物治理费用	元/千克	0.69	采用上海市环保局《排污费征收标准及计算方法》
15	氮氧化物治理费用	元/千克	4.00	采用关于调整本市排污费征收标准等有关问题的通知http://www.shdrc.gov.cn/fzgggz/jggl/jgzcwj/12379.htm
16	TSP治理费用	元/千克	0.15	采用中华人民共和国发展和改革委员会等四部委2003年第31号令《排污费征收标准及计算方法》
17	PM_{10}所造成健康危害经济损失	元/千克	28.08	根据David等2013年《Modeled PM Removal by Trees in Ten U.S. Cities and Associated Health Effects》中对美国10个城市绿色植被吸附及对健康价值影响的研究。其中价值贴现至2015年，汇率取6.2284
18	$PM_{2.5}$所造成健康危害经济损失	元/千克	10027.72	
19	生物多样性保护价值	元/(公顷·年)	— — — — — — —	根据Shannon-Wiener指数计算生物多样性保护价值，采用2008年价格，即： Shannon-Wiener指数<1时，$S_{生}$为3000 [元/(公顷·年)]； 1≤Shannon-Wiener指数<2时，$S_{生}$为5000 [元/(公顷·年)]； 2≤Shannon-Wiener指数<3时，$S_{生}$为10000 [元/(公顷·年)]； 3≤Shannon-Wiener指数<4时，$S_{生}$为20000 [元/(公顷·年)]； 4≤Shannon-Wiener指数<5时，$S_{生}$为30000 [元/(公顷·年)]； 5≤Shannon-Wiener指数<6时，$S_{生}$为40000 [元/(公顷·年])； Shannon-Wiener指数≥6时，$S_{生}$为50000 [元/(公顷·年)]。通过工业生产者出厂价格指数将2008年价格折算成2015年的现价

表2 2016年上海市森林生态系统服务价值评估参数及出处

编号	二级分类	参数	描述	单位	年度	来源和出处
1	调节水量	$C_{库}$	水库库容造价	元/立方米		参考三峡水库建设成本
		降水量P	上海市平均降雨量	毫米	2016	来自上海市气象局网站2016年降水量
		蒸散量E	不同森林类型蒸散率乘以年降水量	毫米		①马定国, 等. 2003. 江西省森林生态系统服务功能价值评估[J]. 江西科学, 21(3):211-216.；②邓湘雯. 2007. 不同年龄阶段会同杉木林水文学过程定位研究[D].长沙:中南林业科技大学.
		林分地表径流C	年平均地表径流的5%~25%	毫米		上海市水资源公报
2	净化水质	$K_{水}$	上海市居民用水价格	元/吨		根据上海市发展和改革委员会网站，2015年上海市居民综合用水价格
3	固土指标	X_1土壤侵蚀模数	不同林分类型土壤侵蚀模数	吨/(公顷·年)		①宋建锋, 等. 2013. 上海市土壤侵蚀模数的研究与确定[J]. 中国水土保持, (8):42-45.；②吴景社, 等. 2013. 上海市水土流失重点防治区划分研究[J]. 中国水土保持, (9):11-13. ③赵同谦, 等. 2004. 中国森林生态系统服务功能及其价值评价[J]. 自然资源学报, 19(4):480-491. ④范昕婷, 等. 2013. 上海市环城绿带生态系统服务价值评估[J]. 城市环境与城市生态, (5):1-5.
		$C_{土}$	绿化工程挖取和运输土方价格	元/立方米	2015	《上海市园林工程预算定额》
		ρ土壤容重	上海市不同森林类型土壤容重数据	吨/立方米	2013	《上海市林业碳汇计量监测体系建设报告（2013年）》

（续）

编号	二级分类	参数	描述	单位	年度	来源和出处
4	保肥指标	C_1	磷酸二铵化肥价格	元/吨	2016	《森林生态系统服务功能评估规范》推荐的全国海关信息中心和中国化肥网年度平均价格
		C_2	氯化钾化肥价格	元/吨	2016	《森林生态系统服务功能评估规范》推荐的全国海关信息中心和中国化肥网年度平均价格
		C_3	有机质价格	元/吨		《森林生态系统服务功能评估规范》的推荐价值
		有机质	土壤有机质	%	—	上海市林业碳汇计量监测体系建设实测数据
		氮	土壤氮素含量	%	—	江西、浙江等亚热带地区不同森林类型土壤养分含量平均值
		磷	土壤磷素含量	%	—	江西、浙江等亚热带地区不同森林类型土壤养分含量平均值
		钾	土壤钾含量	%	—	江西、浙江等亚热带地区不同森林类型土壤养分含量平均值
5	物质量	林分生物量与蓄积量转换方程	换算因子连续函数法 $BEF = a + b/V$（BEF 为生物量换算因子；a和b为常数；V为蓄积量）			①苏继申. 2010. 南京市城市森林固碳制氧效益研究[J].林业科技开发，24(3): 49-52.；②Guo Z, Fang J, Pan Y, et al. 2010. Inventory-based estimates of forest biomass carbon stocks in China: A comparison of three methods[J]. Forest Ecology & Management, 259(7):1225-1231.
		林分生物量与生产力函数关系	松、杉、针阔混为幂函数；硬阔为均值；软阔、阔叶混为线性方程			①方精云，刘国华，徐嵩龄. 1990. 我国森林植被的生物量和净生产量[J].生态学报，16(5): 497- 508.；②苏继申. 2010. 南京市城市森林固碳制氧效益研究[J]. 林业科技开发，24(3): 49- 52.
		灌木林生物量		吨/公顷		灌木林的生物量利用我国秦岭淮河以南的平原地区灌木林平均生物量值5.096 吨/公顷
		经济林生物量		吨/公顷		单位面积平均生物量采用我国平原地区经济林的平均生物量7.09 吨/公顷
		毛竹净生产量		吨/公顷		竹林的总生物量是由总株数和平均单株生物量来推算
		不同森林类型含碳系数				① 周国模, 姜培坤. 2004.毛竹林的碳密度和碳贮量及其空间分布[J]. 林业科学, 40(6):20-24.；② 李海奎，雷渊才. 2010.中国森林植被生物量和碳储量评估[M]. 北京:中国林业出版社.

（续）

编号	二级分类	参数	描述	单位	年度	来源和出处
6	价值量	$C_{碳}$	固碳价格	元/吨		参考《森林生态系统服务功能评估规范》的推荐价值
		$C_{氧}$	氧气价格	元/吨		参考《森林生态系统服务功能评估规范》的推荐价值
7	物质量	氮	植被N元素含量	%		参考江西省林木含量
		磷	植被P元素含量	%		参考江西省林木含量
		钾	植被K元素含量	%		参考江西省林木含量
8	价值量	C_1	磷酸二铵化肥价格	元/吨		《森林生态系统服务功能评估规范》中推荐全国海关信息中心和中国化肥网年度平均价格
		C_2	氯化钾化肥价格	元/吨		《森林生态系统服务功能评估规范》中推荐全国海关信息中心和中国化肥网年度平均价格
9	提供负离子	L	负离子寿命			《森林生态系统服务功能评估规范》
		K	生产负离子价格	元/个		《森林生态系统服务功能评估规范》
		个数	不同林分类型提供负离子个数	个/立方厘米		① 陈佳瀛. 2006. 城市森林小气候效应的研究[D]. 上海：华东师范大学；② 倪军, 等. 2004. 城市绿地空气负离子相关研究——以上海公园为例[J].中国城市林业, (03)；③ 王洪俊. 2004.城市森林结构对空气负离子水平的影响[J].南京林业大学学报(自然科学版), (05).
10	吸收污染物	$Q_{二氧化硫}$	单位面积林分年吸收二氧化硫量	千克/(公顷·年)		根据《中国生物多样性国情研究报告》
		$K_{二氧化硫}$	二氧化硫的治理费用	元/千克		上海市发改委关于调整本市排污费征收标准等有关问题的通知
		$Q_{氟化物}$	单位面积林分年吸收氟化物量	千克/(公顷·年)		根据《中国生物多样性国情研究报告》
		$K_{氟化物}$	氟化物的治理费用	元/千克		依照上海市环保局《排污费征收标准及计算方法》

（续）

编号	二级分类	参数	描述	单位	年度	来源和出处
11	吸收氮氧化物	$Q_{氮氧化物}$	单位面积林分年吸收氮氧化物量	千克/(公顷·年)		根据《中国生物多样性国情研究报告》
		$K_{氮氧化物}$	氮氧化物的治理费用	元/千克		上海市发改委关于调整本市排污费征收标准等有关问题的通知
12	滞尘	$Q_{滞尘}$	单位面积森林年滞尘量	吨/(公顷·年)		——
		$K_{滞尘}$	降尘处理费用	元/吨		依照上海市环保局《排污费征收标准及计算方法》
13	物质量	$A_{防护}$	防护林面积	公顷		上海市森林资源清查2016
		$Q_{防护}$	单位面积农作物增加量	吨/公顷		①宋兆民，陈建业，丁稳林,等. 1982. 上海市青浦县农田水网地区农田林网水热状况和水稻产量的研究——上海市青浦县农林结构生态效能结果分析[J]. 中国农业气象, 3(3):35-39.；② 沈青叶. 2010. 上海市崇明岛农田防护林优化模式研究[D]. 上海:华东师范大学.
14	价值量	$C_{防护}$	农作物（水稻）价格	元/吨		中华粮网2016年上海市普通稻米批发价

“中国森林生态系统连续观测与清查及绿色核算”系列丛书目录

1. 安徽省森林生态连清与生态系统服务研究，出版时间：2016 年 3 月
2. 吉林省森林生态连清与生态系统服务研究，出版时间：2016 年 7 月
3. 黑龙江省森林生态连清与生态系统服务研究，出版时间：2016 年 12 月
4. 上海市森林生态连清体系监测布局与网络建设研究，出版时间：2016 年 12 月
5. 山东省济南市森林与湿地生态系统服务功能研究，出版时间：2017 年 3 月
6. 吉林省白石山林业局森林生态系统服务功能研究，出版时间：2017 年 6 月
7. 宁夏贺兰山国家级自然保护区森林生态系统服务功能评估，出版时间：2017 年 7 月
8. 陕西省森林与湿地生态系统治污减霾功能研究，出版时间：2018 年 1 月